U0189831

生物海洋学

徐军田 主编

中国海洋大学出版社

·青岛·

图书在版编目（CIP）数据

生物海洋学 / 徐军田主编. -- 青岛 ：中国海洋大学出版社，2024. 10. -- ISBN 978-7-5670-4050-2

Ⅰ. Q178.53

中国国家版本馆CIP数据核字第2024A93K27号

SHENGWU HAIYANGXUE

生物海洋学

出版发行	中国海洋大学出版社		
社　　址	青岛市香港东路23号	**邮政编码**	266071
网　　址	http://pub.ouc.edu.cn		
出 版 人	刘文菁		
责任编辑	邓志科	**电　　话**	0532-85901040
邮　　箱	20634473@qq.com		
印　　制	青岛国彩印刷股份有限公司		
版　　次	2024 年 10 月第 1 版		
印　　次	2024 年 10 月第 1 次印刷		
成品尺寸	170 mm × 230 mm		
印　　张	16.5		
字　　数	252 千		
印　　数	1 ~ 1000		
定　　价	78.00 元		
订购电话	0532-82032573（传真）		

发现印装质量问题，请致电0532-58700166，由印刷厂负责调换。

编委会

主　编　徐军田

副主编　马　静　李富田

编　委　董帅帅　陈阳军　李祯桢　周　伟

　　　　吴亚平　李慧芳　陈国强

序言

在地球的浩瀚海洋中，生命以其多样性和复杂性展示出无与伦比的奇迹。《生物海洋学》这本教材，旨在引导读者深入探索海洋生物的世界，理解生物与其环境之间的微妙关系，以及这些关系对生态系统、气候变化和人类社会的影响。海洋孕育了丰富的生物资源，然而，人类活动对这一生态系统造成了前所未有的压力。了解海洋生物的功能、种类及其相互关系，不仅是科学研究的需要，也是我们保护和可持续利用海洋资源的必然要求。

本教材将生物海洋学的研究内容分为九个部分。本书中第1章和第2章介绍了海洋的基本特征，包括海水的特性，以及海洋初级生产力与生物地球化学循环，这些基础知识为后续的生物学部分奠定了坚实的基础。第3章、第4章和第5章探讨了海洋生物的分类，包括海洋微型生物、海洋浮游动物、海洋大型动物与生境。第6章和第7章分别介绍了海洋生物地理学和海洋特殊生境生物学。随着全球化和工业化进程的加快，海洋污染、过度捕捞和气候变化使得许多海洋生物面临生存危机，本书第8章对全球变化与生物海洋学进行了相关介绍。第9章阐述了海洋数值模型相关内容，该部分提供了实际案例和数据分析，帮助读者理解当前的海洋生态现状与面临的威胁，培养他们的批判性思维能力。该书还深挖海洋强国、家国情怀以及社会主义核心价值观等思政元素，提升育人实效。此外，本书中还提供了有关海洋科学研究最新科研进展，帮助读者拓宽视野，了解海洋科学研究的前沿领域及趋势。本书不仅适用于从事海洋科学学习与研究的本科生、研究生和教师作为教科书，同样可以作为一本面向广大海洋科学爱好者的科普读物。

　　由于编者的水平和掌握的资料有限，本书中难免有疏漏和内容方面融合的不足，在各部分内容的深度与广度的把握上也有很多欠缺，敬请广大读者不吝指正。

编者

2024年10月

目 录

第1章　海水

1.1　海水的定义和重要性

海水覆盖了地球表面的约71%，主要由水和溶解的盐类（如氯化钠、硫酸盐、碳酸氢盐等）组成。海水在调节全球气候方面扮演着至关重要的角色，通过吸收和释放太阳能影响大气温度和湿度，而洋流则输送热量并影响沿岸气候。此外，海水中拥有丰富多样的生物群落，许多生物都依赖于海洋生存，并且其生态系统对维持全球生态平衡至关重要。从经济角度来看，海洋提供了丰富的资源，包括鱼类、贝类、石油、天然气和矿产等，并且也是国际贸易的主要通道之一，在全球货运中发挥着不可或缺的作用。此外，在科学研究领域，海洋为研究地球历史、气候变化以及生物进化提供了重要信息，并成为科学家们研究探索的焦点之一。正如Jacques-Yves Cousteau所说："一旦大海施展魔法，它将永远把你困在它奇迹般的网中。"

1.2　海水的基本组成

1.2.1　主要离子和微/痕量元素

海水是一个复杂的化学体系，富含各种离子或分子。根据海水中各元素的含量可将其区分为常量元素和微/痕量元素。虽然海水的主要成分是氯化钠，但其化学组成远不止于此，还包括其他重要的离子如钾离子（K^+）、钙离子（Ca^{2+}）、镁离子（Mg^{2+}）、锶离子（Sr^{2+}）、硫酸根离子（SO_4^{2-}）、溴离子（Br^-）、碳酸氢根离子（HCO_3^-）以及氟离子（F^-）。这些离子和以分子形式存在的H_3BO_3构成了海水盐分的99%以上，因此这些化学物质中涉及的元素（如钠、钾、钙等）被称为常量元素，其浓度通常以mmol/L计算。早在18世纪就有科学家指出，海水中常量元素之间的比值仅存在极小变化，并基本上保持恒定。随后，众多科学家对全球海水中的常量元素进行了测定，并确认了这一规律具有普遍性。这些观点构成了海水常量元素恒比定律，即全球范围内海水中常量元素相对比例基本保持不变的现象，即使不同区域的海水盐度有所差异。这一定律反映了全球范围内海水组成具有统一性，并为全球海洋化学研究提供了基础。它简化了对海水化学成分进行分析的过程，节省时间和成本，并为研究海洋中化学循环和物质输送过程提供了重要参考框架。同时，深入理解海洋中元素之间恒定比例对于研究生物地球化学循环至关重要，帮助科学家解释和预测营养盐供应、消耗和再生等过程。总体而言，海水常量元素恒比定律揭示了大洋深处蕴藏着许多奥秘与规则，也为我们更好地认识并保护海洋资源提供了强大支撑力。

海水中除了主要的离子外，还含有许多微/痕量元素。尽管这些元素的浓度较低（一般以nmol/L或μmol/L计），但它们在海洋化学和生物地球化学循环中扮演着重要角色。常见的微量元素包括铁（Fe）、锌（Zn）、铜（Cu）、铅（Pb）、镉（Cd）和锰（Mn）。这些微量元素不仅影响着海洋的化学性质，而且对海洋生物的生长和生态系统的平衡具有重要影响。例如，钙是许多海洋生物形成碳酸钙（$CaCO_3$）外壳和骨骼所必需的元素；而钾和镁则在细胞生理功能中扮演着关键角色。此外，铁是限制海洋初级生产力的重要因素；锌和铜则在海洋生物的酶和蛋白质结构中发挥着重要作用，而铅和镉则因其毒性而备受关注。

海水中离子与微量元素浓度及分布受到多种因素影响，包括河流输入、大气沉降、海底火山活动、海洋环流、海洋生物活动以及地质活动等。这些因素的共同作用导致全球范围内海水化学组成呈现出显著空间与时间变化。例如，近岸区域在河流输入及人类活动影响下通常具有较高营养盐与污染物浓度；相比之下，远洋深层则相对稳定且均匀。深入研究和掌握这些成分在海水中的分布与循环规律，对科研工作者而言至关重要。这样的研究旨在探索更广泛的科学议题，包括气候变化、地球化学循环以及各种复杂交互作用下相关问题的形成机制，从而揭示其深层次的内在规律，为科学发展提供重要支撑。

1.2.2　营养盐

海水中含有许多营养盐，这些营养盐对于海洋生物的生长至关重要。其中，氮、磷和硅被认为是最为重要的营养物质。氮构成生物体蛋白质、核酸和光合色素等重要组成部分。而磷则是细胞膜、ATP 和核酸的重要组成元素。此外，硅对于海洋中浮游生物的种类组成具有重要影响，尤其对硅藻等浮游植物来说更加关键。除了氮、磷和硅之外，海水中还含有一些其他重要的营养元素，如铁、锌、铜、锰等。尽管它们在海水中的浓度非常低，却是许多酶保持活性的关键所在，在生物化学过程中起着至关重要的作用。这些营养盐经过复杂循环过程在海洋中分布并得到再生，在维持海洋生态系统健康稳定方面发挥着不可或缺的作用。对这些营养盐进行深入研究不仅有助于理解海洋生态过程，同时也将对全球环境保护与资源可持续利用产生深远影响。

1.2.3　溶解气体

海水中的溶解气体种类繁多，主要涵盖了氮气、氧气、二氧化碳、氩气以及少量其他稀有气体。其中，氮气是海水中主要的溶解气体，它对海洋生物的生长和代谢起着间接作用。而海洋生物所必需的呼吸之源——氧气，在不同深度下浓度也发生变化，表层含量较高，而深海区则相对较低。此外，二氧化碳作为地球碳循环的重要组成部分之一，在与水反应后生成碳酸，并进一步影响着海水的酸碱度（pH）。此外，海水中还含有少量的氢气、氦气、氧化亚氮（N_2O）、甲烷等，这些气体虽然含量较低，但在特定化学和生物过程以及全球性气候变迁中扮演着关键角色。可以说，海水中溶解的各种气体不仅会影响其化学性质，同时也会对整个海洋生态系统产生深远影响。

1.3　海水的物理化学性质

1.3.1　温度

海水温度是指海洋中水体的热量，其变化受到诸多因素的影响，包括地理位置、深度、季节变化、洋流、天气现象以及日变化和潮汐等。在海洋学中，位温用于衡量海水在绝热情况下从一定深度移动到海平面时的温度，它排除了深度变化引起的压强对温度的影响。位温提供了一个更为真实的温度值，能更准确地反映海水的热含量，对研究海洋热力学、垂直运动和热量传递具有重要意义。了解海水温度和位温对于深入探讨海洋学、气候学及相关应用领域至关重要。

1.3.2 密度

海水的密度是指单位体积海水的质量，通常以千克/米³（kg/m³）为单位。这一物理性质主要受温度、盐度和压强等因素的影响。随着温度的升高，海水密度会降低；而盐度增加则会使密度增加，深层压力也会导致轻微的密度增加。一般情况下，海水密度在1 020 kg/m³与1 070 kg/m³之间波动，在表层较低，在深层较高。此外，密度还存在垂直分布中的表层混合层、跃层和跃层以下的深层水区域，并且其水平分布也因地理位置而异。可以说，海水密度是驱动海洋环流不可或缺的因素，对温盐环流和海水垂直运动具有显著影响，并且对研究海洋生态系统和气候变化方面具有重要意义。

1.3.3 盐度

盐度旨在描述海水中溶解盐分的总量。实用盐度因其便捷的测量方法、准确的结果、标准化以及无量纲等特点而被广泛应用于现代海洋学。盐度受蒸发和降水（蒸发升高盐度，降水降低盐度）、河流注入海洋（带入淡水从而降低盐度）、冰川融化与冻结（融化降低盐度，冻结升高盐度）以及洋流和海水混合等因素影响。海水的盐度在垂直和水平方向上均存在变化，表层受环境影响较大，而深层则相对稳定。盐度对海洋具有重大影响，它影响着海水密度、海洋生物分布以及全球气候系统，并且是海洋科学中一项重要的研究指标。

1.3.4 酸碱度

海水的酸碱度通常以pH来表示，是衡量海水中氢离子浓度的指标。海洋表层的平均pH约为8.1，呈现出微弱的碱性特质。然而，海水的pH并非一成不变，它受到包括温度、盐度、二氧化碳浓度以及生物活动在内的诸多因素影响。随着全球气候变化和人类活动增加，海洋吸收大量二氧化碳，导致海水逐渐发生酸化现象，这一现象被称为"海洋酸化"。海水酸化对海洋生态系统产生了不利影响，如损害珊瑚礁、影响贝类生物壳体形成，并干扰了海洋食物链的平衡。因此，监测和研究海水酸碱度变化是理解和应对全球气候变化必不可少的环节。

1.3.5　透明度和水色

海水的透明度和水色是衡量海洋环境质量的重要指标。透明度指光线在海水中传播的深度，受悬浮颗粒、浮游生物、溶解有机物和水体颜色等多种因素影响。在透明度较高的海域，光线可以穿透更深，这种情况通常出现在远离陆地的深海区域；而由于河流带来的泥沙、污染物或大量浮游生物，近海区域透明度相对较低。透明度不仅影响海洋生物的光合作用和栖息环境，同时也与水质监测以及海洋研究密切相关。

水色反映出海水对不同波长光的吸收和散射特性，主要取决于海水中悬浮物、溶解物质和浮游生物等因素。一般来说，清澈的深海区域呈现蓝色或蓝绿色，富含有机物或者浮游植物的海域可能呈现绿色或黄绿色。然而，沿岸地区由于泥沙和污染物的存在，水体混浊，呈现褐色。水色不仅是视觉上的直观感受，同时也能够指示诸如藻华暴发或有机污染等生态活动。因此，通过定期监测这些指标，可以及时发现并应对海洋污染和生态系统变化，从而保护海洋环境和生物多样性。

1.4　海水生源要素的生物地球化学循环

1.4.1　碳循环

海洋碳循环是地球碳循环的重要组成部分，涉及碳的来源、储存和转化等多种过程。碳主要通过大气、陆地径流和海底火山活动进入海洋。进入海洋的碳以不同形式存在，包括溶解无机碳（如二氧化碳、碳酸和碳酸氢盐）、溶解有机碳、颗粒有机碳（如海洋生物的残骸和排泄物）以及碳酸盐矿物（如石灰石）。这些碳分别分布在表层海水、深层海水、海洋生物和海底沉积物中。

1.4.1.1　海洋碳循环的关键过程

海洋碳循环的关键转化过程包括光合作用、呼吸作用、沉降和溶解作用，如图1.1所示。光合作用是浮游植物利用光能将二氧化碳和水转化为有机物和氧气的过程，固定大气中的二氧化碳为有机碳。海洋生物通过呼吸作用消耗有机物并释放二氧化碳，维持生态系统的能量循环。部分有机碳和碳酸盐颗粒通过沉降作用沉入海底，形成沉积物，实现碳的长期储存。溶解作用则涉及二氧化碳在海水中溶解，形成碳酸、碳酸氢盐和碳酸盐。

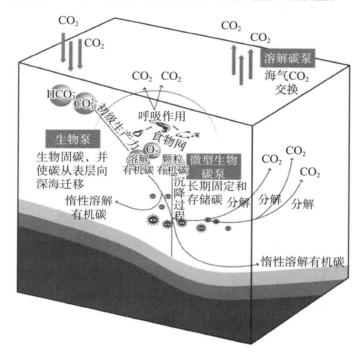

图1.1　海洋碳循环示意图

1.4.1.2　碳泵机制

海洋碳循环中的碳泵机制对碳的全球分布具有重要影响。生物泵通过浮游植物的光合作用吸收二氧化碳，并通过食物链传递，最终部分碳以沉积物形式沉降到深海。物理泵通过海洋环流将表层水中的碳输送到深海，深层海水中的碳可以停留数百至数千年。碳酸盐泵则是指海洋生物（如珊瑚和贝类）通过钙化作用将溶解无机碳转化为碳酸钙，并沉积到海底。

1.4.1.3　海洋碳循环的气候调节作用

海洋碳循环在气候调节中发挥重要作用，通过吸收大气中的二氧化碳来缓解温室效应。然而，过多的二氧化碳溶解在海水中会导致海水酸化，形成碳酸，增加海水的酸度，对海洋生态系统（特别是珊瑚礁和贝类）产生负面影响。海洋作为一个巨大的碳储库，通过沉积物将碳长期封存，影响地质时间尺度上的碳循环。

1.4.1.4　碳中和与海洋碳循环

碳中和（carbon neutrality）是指通过减少二氧化碳排放和增加碳吸收来平衡大气中的碳含量，从而达到净零碳排放的目标。实现碳中和的路径包括减少排放、增加自然碳汇以及应用碳捕捉和储存技术。在这个过程中，海洋碳循环具有关键作用。最新的研究和理论强调以下五个方面。

1）自然碳汇的保护和恢复：红树林、海草床和盐沼等"蓝碳"生态系统能够高效地固定和储存碳。保护和恢复这些生态系统可以显著提高碳汇能力。

2）海洋碳捕捉和储存技术：人工海藻养殖和深海碳储存等技术是应对气候变化的重要方向。海藻养殖不仅能够吸收大量二氧化碳，还可以作为生物燃料和食品添加剂，提供额外的经济效益。

3）碳酸盐循环：相关研究提出，增强化学风化过程，向海洋中添加特定矿物（如橄榄石）加速碳酸盐循环，可以提高海洋吸收二氧化碳的能力。

4）海洋碳封存：利用深海沉积物长期封存二氧化碳，注入二氧化碳到深海沉积层或在深海中形成碳酸盐矿物，实现长期封存。

5）气候工程：包括海洋施肥和反射性粒子注入等方法，但这些方法仍需进一步研究以评估其可行性和潜在环境影响。

1.4.1.5　海洋碳循环的发展历程

海洋碳循环的研究始于20世纪初期，科学家通过观察和实验逐步认识到海洋在全球碳循环中的重要作用。早期研究主要集中在二氧化碳的溶解和溶解无机碳的分布。随着技术的进步，20世纪中期，科学家开始利用放射性同位素追踪碳的移动路径，并发现了海洋环流和生物过程在碳循环中的关键作用。20世纪后期，海洋碳循环研究进入了一个新的阶段。科学家们利用卫星遥感技术和海洋模型，进一步揭示了全球碳泵机制（生物泵、物理泵和碳酸盐泵）的作用，详细描述了碳在表层和深层海水之间的交换过程。进入21世纪，随着对气候变化的关注加深，海洋碳循环研究逐渐融合生态系统研究和气候模型，强调海洋生态系统保护和碳汇功能的重要性。

1.4.2　氮循环

1.4.2.1　氮的形态和来源

海洋中的氮主要以多种化学形态存在，包括氮气（N_2）、铵盐（NH_4^+）、硝酸盐（NO_3^-）、亚硝酸盐（NO_2^-）和有机氮化合物。这些形态在不同的生物和化学过程之间相互转化。海洋中的氮主要来源于大气沉降、河流输入和海洋生物固氮作用。通过大气沉降进入海洋的氮包括工业和农业排放的氮氧化物（NO_X）和氨气（NH_3），来源于河流的氮则是由陆地径流带来的氮化合物。

1.4.2.2　氮的转化过程

氮在海洋中经历一系列复杂的生物地球化学循环过程，如图1.2所示。这些过程对生态系统的功能和健康至关重要。以下为其中三个重要的氮循环过程。

1）固氮作用（biological nitrogen fixation）：某些微生物，如蓝藻和固氮菌，将大气中的N_2转化为NH_4^+，使氮变得生物可利用。这是海洋中重要的氮源。

2）硝化作用（nitrification）：在氧化性海水中，NH_3/NH_4^+经由氨氧化细菌或古菌先被氧化为NO_2^-，随后NO_2^-经由亚硝酸盐氧化细菌被氧化为NO_3^-。长久以来，人们一直认为硝化作用是由上述两步反应构成的。直到2015年，完全氨氧化过程（comammox）的发现打破了这一常规认识。该过程可以将NH_3/NH_4^+直接氧化成NO_3^-，不经过NO_2^-的生成。

3）反硝化作用（denitrification）：NO_2^-和NO_3^-在低氧或缺氧条件下被还原为氮气（N_2）或氧化亚氮（N_2O），由反硝化细菌和真菌进行。

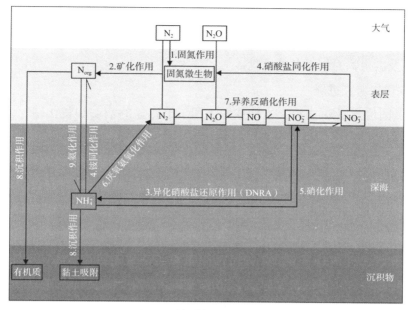

图1.2　海洋氮循环示意图

1.4.2.3　氮循环的生态影响

氮循环对海洋生态系统和全球气候有重要影响。

1）富营养化：人类活动加强导致过量的氮输入，尤其是来自农业和工业的氮，可能导致水体富营养化，触发有害藻华（如赤潮），导致氧气耗尽，形成缺氧区，造成鱼类和其他海洋生物的死亡。

2）气候影响：反硝化过程产生的氧化亚氮（N_2O）是一种强效温室气体（温室效应约为二氧化碳的300倍），对全球变暖有显著贡献。

1.4.2.4　海洋氮循环的发展历程与研究进展

◎ 早期研究阶段

20世纪初期，科学家开始关注海洋氮循环，早期研究主要集中在微生物在氮转化过程中的作用。微生物的生物固氮、硝化和反硝化过程被初步了解，这些认识为现代氮循环研究奠定了基础。

◎ 科学技术发展

20世纪中叶，随着分析化学和生态学的进步（如DNA测序和基因组学研究的进展），科学家能够更准确地测量海洋中氮的不同形态及其流动。这一阶段的研究揭示了海洋氮循环的复杂性，比如氮在不同生态系统中的传递和转化以及微生物对氮循环的贡献。

◎ 现代研究进展

1）同位素示踪技术：这种技术被用于追踪氮的流动和转化路径，揭示了氮循环的细节。同位素分析使得科学家能够区分不同来源的氮，并了解氮在海洋生态系统中的循环时间和路径。

2）数值模型与模拟：开发了复杂的数值模型来模拟氮循环的动态变化。这些模型帮助研究人员预测未来海洋氮循环的变化，评估人类活动（如农业、工业排放）对氮循环的影响，并为政策制定提供科学依据。

3）气候变化与氮循环：当前研究越来越多地关注气候变化对氮循环的影响，以及氮循环又是如何影响气候。研究发现，海洋中的氮循环过程与碳循环密切相关，影响全球变暖。

4）生态系统服务与氮循环：探索氮循环对生态系统服务（如渔业、碳储存）的影响，识别关键过程和区域，以便更好地保护和管理海洋资源。

1.4.3 磷循环

海洋中的磷循环是生态系统中一个关键的生物地球化学循环。磷是生命所必需的元素之一，参与构成DNA、RNA、ATP等重要分子。在海洋环境中，磷以无机磷形态、有机磷形态和磷酸盐矿物形式存在，并通过以下几个主要过程在不同储存库之间循环：

1.4.3.1 磷的来源

陆地输入：河流通过侵蚀和风化将磷从陆地输送到海洋。这些磷酸盐主要来自岩石风化、土壤侵蚀以及人类活动（如农业施肥和废水排放）。

大气沉降：磷也可以通过大气沉降的方式进入海洋，虽然以这种方式进入的量不多，但仍然是一个重要的途径。

火山活动：火山喷发是区域性的，因此，对于区域海洋，火山活动输入的溶解无机磷起着重要的作用。

1.4.3.2　海洋中的磷储存

表层海水：海洋表层是磷的主要储存库之一。在光合作用区，浮游植物通过吸收磷酸盐来进行生长和繁殖。

生物体内：磷被浮游植物等海洋生物吸收，并通过食物链传递到鱼类和海洋哺乳动物等更高营养级的生物体内。

海底沉积物：当海洋生物死亡后，它们的遗体会沉入海底，部分磷会被埋藏在海底沉积物中。这些沉积物中的磷可以长时间保持稳定，或在特定条件下重新释放到海水中。

1.4.3.3　磷的循环过程

生物利用：浮游植物和其他微生物吸收海水中的无机磷酸盐进行光合作用和新陈代谢。

再矿化作用：生物体死亡后，其有机物会被分解为无机磷酸盐，通过细菌和微生物的作用，磷酸盐被重新释放到海水中。

海底沉积：一部分有机物质和磷酸盐会随沉降颗粒沉积到海底。这部分磷可以经过长期的地质过程重新回到地表，或在地壳运动中上升成为新岩石。

1.4.3.4　磷循环的生态与气候影响

初级生产力的限制性营养元素：在许多海洋区域，磷被认为是初级生产力的限制性营养元素。磷的可用性直接影响了浮游植物的生长，从而影响整个海洋食物网的结构和功能。

富营养化与有害藻华：过量的磷输入，尤其是在沿海区域，可能导致富营养化现象，引发有害藻华（harmful algal bloom，HAB），进而导致氧气耗尽和生态系统退化。

地质时间尺度的影响：在地质时间尺度上，磷循环与全球碳循环和气候变化有深刻联系。磷通过控制海洋中的初级生产力，间接影响大气中的二氧化碳水平，从而参与全球气候的长期调节。

1.4.3.5 海洋磷循环的发展历程和研究进展

◎ 早期研究阶段

最早对磷循环的研究主要集中在陆地生态系统，随着海洋科学的发展，科学家开始注意到磷在海洋中的重要性。20世纪初，研究者开始测量海洋中的磷含量，并提出磷是限制海洋初级生产力的重要元素之一。随后雷德菲尔德比率（Redfield Ratio）的提出，为理解海洋中碳、氮、磷的比例关系提供了基础。雷德菲尔德比率指出，海洋浮游植物中C：N：P大约为106：16：1。海洋生物学家开始研究磷的生物地球化学循环，初步建立了磷从陆地输入、在海洋中循环到最终沉积的概念模型。

◎ 中期发展阶段

全球范围内的海洋学调查项目（如GEOSECS、JGOFS）提供了大量的磷分布和流动数据。科学家们逐渐认识到，除了无机磷酸盐外，有机磷（如溶解有机磷、颗粒有机磷）在海洋磷循环中也扮演着重要角色。分子生物学和基因组学技术的发展，使得科学家能够深入研究海洋微生物在磷循环中的作用。研究发现，微生物在磷的矿化和再矿化过程中起着关键作用，通过酶解作用将有机磷转化为无机磷。

◎ 现代研究进展

科学家开始将生物学、化学、地质学和物理学结合起来，进行多学科综合研究，以全面理解磷循环。借助先进的观测技术和高精度分析仪器（如质谱分析、核磁共振等），研究者能够更精确地测量和追踪磷的形态和流动。研究表明，人类活动，如农业施肥和工业排放，显著增加了河流和大气中的磷输入量，导致沿海富营养化问题加剧。气候变化对海洋磷循环的影响成为研究热点，科学家们开始探索海洋温度、酸化和环流模式变化如何影响磷的分布和生物可利用性。基因组学和代谢组学的进步，推动了人类对海洋微生物在磷循环中作用的深入理解。

1.4.4 硅循环

1.4.4.1 硅的形态与来源

硅的形态：在海洋中，硅主要以溶解硅酸 $[Si(OH)_4]$ 的形式存在。此外，还有生物硅（如硅藻细胞壁中的硅质，称为胞壁硅）和颗粒硅（包括矿物颗粒和生物碎屑）。

硅的来源：硅主要来源于陆地的风化产物，河流将溶解硅酸输送到海洋。大气沉降、海底热液喷口和火山活动也是重要的硅源。近年来的研究表明，海底热液活动在局部海域可能贡献显著的溶解硅酸。

1.4.4.2　硅的循环过程

初级生产者的利用：硅藻（diatom）是主要利用硅酸的海洋初级生产者。它们将溶解硅酸转化为胞壁硅，通过光合作用固定碳，形成生物量。

生物硅的沉降与再悬浮：硅藻死亡后，它们的硅质细胞壁沉降到海底，形成硅质沉积物。这些沉积物可以通过沉积物–水界面的扩散作用或生物活动再悬浮到水体中，重新参与循环。

硅的再矿化：沉降的生物硅部分会通过化学和微生物作用再矿化，转化为溶解硅酸，重新进入海水中。

埋藏与地质过程：部分硅质沉积物长期埋藏在海底，形成地质记录。虽然这部分硅从短期循环中移除，但通过地质时间尺度的构造活动（如海底火山和地壳运动），这些沉积硅仍有可能重新进入海洋循环。

1.4.4.3　硅循环的生态影响

初级生产力的限制性因素：硅是硅藻生长所必需的元素，其可用性直接影响硅藻的繁殖与分布。硅的供应限制在某些区域可能会限制初级生产力，从而影响整个海洋食物网。

碳循环的调节作用：硅藻通过光合作用固定大气中的二氧化碳，并形成有机碳沉降到海底，称为生物泵（biological pump）效应。因此，硅循环对全球碳循环和气候变化有显著影响。

生态系统健康与多样性：硅藻是许多海洋生物的基础食物来源，其丰度和分布直接影响海洋生态系统的健康和多样性。硅的循环变化可能导致生态系统结构和功能的显著变化。

1.4.4.4　最新研究进展与技术手段

现代观测技术：科学家利用卫星遥感技术监测硅藻的分布与动态变化，

通过浮标和自动化采样设备获取高时间分辨率的数据。这些技术手段可以辅助研究硅在海洋中的分布和季节性变化。

高精度生物地球化学模型：最新的海洋生物地球化学模型整合了硅循环的复杂过程，预测气候变化对硅循环的潜在影响。这些模型帮助科学家在不同情景下评估硅循环的变化。

实验室与现场研究：通过实验室控制实验和现场观测，科学家深入研究了硅酸在不同环境条件下的溶解与沉淀机制，以及硅藻在不同营养条件下的生长与代谢特性。

第2章 海洋初级生产力与生物地球化学循环

2.1 海洋植物的不同种类

海洋中有数以万计的"植物"种类,每年都有新的种类被发现。其中一些是原核生物,虽然它们有时仍被称为"蓝绿藻""蓝藻"(因为它们有时呈现蓝绿色),但更合适的名称是蓝细菌。真核海洋植物按照大类分为藻类和海草。藻类又可以分为微藻和大型藻类,直观的划分依据为是否可以通过显微镜或肉眼观察到。海草,或海洋被子植物,也可以用肉眼观察到。与大型藻类不同的是,它们是被子植物,即开花植物,具有类似于陆地草的特性(除了它们可以在海水中完成整个生命周期)。

2.1.1 蓝藻

海洋浮游植物中很大一部分由称为蓝藻的原核单细胞或丝状生物组成。以前也称之为蓝绿藻,这个名称今天较少使用。与其他更常见的细菌不同,蓝藻可以进行光合作用,从而实现光合自养。

大约在34亿年前,蓝藻在海洋中诞生,是最早进化的光合生物。蓝藻分布范围非常广泛,从淡水到高盐度系统,从极地地区到温泉,皆可见其踪迹。目前已知大约1 500种蓝藻,其中约10%生活在海洋中。在海洋系统中,单细胞种类(如聚球藻和原绿球藻)是浮游植物生产力极其重要的贡献者,而在热带水域,群体蓝藻(如束毛藻)可以形成大面积的水华。然而,并非所有海洋蓝藻都是浮游的。它们也可以是微观底栖生物(在沉积物中或附着在物体表面的微观初级生产者)的重要贡献者;一些是肉眼可见的,类似于丝状大型藻类;原绿球藻在热带水域可与海鞘共生;蓝藻中还有许多其他与海洋无脊椎动物的共生体（Mutalipassi等，2021）。

海洋蓝藻主要分为三个类别：第一类是单细胞蓝藻，包括重要的种类聚球藻和原绿球藻。以前，由于它们体积小，这些类群（特别是原绿球藻）在很大程度上被忽视了。随着收集和检测（包括分子）技术的进步，这些生物被认识到是微型浮游生物的重要组成部分，对海洋初级生产做出了重大贡献。大多数单细胞蓝藻无法同化氮气，但一些较大的形式如球藻（*Crocosphaera*，直径可达7 μm）和黏杆藻（*Gloeothece*）具有这种能力（Wilson等，2017）。第二类为不形成异形胞的丝状蓝藻，如颤藻、鞘丝藻和席藻。这些种类在河口和底栖栖息地中非常重要。虽然颤藻和鞘丝藻的个别种类在黑暗或厌氧条件下会固氮，但它们不是氮固定的主要贡献者。丝状蓝藻束毛藻是一个例外，它是热带和亚热带海洋中极其重要的氮固定者，常出现在广泛的表面水华中，尤其是在氮贫乏的开放海域，能够进行光合作用和固定大气氮，因而在相对营养贫乏的环境中占据生态位。束毛藻的固碳能力显著，作为光合自养生物，它通过光合作用将二氧化碳转化为有机物，帮助增加海洋中的碳储存（Bergman等，2013）。这一过程对于全球碳循环和气候调节具有重要意义。束毛藻的固氮作用不仅支持了海洋生物的生长，还对海洋食物网及其生态功能产生深远影响。凭借其固碳和固氮的双重功能，束毛藻在全球生态和气候变化的研究中扮演着关键角色。第三类是能形成异形胞的丝状蓝藻，主要包括节球藻、念珠藻和鱼腥藻，这些都是在半咸水体或沿海潟湖中常见的有害藻华形成者。

2.1.2　真核微藻

浮游植物中的真核藻类，目前已知大约有20 000种。大约15亿年前，即蓝藻作为唯一的光合作用生物主导海洋近20亿年之后，这些生物得以进化出来。主要的真核浮游植物贡献者是硅藻和甲藻。定鞭金藻（特别是颗石藻）可以在海洋中形成巨大的藻华。相比之下，海洋浮游植物中只有少数绿藻和更少的红藻种类会是这样。方便起见，通常依据粒径将浮游植物分为不同的类群：微微型浮游植物（0.2～2 μm有效细胞直径）、微型浮游植物（2～20 μm）和小型浮游植物（20～200 μm）。根据最新研究，这些浮游植物每年固定吸收46亿t碳，其中微微型浮游植物占15亿t，微型浮游植物占20亿t，小型浮游植物占11亿t。因此，非常小的（微型+微微型）浮游植物（包括蓝藻形式）贡献了整体浮游植物生产的2/3。

　　在真核浮游植物中，三个群体尤其重要：硅藻、甲藻和定鞭金藻。硅藻是海洋初级生产力贡献最重要的群体之一（贡献约40%）（Tréguer等，2018）。其明显特征是拥有硅质细胞壁。这种结构高度装饰化，具有物种特异性，因此通常用作物种鉴定的依据。硅藻已经存在超过1.8亿年，广泛分布于世界各地，尤其在高纬度地区和富营养的沿海生态系统中。硅藻壳面可以径向对称（如中心硅藻）或双侧对称（如羽纹硅藻）。这些单细胞光合生物大小从1 μm到200 μm不等，在主要的生物地球化学循环中起着重要作用，如碳封存、氧气生产和营养物质循环，特别是氮、碳和硅的循环。由于其复杂的进化历史和基因重组，硅藻已经发展出一系列潜在适应的特征，如刚性硅化细胞壁、用于营养储存的液泡、对环境条件变化的快速反应、休眠阶段、冰结合蛋白和尿素循环（Allen等，2011）。硅质壳由硅酸和其他有机物质构成，其形态可能因环境因素和细胞状况而异。硅藻中硅的存在还与硅藻土的形成有关，硅藻土已被商业开采，具有多种用途。在地质时期，硅藻的死亡和分解会在海底形成硅沉积物，构成硅藻土。

　　在水生生态系统的底层，甲藻与硅藻共同作为初级生产者发挥重要的生态作用。甲藻在形态学和基因组方面具有独特性。这个微藻群体的名称来源于其独特的两条"旋转"鞭毛。鞭毛为细胞提供运动能力。一条鞭毛（后鞭毛）从细胞向外延伸，而另一条（横向鞭毛）在细胞中部的侧面沟槽中运行，两条鞭毛位于组成甲藻细胞壁的纤维素板之间。这两条鞭毛的联合作用导致了甲藻生命周期中运动阶段的旋转螺旋游动动作。纤维素板本身也相当独特，它们位于内细胞膜和外细胞膜之间，被一个膜鞘包围。甲藻的基因组组成是独一无二的，这些生物是真核生物，其染色体缺乏组蛋白，并且在间期保持浓缩状态。其基因组也以高度冗余为特征，因此往往非常大，其大小是人类基因组的50倍甚至更多倍。虽然甲藻是藻类，但只有50%的甲藻种类是光合植物，而其余种类是异养植物，可以是自由生活的或内共生的（例如在珊瑚中等）。

定鞭金藻的特征是具有两条鞭毛和一条被称为触角的细长鞭毛状结构。定鞭金藻细胞表面覆盖着鳞片，在颗石藻中，这些鳞片（称为球石）是钙化的。颗石藻中存在广泛的物种特异性球石结构，其细胞大小通常小于30 μm，一旦这些细胞死亡，球壳（完整或分解后）就会沉降到海底，自晚三叠纪以来，成为海洋沉积物的重要组成部分。它们的纬度分布范围很广，从副极地地区到热带地区皆有分布。由于数量众多以及其光合作用与钙化过程，颗石藻是地球生物化学循环中的关键元素（Balch，2018）。颗石藻经常会形成藻华，覆盖大片的海洋，可以通过卫星影像观测到。颗石藻作为古气候和古海洋学上的指标，将之用于研究需要精确了解其生物学和生态学特征。例如，颗石藻群体与环境参数（如表层水温或营养物质含量）的关系，可以在海洋沉积物记录中作为古海洋学研究的指标。

2.1.3　大型藻类

正如其名，大型藻类是肉眼可见的（一些附着在基质上的蓝藻也是肉眼可见的，因此它们在功能上也可以纳入大型藻类范畴）。大约20 000种真核大型藻类可以分为三个门类：绿藻、褐藻和红藻。大型藻类的"身体"称为藻体，与陆地植物相比，藻体大多数情况下含有相对未分化的组织。然而，大多数大型藻类有固着器（包含一种特殊的、有时类似根的器官），将藻体固定在它们生长的岩石上。固着器的细胞分泌一种基于蛋白质的黏合剂，具有极高的强度。作为一种"天然产品"，这种化合物引发了制药企业的兴趣，他们研究这些化合物，旨在提供一种用于外科手术的"天然胶水"。厚藻体的中间部分也会发生组织分化，例如不含有叶绿体。此外，参与藻类繁殖与构成主体的细胞和组织也往往不同。

绿藻门（Chlorophyta）的大型绿藻以叶绿素a和叶绿素b为主要光合色素，这意味着它们主要吸收太阳辐射中的蓝色和红色波长，而绿色光子则被反射，因此呈现绿色。绿藻在全球海洋的各个部分都常见（在淡水中也很常见）。其中包括全球分布的石莼属（*Ulva*），它们是海洋藻类光合作用研究中的重要"模式生物"（Wichard等，2015）。此外，这个属中还包含产生硫酸多糖的物种，其细胞壁中的硫酸多糖逐渐被开发利用。据推测，绿藻在大约4亿年前离开海洋，是陆地植物的祖先（Lewis等，2004）。证据包括：① 两类植物都以叶绿素a和叶绿素b为主要光合色素，并含有类胡萝卜素β-胡萝卜素；② 两者都能够在叶绿体内将多余的光合产物储存为淀粉，有时整个质体会因此变白（此时称为淀粉体）。一些绿藻，例如石莼属的*Ulva lactuca*，由两层含有一个大杯状叶绿体的光合细胞组成；而另一些则形成单细胞层的组织片或管状结构（例如*Ulva intestinalis*）。

　　所有植物都含有叶绿素a，褐藻门（Phaeophyta）的种类也不例外。此外，它们还含有叶绿素c和岩藻黄素（fucoxanthin，一种类胡萝卜素），这使它们呈现褐色。与叶绿素一样，岩藻黄素位于类囊体膜中，在450~540 nm波长范围内捕光，并在510~525 nm范围内达到峰值，从而在该光谱区域对叶绿素的捕光形成补充。与绿藻不同，褐藻几乎完全是海洋生物，且包括地球上最大的一类植物：巨藻。巨藻属于海带目（Laminariales；lamina指薄片或薄层，是这些藻类叶片的特征），巨藻属（*Macrocystis*）种类的长度可达约50 m，在如加利福尼亚海岸可以形成森林般的水下景观（Cavanaugh等，2011）。褐藻不是陆地植物的祖先，因为其色素和叶绿体结构与高等植物不同。然而，海带与高等植物之间存在一种有趣的平行进化：两者在茎（在海带中称为柄）中都含有维管组织。不同的是，高等植物的维管束中既有导水组织（木质部）也有导光合产物组织（韧皮部），海带只有类似韧皮部的组织。这种组织可以将光合产物（这里主要是还原糖甘露醇）从藻体光照良好的上部传输到没有足够光线进行光合作用的下部（有时深达几十米）。

　　褐藻中有一类比较特殊，马尾藻属（*Sargassum*）的某些种类可自由漂浮在马尾藻海中，该属的其他物种像大多数大型藻类一样附着在岩石上（Wang等，2019）。这些自由漂浮的藻类严格来说可以视为浮游植物（说明并非所有浮游植物都很小）。如同许多红藻、某些褐藻（特别是海带）可被采集并直接食用，更常用于提取海藻酸盐。海藻酸盐具有凝胶特性，适合添加到需要增稠的食品中。由于其高矿物质含量（尤其是钾），一些在北美、北欧和南非沿海常见的褐藻［特别是墨角藻属（*Fucus*）、泡叶藻属（*Ascophyllum*）

和海带属（*Laminaria*）的种类］被用作农业中的天然肥料。这些属的丰富性也使它们成为许多海洋光合作用研究的适当对象。

以海洋生物为主的红藻（Rhodophyta）除了含有叶绿素a和叶绿素c外，还含有其他光合色素，统称为藻胆素。蓝藻也含有这些色素，这表明这两者之间有进化关系：人们认为红藻是蓝藻的早期后代，属于海洋植物进化的"红色谱系"（Moreira等，2000）。与蓝藻一样，红藻含有两种藻胆蛋白：藻红蛋白和藻蓝蛋白。大多数蓝藻以藻蓝蛋白为主要色素蛋白，红藻中则是藻红蛋白的含量相对较高。这些色素位于类囊体膜上的小结构中，称为藻胆体，掩盖了嵌入膜中的叶绿素的绿色。然而，尽管藻红蛋白通常使红藻呈现红色，但有时叶绿素的绿色会在外观上与之竞争；如果藻红蛋白含量低，红藻的藻体可能看起来是棕色的或绿色的，只有提取并验证藻胆素的存在才能确认这些藻类属于红藻门。藻红素作为光合作用中捕光的辅助色素，在低光强条件下尤为重要。因此，在高光强下生长的红藻，藻胆素的含量通常较低。许多潮间带红藻暴露于全日照的外部部分呈绿色，但向基质逐渐变红，因为基质较少被光线穿透。红藻有可以进行钙化作用的珊瑚藻科（Corallinaceae），有时称为珊瑚藻，因为它们像珊瑚一样沉积文石或方解石形式的碳酸钙（$CaCO_3$）（Nash等，2019）。这些藻类可以覆盖它们生长的岩石，将珊瑚礁的部分硬化，甚至它们死后可以沉积大部分碳酸钙，从而形成整个以珊瑚藻为基础的礁状结构（与造礁珊瑚沉积碳酸钙的方式大致相同）。

有些红藻的一个特殊特征是它们的细胞壁含有硫酸化多糖琼脂或角叉菜胶，其基本结构是半乳糖（而不是纤维素中的葡萄糖）。水产养殖产业越来越多地栽培这些藻类，特别是江蓠属（*Gracilaria*）和麒麟菜属（*Eucheuma*），以生产藻胶，因此有关其光合特性的研究较多，研究结果用于优化其生长速率。这些藻类产品不仅在制药和食品工业中作为凝胶剂（例如，大多数生物实验室都会使用含有琼脂的培养皿培养细菌），而且一些红藻也可直接食用。食用藻类的经典例子是条斑紫菜（*Porphyra yezoensis*，在日本被称为Nori），它用于包裹米饭制作寿司。与大多数红藻不同，紫菜主要生长在日本等温带地区，其他大多数红藻是热带种。

2.1.4　海草

上述大型藻类可以被视为大型植物，海洋大型植物中还有一个与之截然不同的较少被人类关注的群体。这是一个被子植物或开花植物的群体，据研究，这些植物大约3.5亿年前登上陆地，过了很久才回到海洋。约1亿年前，当海平面上升时，一些靠近海岸生长的草类被海水淹没，并逐渐适应了新的环境。支持其陆地起源的一个证据是，叶子的基部还存在气孔的残留物。陆地植物的气孔可以限制叶子的水分流失，但海草主要浸没在液体介质中，所以气孔的主要部分消失了。这些海洋被子植物或海草从浸没在海水中的沿海草类中进化出来。另一种理论认为，海草的祖先是淡水植物，因此只需适应更高盐度的水。无论哪种情况，海草都像鲸和海龟一样，成功地重新适应了海洋生活。

虽然可能有2万种或更多的大型藻类，但海草只有大约50种，其中大多数分布在热带海域。这50种属于10个属，所有这些属都为单子叶高等植物。像它们的陆地对应生物一样，海草具有根（以及像大多数草类一样的根茎）、叶和花，并且可以进行授粉和产生种子。但大多数海草主要依赖无性繁殖。它们可以在近海形成大草甸，因其无性繁殖，可以由一个（或几个）单一克隆组成（Duarte，2002）。

海草的根像陆地高等植物的根一样，具有吸收营养的功能。叶子也可以从水体中吸收营养。从沉积物中提取营养的能力使海草在营养贫乏的水域中比无根的大型藻类更具有优势。例如，红海营养贫乏、清澈的水域可能有比大型藻类更多的海草生物量；而在波罗的海，由于营养丰富和水体混浊，情况正好相反。海草茁壮生长的水域营养较为贫乏，与之不同，支持海草生长的沉积物通常富含营养。然而，由于其中的高微生物活性，沉积物也缺乏氧气。为了使根在这种缺氧介质中生长，海草进化出了内部通气管道，称为气腔，向根部供应氧气。通过气腔，白天光合作用产生的部分氧气从叶子传导到根部，另一部分氧气扩散到水体中。这种运输系统非常高效，可以使根尖周围的沉积物区域也被氧化。虽然气腔在整个海草植物中形成了一个连续的、垂直定向的气体运输系统，但它们也巧妙地包含了液体不能通过的隔膜。这样，如果海草叶子被海龟或鱼类等动物啃食，海水不会淹没气腔系统，使根部窒息，从而杀死整个植株，而是水只进入叶子的很小一部分，位于叶子基部的分生组织受到的影响也较小，底层组织可以继续生长和发挥功能。

海草根的另一个重要作用是将植物固定在沉积物中，根还稳定了沉积物。研究表明，茂盛生长的海草被破坏后，该地区常常会发生侵蚀作用。实际上，大型藻类和海草在栖息地利用上的基本差异之一是前者通常生长在岩石基质上，通过固着器固定，而海草则生长在松软的沉积物中，通过根系固定。与整个植物表面都参与光合作用的大型藻类不同，海草植物的大部分由非光合的根和根茎组成。因此，海草的叶子也必须向这些组织提供光合产物（主要成分是糖）。这意味着，与许多藻类相比，海草需要更多的光才能生存。

海草在分类学上与陆地草类密切相关，但在生态学上却非常不同。因此，光合作用研究部分集中在海草在海洋水环境中的碳获取。此外，一些海草可以在潮间带生长，部分时间暴露在空气中，并且由于缺乏气孔，还有一些研究集中在阐明海草在干旱威胁下的光合作用行为。有证据表明，海草的光合作用会影响周围水域的条件，进而影响其他生物，这让它们在当前海洋生态系统中的地位变得更为重要。

2.2　光合作用与海洋初级生产力

2.2.1　初级生产力定义

海洋植物是海洋的主要初级生产者，通过光合作用将无机物质（如硝酸盐、磷酸盐）转化为新的有机化合物（如脂类、蛋白质），从而启动海洋食物链。通过光合作用生产、随着时间积累的植物组织量通常称为初级生产。之所以这样称呼，是因为光合作用生产是大多数海洋生物生产的基础。海洋中也有其他类型的初级生产者，例如通过化能合成作用生产有机物质的细菌，但从贡献总量上看，这些在整个海洋中微不足道。初级生产力是指初级生产者产生有机质或积累能量的速率。海洋初级生产力的主要贡献者为藻类，它们利用的二氧化碳可以是自由溶解的，也可以是以碳酸氢根离子形式存在的。海洋水中的总二氧化碳（所有三种形式）浓度约为 2 000 μmol·L^{-1}。这一浓度足够高，基本不会限制浮游植物的光合作用。这种涉及二氧化碳还原以产生高能有机物质的生产类型也称为自养生产。自养生物不需要有机物质作为能量来源。需要注意的是，这一过程不仅产生植物碳水化合物，还产生自由氧（来自水分子，而不是二氧化碳）。呼吸作用则与之相反。碳水化合物的高能键被氧化反应打破，从而释放出代谢所需的能量。所有生物，包括植物，都进行呼吸作用。虽然光合作用只能在白天进行，但呼吸作用在白天和黑夜都进行。

太阳能用于驱动光合作用，辐射能向化学能的转化依赖于通常包含在藻类叶绿体中的特殊光合色素。主要色素是叶绿素a，但叶绿素b、叶绿素c、叶绿素d和辅助色素（类胡萝卜素、叶黄素和藻胆素）也存在于许多物种中，并且其中一些色素也可以参与这种转化。所有这些光合活性色素都吸收波长范围在400～700 nm（PAR）内的光，但每种色素显示不同的吸收光谱。叶绿素a的吸收光谱最大吸收峰发生在红色（650～700 nm）和蓝紫色（450 nm）范围内。通常这些辅助色素在颜色上占优势，使得许多浮游植物呈现棕色、金色甚至红色。当叶绿素或其他光合活性色素吸收光时，色素分子中的电子获得更高的能量水平。这些电子中的能量通过一系列反应传递，其中腺苷二磷酸（ADP）转变为高能量的腺苷三磷酸（ATP），并形成一种称为烟酰胺腺嘌呤二核苷酸磷酸（NADPH$_2$）的化合物。这些完全依赖于光能并涉及辐射能向化学能转化的反应称为光合作用的光反应。

光反应与一系列不需要光的反应密不可分，这些反应称为光合作用的暗反应。它们涉及NADPH$_2$对二氧化碳的还原，并需要ATP的化学能量以产生高能碳水化合物（通常是多糖）和其他有机化合物如脂类。此外，还有硝酸盐（NO$_3^-$）的还原生成氨基酸和蛋白质。在光合作用的反应中，形成的化合物不仅含有碳和水提供的元素，还含有氮和磷。与所有植物一样，浮游植物对这些元素有绝对的最低需求。氮通常以溶解的硝酸盐、亚硝酸盐或氨的形式被浮游植物细胞吸收；磷通常以溶解的无机形式（正磷酸根离子）或有时以溶解的有机磷形式吸收。其他元素也可能是必需的，例如，溶解的硅是硅藻在生产细胞壁时必需的元素。此外，维生素和某些微量元素也可能是必需的，其类型和数量取决于浮游植物的种类。在海水中，所有这些物质的浓度相对较低，并根据光合作用和呼吸作用的速率以及其他生物活动（如动物排泄或细菌分解）而变化。因此，这些必需元素或物质的浓度有时可能变得非常低，以至于限制初级生产的速率。

2.2.2　测量生物量和初级生产力的方法

现存量是指在采样时每单位面积或每单位水体积中的生物数量。对于浮游植物，可以通过显微镜下计数从海水样品中过滤或保存的浮游植物细胞来测量。现存量以每单位水体积中的细胞数量表示。然而，由于浮游植物的大小差异很大，总数量在生态学上并不如其生物量估计有意义。生物量定义为在给定区域或体积内所有生物的总质量（总数量×平均质量）。因此，可以计算浮游植物的数量和体积，在一定程度上对浮游植物生物量进行估计，尽管细胞体积不总是能准确反映细胞质量。生物量随后表示为每单位水体积中的浮游植物细胞的总体积。

现存量和生物量之间的区别并不大，通常这两个术语是同义词。另一种估计浮游植物生物量的实验室方法是测定海水中的叶绿素a的浓度。这种方法经常被使用，因为叶绿素a普遍存在于所有浮游植物细胞中，且易于测量，其相对丰度可以估算浮游植物群落的生产力。已知体积的水被过滤，从保留在滤纸上的生物体中用丙酮提取植物色素，然后通过将样品置于荧光计中测量荧光，或置于分光光度计中测量样品对不同波长光的消光系数来估计叶绿素a的浓度。生物量表示为每单位水体积中的叶绿素a的量，或表示为在每平方米水面下的水柱中所含有的量。

植物体的生产速率或初级生产力比现存量或生物量的瞬时测量更具有生态意义。测量海洋初级生产力的最主流的方法是^{14}C放射性同位素示踪法（Peterson，1980）。在这种方法中，向含有浮游植物的两个海水瓶中加入少量的放射性碳酸氢盐（HCO_3^-）。一个瓶子（光瓶）暴露在光下，浮游植物同时进行光合作用和呼吸作用；另一个瓶子（暗瓶）完全遮光，浮游植物只进行呼吸作用。随后过滤样品中的浮游植物，并测量其所含的放射性有机碳。这种放射性通过液体闪烁计数器测量。初级生产力（$mg \cdot m^{-3} \cdot h^{-1}$，以C计）通过以下公式计算：

$$初级生产力 = \frac{(R_L - R_D) \times W}{R \times t} \qquad (2.1)$$

其中，R是添加到样品中的总放射性，t是培养的时间（h），R_L是光瓶样品中的放射性计数，R_D是暗瓶样品中的计数。W是样品中所有形式的二氧化碳的总质量（$mg \cdot m^{-3}$，以C计），这是通过滴定或假设与样品盐度相关的特定二氧化碳含量而确定的。生产力表示为每单位时间（h）每单位水体积（m^3）固定在新有机物中的碳量（mg），数值在 $0 \sim 80\ mg \cdot m^{-3} \cdot h^{-1}$ 之间。该方法适用于从一系列深度采集的水样。为了计算整个透光区的生产力并便于比较，可以将不同深度获得的结果积分，表示为每平方米水面下的水柱中每天固定的有机碳量（$g \cdot m^{-2} \cdot d^{-1}$）。如果将单位时间固定的碳量与生物量的叶绿素a测量结合起来，就可以得到光合固碳的测量单位[*]（$mg\ C\ mg\ chla^{-1}\ h^{-1}$）。这种生产力的测量有时称为同化系数。

　　上述[14]C方法可以通过标准化的实验技术变得非常精确，但也存在一定的不确定性。例如将暗瓶中的吸收量（R_D，代表一个空白），用于校正光瓶中的非光合作用吸收（R_L）。该方法假设除了光合作用外，两瓶中进行的生物活动是相同的，但这可能并不完全正确。此外，在光合作用期间，浮游植物失去的任何可溶性有机物质（称为渗出）在过滤过程中也会遗漏在液体中。因此，尽管[14]C方法是测量海洋光合作用最实用的方法，但有时可能会导致较大的误差。

　　目前，已经开发出可以精确地测量叶绿素浓度的新技术，如此一来，可以测量大面积海域的浮游植物相对丰度。该设备可以产生特定波长的光，会使叶绿素发出红色荧光，这种装置可以估计水体积中的叶绿素含量（Lavigne等，

---

　　[*] 以mg的C计的每mg叶绿素a在每h时间内的产量。

2012）。该方法非常灵敏，研究船拖曳的荧光计可以快速记录大范围海面上叶绿素浓度的变化。另外，飞机或卫星遥感提供了更广泛的浮游植物丰度空间覆盖。这种技术基于以下事实：在可见光光谱（400～700 nm）中，从海面反射的辐射与叶绿素浓度相关。叶绿素是绿色的，随着叶绿素浓度的增加，水的颜色从蓝色变为绿色，因此可以利用相对颜色差异测量叶绿素浓度。卫星测量不如其他方法敏感，且深度穿透有限，但它们可以提供全球范围内的叶绿素含量，结合同化系数，可以简便地推算出该区域的初级生产力。

2.2.3 太阳辐射和光合作用

太阳辐射的强度对光合作用速率有决定性影响，因此，水体中的光合作用与光强度成正比，光合作用随着光强度的增高而增强，直到某个最大值（P_{max}）。在更高的光强度下，光合作用可能会显著减弱（称为光抑制），这是由一些生理反应引起的，如在强光下叶绿体的收缩。图2.1的曲线上第二个横线箭头，呼吸量正好平衡光合作用量，此时净光合量为零，这一光照强度称为光补偿点（light compensation point）。光补偿点在海洋中一般发生在透光区的下边界。

总初级生产力（P_g）用于描述总光合作用，净初级生产力（P_n）表示总光合作用减去植物呼吸作用。图2.1中的曲线可以用数学方程来描述，这些方程近似于两组独立的反应：一组（初始斜率 $\Delta P/\Delta I$）是光合作用的光依赖反应，另一组（P_{max}）是暗反应。描述曲线直到 P_{max} 的最简单方程（即无光抑制）是：

$$P_g = \frac{P_{max}\,[I]}{K_I + [I]} \qquad\qquad (2.2)$$

$$P_n = \frac{P_{max}\,[I-I_C]}{K_I + [I-I_C]} \qquad\qquad (2.3)$$

其中，P_g 和 P_n 分别是总生产力和净生产力，如上所定义；K_I 是半饱和常数，或光强度为 $P=P_{max}/2$ 时的光强度。K_I 值范围约为10～200 $\mu E \cdot m^{-2} \cdot s^{-1}$。$[I]$ 是环境PAR光量，$[I-I_C]$ 是环境PAR光减去补偿光强度。

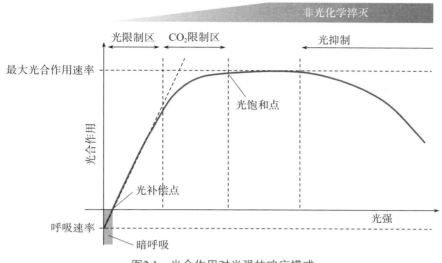

图2.1　光合作用对光强的响应模式

在上述方程中，假设所有在恒定生理条件下生长的藻类都有相应的光响应，这种响应可以用两个常数 P_{max} 和 K_I 来描述。实际上，不同物种有不同的 P_{max} 和 K_I 值；即便是同一物种，细胞对光的光合作用响应也会随时间变化（例如，从表层的强光到水体深处的低光适应）。一般来说，图2.1中曲线的初始斜率（$\Delta P/\Delta I$）反映细胞光合作用的生理变化（即光依赖反应），曲线的上限（P_{max}）反映光合作用暗反应的环境参数变化，如营养浓度和温度。由于不同种类的浮游植物对海表光强和原位光强的变化响应不同，环境条件的变化将有利于不同时间的不同物种，并导致群落中不同优势物种的连续更替。值得注意的是，P_{max} 通常在较高温度和高营养条件下升高，但光合作用曲线的初始斜率（$\Delta P/\Delta I$）更多地依赖于细胞特性。例如，微型浮游植物相比大粒径浮游植物具有更高的 $\Delta P/\Delta I$ 值。因此，微型浮游植物可以在水体较深处光线较弱的地方生长。

2.2.4　营养盐对生长速率的影响

本书前面的部分，初级生产力被表示为单位时间内固定的碳量。这是一种通俗易懂的表示方法，同时也是生态学研究中实际测量的内容。另外，初级生产力还可以用同化系数表示，即单位时间单位叶绿素a生产的单位有机碳量（单位为mg·mg^{-1}·h^{-1}）。这个数值对于比较不同区域的光合作用非常有用，因为它将所有测量值标准化为一个叶绿素a的单位。另一种比较浮游植物生产力的常用方法是将生长表示为细胞数量的增加。对于单细胞生物，这是一个指数函数：

$$(X_0 + \Delta X) = X_0 e^{\mu t} \qquad (2.4)$$

其中，X_0是实验开始时的细胞数量，ΔX是时间t内产生的数量，μ是单位时间内的种群生长常数，即比生长速率。如果ΔX以光合固碳量为单位，那么X_0必须为浮游植物碳的总存量，而不是细胞数量。

通过公式2.4还可以得到一个额外的表达式，即倍增时间，定义为种群增加100%所需的时间。浮游植物的倍增时间可以通过以下公式推导出来：

$$\frac{X_t}{X_0} = 2 = e^{\mu d} \qquad (2.5)$$

其中，X_t是公式2.4中的（$X_0 + \Delta X$）。X_0的倍增时间（d）可以通过以下公式计算出来：

$$d = \frac{\log_e 2}{\mu} = \frac{0.69}{\mu} \qquad (2.6)$$

倍增时间（d）的倒数（或当d以天为单位时的$1/d$）给出了每天产生的世代数。营养盐浓度对生长常数μ的影响可以用与光合作用相同的表达式来描述：

$$\mu = \frac{\mu_{max}[N]}{K_N + [N]} \qquad (2.7)$$

因此，μ是在特定营养物浓度$[N]$下的生长速率（时间$^{-1}$），营养盐通常以$\mu mol·L^{-1}$表示，μ_{max}是浮游植物的最大生长速率，K_N（以$\mu mol·L^{-1}$表示）是营养物吸收的半饱和常数，等于$1/2 \mu_{max}$时的营养物浓度。在极低的营养物浓度下，一些较大的光合鞭毛藻类可以迁移到营养物较丰富的深层。营养物浓度随深度迅速增加的区域称为营养跃层，它可能位于透光层以下。将硝酸盐等营养物吸收进细胞后，这些鞭毛藻类可以返回到阳光充足的水域进行光合作用。在这种情况下，浮游植物的光合生长速率与细胞内的营养物成正比，而不是与外部营养物浓度成正比。

在海洋中，浮游植物生长所需的主要营养物如果只有某些元素可能供应不足（Moore等，2013）。一般来说，镁、钙、钾、钠、硫酸盐、氯化物等数量充足，足以支持植物生长。二氧化碳在湖泊水体中可能是限制因素，在海水中则是总量是充足的，但由于海水呈碱性，其中的溶解态二氧化碳浓度很低，对于某些没有碳浓缩机制或者碳浓缩机制不强的藻类，也会存在碳限制的情况。一些必需的无机物质，如硝酸盐、磷酸盐、硅酸盐、铁和锰，浓度可能会低到足以限制植物生产代谢的程度。必需营养物之间也可能存在协同效应，例如，可代谢形式的铁浓度决定了浮游植物利用无机氮的能力，这是因为铁是亚硝酸还原酶和硝酸还原酶中的必需成分，这些酶对于将亚硝酸盐和硝酸盐还原为氨是必要的，而氨用于合成氨基酸（Timmermans等，1994）。大粒径浮游植物可能受到铁限制的影响，但小粒径的通常不受影响，因为小粒径浮游植物比表面积更大，能在较低浓度下吸收铁。存在铁限制的海洋区域特征是硝酸盐浓度高但叶绿素浓度低，被称为高硝酸盐低叶绿素（HNLC）区域，包括北太平洋亚北极区、赤道太平洋和部分南极海域。此外，有些有机物质（如维生素B_{12}、硫胺素和生物素）是某些浮游植物生长所必需的，这些物质在海水中的浓度也可能不足，从而限制特定种类浮游植物的生长。每种浮游植物对于每一限制性营养物的吸收都有特定的半饱和浓度（公式2.7中的K_N），每个物种也有不同的最大生长速率（μ_{max}）。这些物种特异性的生长速率和对营养物的响应差异使得各种浮游植物能够在看似非常均匀的环境中生长。

物理化学环境本身并不是恒定的，光照和温度背景每天和季节性变化，营养物浓度也会变化（Popova等，2010）。有时是变化本身影响了不同浮游植物的响应，例如，营养物浓度可能由于高营养物水平的深层水日间上涌的输入而变化。这种短期的营养物浓度的波动变化对浮游植物物种组成的影响不同于通过持续上涌维持相对恒定的营养物水平所产生的影响。另外，有毒污染物的作用方向与营养物资源的相反：在较高浓度下，它们会选择性地抑制某些浮游植物物种的生长，最终多样性降低到只有最耐污染的形式。还需要注意的是，植食性浮游动物的选择性捕食也会改变浮游植物物种的相对丰度。

2.2.5 初级生产的物理控制

光是控制海洋中浮游植物生产的两个主要物理因素之一，另一个因素即那些将深层水中积累的营养物带到透光层的物理过程（Small等，1981）。这两个因素共同决定了世界海洋中某一海域何种类型的浮游植物占据优势，以及初级生产力的高低。它们也是决定包括商业捕捞鱼类在内的海洋动物数量和类型的主要因素。从赤道到两极，光照量逐渐减少。另外，将营养物带到表面的风混合作用，从热带（太阳加热使水垂直方向趋于稳定）向两极增大。因此，透光层中光照和营养物的浓度形成了反比关系，这在很大程度上决定了不同纬度浮游植物生产的模式。在极地地区，夏季光照足以使初级生产力净增加时，浮游植物丰度会出现一次峰值；在温带地区，初级生产力通常在春季和秋季达到最大，此时光照和高营养物浓度的结合使浮游植物暴发；在热带地区，强烈的表面加热产生了永久性温跃层，浮游植物全年一般受到营养物限制，初级生产力仅因局部条件而出现小而不规则的波动。然而，有许多物理特征会影响透光层中的营养物水平，从而大大改变这一总体模式。其中包括锋面。锋面是相对狭窄的区域，特征是温度、盐度和密度等变量的水平梯度大，以及大规模环流等涡旋形成，具有特征性的旋转循环模式。这些物理过程的规模大小可能有几千千米宽（如环流）或几千千米长（如潮汐和河流羽状锋），大小取决于特定地点的地形和海洋气候。所有这些结构的共同特征是有某种机制将营养物从深层水带到透光层，时间尺度可能从几天到几个月不等。这些机制在与季节性风混合作用叠加后，将显著提高一些营养盐的浓度，可以在浮游植物生产力本来较低的时期产生"绿洲"效应。

2.2.6 全球浮游植物初级生产力

浮游植物在全球海洋各个区域的初级生产力随季节和地理位置的变化而不同。全球较高的生产力（>1 g·m^{-2}·d^{-1}）出现在上升流区域，较低的生产力（<0.1 g·m^{-2}·d^{-1}）则出现在副热带辐合环流区。在太平洋和大西洋的亚

北极纬度地区的夏季，每日初级生产力可能超过0.5 g·m^{-2}，但是在冬季的几个月中可能没有净初级生产力。全球海洋的总初级生产力约为每年4×10^{10} t碳，这一数字与陆地植物光合作用的生产力相当，但其生产模式却非常不同（Chavez等，2011）。在陆地生态系统中，生产力极高的区域相对较小，生产力的波动范围也很大。例如，雨林的初级生产力估计为3 500 g·m^{-2}·a^{-1}，约为最高浮游植物生产力的6倍。大部分陆地为沙漠，几乎没有光合作用。相比之下，海洋生产力几乎分布在整个光照区（覆盖了地球表面的70%以上），甚至在极地冰下也存在。

全球海洋的初级生产力总和约等于陆地上的光合作用有机碳生产。海洋生产力的纬度和季节差异主要是光照和营养供应的不同所致。这些物理因素决定了任一海洋区域可能达到的最大浮游植物生产力。同时，也有一些生态过程会修正区域初级生产力。当藻类生长时，它们会耗尽光照区的营养盐，同时其丰度增加会形成自我遮阴效应，减少光的穿透，使得光照区变得更浅。植食性浮游动物的捕食活动会平衡真光层不断生长的浮游植物，这些动物会移除部分浮游植物，从而起到调节浮游植物群落丰度的作用。

当初级生产力增加时，通常伴随着浮游植物现存量的增加。在沿海地区藻华暴发期间，叶绿素a的现存量会在几天内从不到1 mg·m^{-3}增加到超过20 mg·m^{-3}。然而，在某些地区，浮游动物可能会以与浮游植物生产同样快的速度捕食浮游植物，其结果是初级生产力的增加，并未显示出浮游植物现存量的明显增加。在太平洋50°N附近就存在这种情况。在这里，除了沿海影响之外，浮游植物的现存量在全年几乎没有变化，保持在约0.5 mg·m^{-3}。然而，该地区的初级生产力从冬季的不到50 mg·m^{-3}·d^{-1}增加到7月的超过250 mg·m^{-3}·d^{-1}，多余的初级生产力被本地浮游动物捕食，增加了浮游植物的生物量（Strom等，2001）。浮游植物和浮游动物的密切联系对北太平洋深海底栖动物也有显著影响，因为几乎没有浮游植物能最终沉入深水区，所以该海区底栖动物食物来源匮乏。相比之下，在大西洋的同一纬度，春季藻华的特征是叶绿素a增加了10倍，从0.1 mg·m^{-3}增加到约1.0 mg·m^{-3}。像在太平洋一样初级生产力增加，但浮游动物捕食增加的初级生产的效率较低，因为部分浮游植物未被捕食，导致基于叶绿素a测得的现存量增加（Gaul等，1999）。在北大西洋的大部分地区，还存在秋季藻华，是浮游植物和浮游动物生物量的第二次高峰。由于北大西洋的浮游植物未全部被捕食，腐烂的浮游植物沉入深水，成为底栖动物的食物来源。

浮游动物对食物增加的反应较慢是因为动物在冷水中较慢的生长速度。在热带环境中，浮游植物和浮游动物的生物量全年几乎没有显著变化。然而，风暴活动可以扰乱这种本来非常稳定的环境，使得浮游生物的生物量在全年不规则地小幅波动。在温暖的热带水域，浮游植物现存量的任何增加都会迅速被快速生长的浮游动物消耗。初级生产力随深度变化，浮游植物的垂直分布可能会季节性变化。在温带纬度，浮游植物将在冬季几个月内均匀分布在上部混合层，水体中的任何光合作用都会遵循光衰减曲线，只是在表层附近会有一些光抑制。随着春季的到来，表层附近的初级生产力会增加，这可能伴随着浮游植物现存量的增加。在夏末，表层的营养耗尽，最大初级生产力会转移到水体更深处，导致深层叶绿素出现最大值。在稳定的水体中（即大多数的热带和副热带海域），营养盐、初级生产力和叶绿素a的垂直分布与夏末情况类似，并且这种特征在全年都很稳定。在这种情况下，光照区实际上垂直分成两个群落：顶层群落营养受限，主要由生物和化学过程再生营养物质所控制；底层群落光照受限，但位于营养斜面，即营养浓度变化最大的位置，因此额外的营养物质从更深的水体进入该系统。一些浮游动物和鱼类在两个群落之间垂直迁移，因此这两个垂直分隔的环境之间存在一定的生物传输。

2.3　生物地球化学循环

所有被同化为有机物质的元素最终都会被循环利用，但时间尺度不同。将有机物质转化为元素的无机形式的过程通常称为矿化。这个过程在整个水体以及海底进行。元素的循环在透光层中可能相对较快（通常在一个季节内），而对于沉积在海床上的难降解物质则可能非常缓慢（在地质时间尺度上）。在水体中，通常有充足的氧气，有机物质通过异养细菌的氧化降解进行分解。二氧化碳和营养物质被返回供浮游植物重新利用。在无氧区域，循环有所不同，因为那里没有自由溶解的氧气。无氧条件存在于海底的次表层沉积物中以及一些特殊区域，如黑海，由于与邻近的地中海的水交换和混合受到海底地形的严重限制，从约200 m深度到海底都是无氧的。在无氧条件下，细菌通过利用硫酸盐和硝酸根中的氧进行化学合成。这种类型的氧化形成高度还原的化合物，如甲烷、硫化氢和氨。由于这些化合物具有高化学能，另一组细菌（化能自养菌）可以利用这种能量来还原二氧化碳并制造新的有机物质。通过氧化无机化合物（如亚硝酸盐、氨、甲烷、硫化合物）获得能量将二氧化碳固定成有机化合物的过程称为化能合成。从生态学角度看，海洋中循环最重要的方面是限制生长的营养物质的循环速率。在海洋中可能供应不足的营养物质中，硝酸盐（NO_3^-）、铁（生物可利用的铁）、磷酸盐（PO_4^{3-}）和溶解硅［$Si(OH)_4$］的浓度通常远低于浮游植物最大生长所需的半饱和水平。硅的限制主要影响那些使用这种元素形成细胞壁等骨架的生物；这些生物包括浮游植物中的硅藻和硅鞭毛藻，以及浮游动物中的放射虫。硅循环相对简单，因为它只涉及无机形式，生物利用溶解硅来生产骨架，这些骨架材料在生物死亡后逐步溶解。从化学角度看，磷的循环也相对简单，在通常的海水碱性条件下，有机磷酸盐相对容易水解成无机磷酸盐，然后可供浮游植物再次吸收。磷在食物链中的循环速度很快，因此在海洋中较少单独成为限制因素。

2.3.1　碳

碳是生命必需的元素，但与氮不同，海洋中的碳从未成为限制性因素。然而，碳循环整个过程较为复杂，涉及生物、物理和化学等过程（Longhurst，1991）。二氧化碳从大气进入海洋，因为它在水中高度可溶。如果海水中二氧化碳的浓度完全取决于大气中二氧化碳的分压（420 μatm）、水和空气中二氧化碳的相对浓度以及水的温度和盐度，那么海水中的二氧化碳量将非常低。然而，在海洋中，自由溶解的二氧化碳与水结合并解离形成碳酸氢根和碳酸根离子：

$$CO_2 + H_2O \rightleftharpoons H_2CO_3$$

$$H_2CO_3 \rightleftharpoons H^+ + HCO_3^-$$
$$HCO_3^- \rightleftharpoons H^+ + CO_3^{2-}$$

这些离子是二氧化碳的结合形式,它们(特别是碳酸氢根离子)代表了海水中绝大部分溶解的二氧化碳。平均而言,每升海水中约有2 000 μmol总二氧化碳,但由于上述的平衡化学反应,几乎所有这些都以结合的碳酸氢盐和碳酸盐形式存在,从而作为自由二氧化碳的储存库。

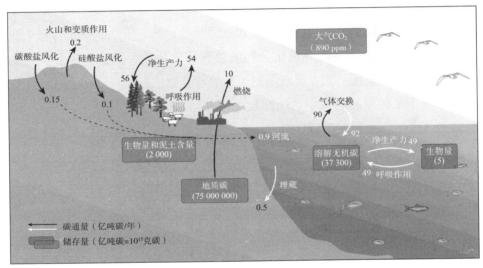

图2.2 海洋碳循环模式图
(引自DeVries,2022)

海水中以气体形式存在的溶解二氧化碳量为$10 \sim 20 \ \mu mol \cdot kg^{-1}$,当光合作用移除自由二氧化碳时,反应向左移动,结合的离子形式释放更多的自由二氧化碳。因此,即使有些海区光合作用很强,二氧化碳也从未成为植物生产的关键限制因素。相反,当植物、细菌和动物的呼吸作用释放二氧化碳时,产生更多的碳酸氢根离子、碳酸根离子和氢离子,这意味着海水的pH主要由碳酸氢盐和碳酸盐的浓度调节,其pH通常为8 ± 0.5。当矿化过程和呼吸作用向海水中释放二氧化碳时,氢离子数量增加,pH下降(溶液变得更酸);如果光合作用从水中移除二氧化碳,则情况相反,pH升高。因此,海水起到缓冲溶液的作用。

一些海洋生物在钙化过程中将钙与碳酸根离子结合，形成石灰质骨架材料。碳酸钙可以是方解石或文石形式，后者是更易溶的形式。这些海洋生物死亡后，骨架材料下沉，要么溶解（在这种情况下，二氧化碳再次释放到水中），要么埋藏在沉积物中（在这种情况下，结合的二氧化碳从碳循环中被移除）。一般而言，二氧化碳通过浮游植物的光合作用从无机碳转化为有机碳，然后，这些有机碳被更高营养级消耗，一些二氧化碳作为无机碳酸氢盐循环，而一些可能以气体形式从海洋表面损失。二氧化碳在海洋表面被吸收，并通过呼吸和矿化过程在水体中产生。

根据目前的研究，海洋吸收的二氧化碳多于释放给大气的量，总体上是地球上主要的碳汇。全球海洋中溶解二氧化碳（碳酸氢盐、碳酸盐加上溶解的二氧化碳分子）的总量估计为 38×10^{12} t，这大约是大气中二氧化碳总量的 50 倍。燃烧化石燃料正以每年约 0.2% 的速度增加大气中的二氧化碳总量，这种增量会被海洋吸收，还会继续在大气中积累，从而造成所谓的"温室效应"，导致全球变暖，是当前重点关注的环境问题。海洋生物对碳循环和大气中二氧化碳平衡的重要性有三方面：首先，食物链固定的二氧化碳量取决于有多少新硝酸盐进入透光层支持光合作用；其次，永久损失到沉积物中的碳量取决于深水化学、生态和沉积过程，特别是细菌，它循环利用溶解和颗粒有机碳；再次，海洋生物骨架中吸收的二氧化碳在地质时间内是吸收二氧化碳的主要机制。目前，约 50×10^5 t 的二氧化碳以石灰石形式存在，12×10^{15} t 存在于有机沉积物中，38×10^{12} t 以溶解无机碳酸盐形式存在。

2.3.2　氮

海洋中的氮循环非常复杂，因为海洋中的氮存在多种形式，这些形式之间的转化并不容易。这些形式包括溶解的分子氮（N_2）和氨（NH_4^+）、亚硝酸盐（NO_2^-）和硝酸盐（NO_3^-）的离子形式，以及尿素 $[CO(NH_2)_2]$ 等有机化合物（Bristow 等，2017）。海洋中主要的氮形式是硝酸盐离子，通常浮游植物吸收的也是这种形式，尽管许多种类也可以利用亚硝酸盐或氨。少数浮游植物种类还可以吸收一些小分子的有机氮，如氨基酸和尿素。适合浮游植物利用的氮的供应速率可能会限制贫营养水体的初级生产力。另外，铁是形成还原酶所必需的，这些酶用于将亚硝酸盐和硝酸盐转化为氨，而氨用于合成氨基酸。如果铁的浓度有限，那么即使在硝酸盐丰富的情况下，浮游植物的初级生产力也不会很高（Wells，2003）。水体中氮的再生是通过细菌活动和海洋动物的排泄，尤其是浮游动物排泄氨来实现的。氨氧化为亚硝酸盐，然后氧化为硝酸盐的过程称为硝化作用，介导这种化学状态变化的细菌称为硝化细菌。将硝酸盐转化为还原氮化合物的逆过程主要发生在无氧沉积物中，称为反硝化作用，这些变化由反硝化细菌进行。氮循环还涉及固氮作用。其中，溶解的氮气被转化为有机氮化合物，这一过程只能由少数浮游植物进行，特别是一些蓝藻，如束毛藻。溶解有机氮（DON）和颗粒有机氮（PON）都可以作为细菌生长的营养物质，细菌将蛋白质分解为氨基酸和氨，后者在硝化过程中被氧化，最终释放的溶解无机氮（DIN）可再次供浮游植物吸收。参与这种循环的各种细菌本身也可以作为一些浮游动物的直接食物来源。海洋氮循环的一个重要方面是初级生产中使用的氮的来源，部分初级生产来自透光层内有机物质循环的氮，另一部分来自透光层外来源的新氮（图2.3）。

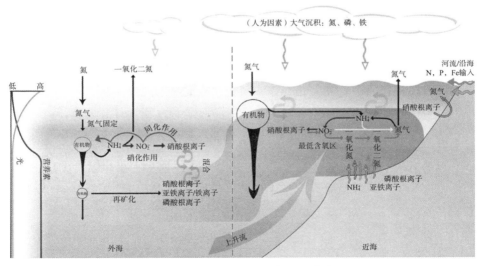

图2.3　近海与大洋海域的氮循环模式图
（引自Bristow等，2017）

新氮主要是通过垂直混合进入透光层的硝酸盐，也包括通过固氮作用、河流流入和降水进入的少量氮。循环氮主要以氨和尿素的形式存在。再生氮和新氮（以及再生生产和新生产，见图2.3）的比值很重要，只有新氮持续输入才能保证海洋生产可持续鱼类捕捞的总能力（因为从海洋中捕捞鱼类的过程相应地会移除氮）。只有新氮才能驱动浮游植物吸收人类活动排放的二氧化碳，在这种情况下，浮游植物生产的增加会移除更多的二氧化碳。在海洋的贫营养区域，透光层下方的水体很难向上流动，因此新氮的量很小。然而，在上升流区域，新氮的量非常大。新生产与总生产（新生产+再生生产）的比值用 f 表示。在贫营养水体中，f 可能为0.1或更低，但在上升流区可能高达0.8。整个海洋的年平均值估计为0.3～0.5。全球约1/3的大洋初级生产发生在新氮进入透光层的区域，沿海或上升流区域仅占海洋表面的约11%，因此大部分海域初级生产主要依赖于透光层内循环的氮。

2.3.3　磷

尽管磷（P）对生命的重要性早已被认可，但直到近年，科学界对海洋磷循环的认识才发生显著变化（Duhamel等，2021）。早期的研究主要从地质视角出发，研究平衡河流磷源与沉积物汇，忽略了海洋水体中发生的转化。这一方向因发现海洋浮游生物采用多样的代谢策略以应对不同的磷可用性而改变，表明海洋磷循环比以前认为的更为复杂。随着微生物驱动过程进入研究者的视角，修正后的磷埋藏估计将海洋磷的滞留时间从约8万年缩短至1万～2万年。全球表层海洋中磷缺乏和限制的证据不断积累，支持了这一新观点，即海洋磷作为一种动态的、稀缺的元素，成为生物限制性因子。目前，对海洋磷的研究进入了新的阶段，微生物磷循环机制被纳入海洋学研究的范畴。这种整体性海洋学视角认可了海洋磷循环广泛却未被充分理解的氧化还原活性本质，并阐明了其与碳（C）、氮（N）以及微量金属等其他生物活性元素的关联，同时量化了其对大尺度海洋生态系统动态和气候相关过程的影响。

一直以来，海洋中何种元素是限制生长的营养物质都是争论的焦点。建模和现场培养研究预测，初级生产和氮气固定的磷限制仅限于少数海域，而与氮的共同限制可能更加常见。然而，在寡营养海区，特别是在西北大西洋、西北太平洋和西南太平洋以及地中海，表层混合层的无机磷酸盐（Pi）浓度较低（<40 nmol·L^{-1}）；在层化加剧的区域，通常测得低于10 nmol·L^{-1}的浓度。这些浓度低于许多海洋浮游植物的理论Pi吸收能力，这意味着在这些地区的许多浮游植物持续处于Pi胁迫状态，尽管浮游植物群落的生长可能不会受到磷限制。

浮游植物磷利用的生理策略有两个主要方面。第一个方面是浮游植物磷需求的特殊可塑性。细胞对磷的需求是根据经典的雷德菲尔德（Redfield）比（C∶N∶P=106∶16∶1）相对于其他生源要素定义的。然而，各种缺磷的浮游植物通过用不含磷的替代物替代磷脂，以部分或全部脱耦这些比例，并通过下调富含磷的生长机制和上调富含氮的营养吸收蛋白来实现。此外，无论在什么营养供应情况下，主导低纬度寡营养海域浮游植物群落的小型蓝藻都始终保持较低的P∶N和P∶C。这可以部分解释为海洋原核生物通过使用大型周质缓冲区而不是细胞内储存来获得Pi，因此短期适应策略和物种特异的演化适应共同作用，塑造微生物群落的磷需求。与灵活的磷需求一致，海洋浮游植物的P∶C以及颗粒有机物（POM）的P∶C与总体Pi可用性正相关。培养物和POM的P∶C比N∶C更具灵活性，表明微生物群落在经济使用磷时具有特殊的灵活性。实际上，全球POM的N∶C中值与Redfield比例一致，但颗粒性的全球P∶C和P∶N的中值比Redfield值低约30%。这些全球偏差受到强烈的纬度趋势驱动，颗粒性P∶C和P∶N在富营养的高纬地区显示出较高值，在低纬度寡营养环流中则相对较低，这符合灵活的磷生理策略。例如，硅藻在高纬度地区更为主导，倾向于内部储存更多的磷，导致更高的P∶C和P∶N，以及磷在海底的输出和封存。使用Pi作为颗粒性P∶C的预测因子，可以再现全球表层海洋中观察到的大规模POM化学计量一致性，与磷营养状态在建立微生物化学计量中的主导作用一致。

浮游植物磷利用的生理策略第二个方面涉及溶解有机磷（DOP）的营养性吸收。在低纬度寡营养环流中，DOP浓度大大超过Pi，可以潜在地支持大量浮游植物群落的磷需求。DOP在沿海和高营养系统中也被快速循环，这可能由物种水平的资源分配驱动。DOP通常比溶解有机碳（DOC）和溶解有机氮（DON）更具活性，与营养缺乏、非Redfield成分的溶解有机物（DOM）一致。作为更大DOM池的一部分，DOP可以描述为一个由活性、半活性和耐分解性形式组成的连续体。在分子水平上，DOP较难表征，但操作定义上包括三种主要键类中的有机和无机聚合形式的磷：磷酸酯［包括单酯（P-O-C）和二酯（C-O-P-O-C）］、磷酸酐或多磷酸盐（P-O-P）和磷酸盐（P-C）。海洋浮游植物群落通过多种磷水解酶的活性，能够广泛利用这些主要键类中的DOP来源，包括碱性磷酸酶（AP）。

第3章　海洋中的微型生物

3.1　微型生物及其分类

在国际上比较惯用的生物粒径级尺度标准把单细胞海洋浮游生物划分为3个级别：20～200 μm的网采浮游生物（netplankton）、2～20 μm的纳微型浮游生物（nanoplankton）和0.2～2 μm的皮微型浮游生物（picoplankton）（焦念志，2006）。用上限孔径为3～5 μm的滤膜上截留的浮游生物通常称为超微型浮游生物（ultraplankton）。如果考虑浮游病毒的取样，采样下限的滤膜粒径可达0.02 μm。不同于传统的"微生物""细菌""微藻"等，海洋微型生物（粒径小于20 μm）是一个生态学概念，其划分依据为生物的粒径。其中具有重要生态学意义的主要生物类群包括蓝细菌［cyanobacteria，主要包括原绿球藻（*Prochlorococcus*）和聚球藻（*Synechococcus*）］、细菌（bacteria，主要指丰富多样的异养细菌）、病毒［virus，主要包括噬藻体（cyanophage）和噬菌体（phage）］和古菌（archaea）（焦念志，2006）。

由于海洋微型生物个体较小，其研究进展受到科技发展的限制。20世纪70年代，主要以显微技术作为基础的观察分析手段，到20世纪80年代，可以流式细胞技术进行快速定量，随着科学技术的快速发展，分子生物学技术已经成为多样性分析的主流手段。

3.2　海洋蓝细菌

蓝细菌（cyanobacteria）又被称为蓝藻，出现在33亿～35亿年前，是地球上最早的光合自养生物。超微型蓝细菌为单细胞类群的主要组成部分，一般定义为粒径在0.2 ~ 2.0 μm之间的单细胞蓝细菌，及单个细胞粒径在0.5 ~ 3 μm之间的集群蓝细菌（Callieri等，2012）。海洋蓝细菌在全球海洋中占据重要地位，对海洋生态系统的稳定和功能具有深远影响。海洋蓝细菌通常呈现为蓝绿色或蓝色，这源于其细胞内含有类囊素（phycobiliprotein）等色素。它们的细胞形态多样，呈丝状、板状或球形等。蓝细菌分布广泛，在大洋、近岸、河流、湖泊、土壤甚至是极地和盐卤池中都发现了蓝细菌的踪迹。不同的蓝细菌类群在生态环境中行使着不同的生态功能。聚球藻和原绿球藻是海洋环境中重要的蓝细菌类群，在海水中的年平均丰度分别可以达到（7.0 ± 0.3）× 10^{26}个和（2.9 ± 0.1）× 10^{27}个（Stanier等，1977），几乎贡献了全球净初级生产力的1/2（Field等，1998；Flombaum等，2013）。在大洋环境中，以聚球藻和原绿球藻为主的蓝细菌初级生产力甚至可以达到海洋初级生产力的80%，在海洋生物地球化学循环中扮演着重要角色（Goericke等，1993；Li，1995；Liu等，1997；Scanlan等，2009；Flombaum等，2013）。值得一提的是，一些海洋蓝细菌具有生物活性成分，可能具有药用或其他应用的潜力。研究人员发现，在海洋蓝细菌中存在一些具有抗氧化、抗炎、抗菌等生物活性的物质，这些物质对人类健康有着积极的影响。因此，海洋蓝细菌也成为医药和生物技术领域的研究热点之一。

3.2.1 原绿球藻的分类及分布

原绿球藻是已知数量最多、细胞体积最小的产氧光合微生物，通常在海洋中的丰度为10^4 ~ 10^5个/mL。一般认为原绿球藻主要分布于寡营养大洋海区200 m以上的真光层。1988年，第一株原绿球藻从环境中被分离培养（Chisholm等，1988），1992年被正式命名为海洋原绿球藻（*Prochlorococcus marinus*）（Chisholm等，1992）。原绿球藻最早由Johnson等人在1979年发现（Johnson等，1979），但是在1985年被错误地分类为"Ⅱ型"聚球藻（Guillard等，1985）。1983年，Gieskes和Kraay首次在原绿球藻中发现其所含有的特征色素——二乙烯基叶绿素（divinyl chlorophyll a，DVChla）。二乙烯基叶绿素能够让原绿球藻进行高效的光合作用，使得其能够生活于真光层底部（这里只有微弱的光）。1985年，科学家在大洋中发现了原绿球藻的广泛存在（Olson等，1985），进而引起了研究人员的重视。Flombaum等（2013）估计海洋中总共有2.9×10²⁷个原绿球藻细胞。

根据原绿球藻对光强的适应性，可以将其分为两种不同的生态型：高光适应型（high-light adapted，HL）和低光适应型（low-light adapted，LL）。这两种生态型的差异主要是由不同的二乙烯基叶绿素a和二乙烯基叶绿素b的组成比例差异造成的光吸收特性以及最适生长光强不同来确认的。16S rRNA基因以及16S～23S转录间隔区的进化分析同样支持了这种划分。HL原绿球藻适应于较强光照的真光层上部（Johnson等，2006），主要包括在亚热带海域丰度更高的高光Ⅰ型（如eMED4），以及在热带海域丰度更高的高光Ⅱ型（如eMIT9312）。LL原绿球藻则适应于较弱光强的真光层中、下部（Johnson等，2006；Zwirglmaier等，2008），主要包括低光Ⅰ型、Ⅱ型、Ⅲ型和Ⅳ型等。

流式细胞仪是早先研究自然海区原绿球藻分布的主要仪器，其最大的优点是能够快速和准确地对样品中的全部原绿球藻进行定量分析，直到目前仍然是自然海区中调查原绿球藻丰度的重要手段。目前对原绿球藻的生态分布研究已经深入到对各生态型的定性、定量研究阶段，即在对生态型的研究基础上探究原绿球藻分布与环境的关系。生态型定量研究主要使用qPCR结合流式细胞仪的分析方法，即通过使用针对不同生态型的引物，用qPCR技术确定原绿球藻各生态型的数量，并与流式细胞仪所获得的总量进行比较（Ahlgren等，2006；Zinser等，2006）。Johnson等（2006）使用流式细胞仪和qPCR对大西洋的5种可培养生态型原绿球藻进行了大规模的测定，研究结果表明温度和光照是影响原绿球藻各生态型分布的主要因素，而在水平尺度上，温度是最主要的控制因素，中低纬度以适应高温的高光Ⅱ型为主，中纬度则以适应低温的高光Ⅰ型为主（Johnson等，2006；Zinser等，2007）。Malmstrom等（2010）通过5年的长期观察，比较了大西洋和太平洋两个站位5种生态型的变化，发现了不同的原绿球藻生态型在不同海区有不同的季节变化。Jiao等（2014）使用流式细胞仪结合RT-qPCR的方法，首次证明了真光层以下原绿球藻仍然具有rRNA活性，这一发现扩大了原绿球藻的分布范围。目前对于原绿球藻在海洋中的变化主要采用模型预测的方法，即通过建模预测全球气候变暖的大背景下，原绿球藻这一海洋中主要的初级生产力在未来海洋中的变化。Flommbaum等（2013）通过量化35 000个样品的生态位模型研究，预测出原绿球藻在全球变暖（650×10^{-6}二氧化碳）的情况下，整体可能增加29%，并且表现出向极地方向扩大的分布趋势。Partensky等（2010）则认为，在未来海洋表层温度升高的背景下，海洋中层化对于原绿球藻是否能适应这一变化产生的极端寡营养条件还有待研究。

3.2.2 聚球藻的分类及分布

聚球藻是蓝细菌中的另外一类代表类群，广泛分布于全球海洋中。聚球藻于1979年被发现（Johnson等，1979）。它们一般直径约为0.9 μm，略大于原绿球藻，细胞结构与原绿球藻较为相似，同时也有较高的丰度，一般为$10^3 \sim 10^5$个·mL^{-1}（Partensky等，1999）。聚球藻与原绿球藻不同，它们具有的特征色素为藻红蛋白（phycoerythrin，PE），同时还含有其他两种藻胆蛋白：别藻蓝蛋白（allophycocyanin，AP）和藻清蛋白（phycocyanin，PC）。海洋中的聚球藻最初被划分为3个类群，即海洋类群A、B、C（MC-A、MC-B、MC-C）（Herdman等，2001）。后来MC-A和MC-B被划分到聚球藻类群5（*Synechococcus* subcluster 5），并分别被定义为5.1、5.2两个亚类群。5.1亚类群是海洋聚球藻中最具优势的类群。最初，5.2亚类群中有两株分离培养的菌株：WH5701和WH8007。后来，Chen等人（2006）从美国切萨皮克湾（Chesapeake Bay）分离得到多株聚球藻。一株从地中海分离的聚球藻RCC307与从中国东海分离得到的两株聚球藻在基于16S rRNA基因的进化分析上代表一个新的类群，并被定义为5.3亚类群（*Synechococcus* subcluster 5.3）（Dufresne等，2008；Choi等，2009），从而形成了现在获得认可的海洋聚球藻三大类群，即5.1、5.2和5.3（Scanlan，2012）。

聚球藻的分布范围比原绿球藻的广，从极地到赤道区域均可以检测到它们。聚球藻在大洋中的丰度约比原绿球藻的低一个数量级，而在温带和营养丰富、生产力较高的近岸海域则高于原绿球藻（Jiao等，2005；Zwirglmaier等，2008）。聚球藻在海洋环境中广泛存在，从2~3 ℃到超过30℃的温度范围都能发现聚球藻的踪迹（Waterbury等1986；Fuller等，2006）。温度是影响聚球藻丰度与分布的重要因素。已有研究表明其丰度以14 ℃为界限：在低于14 ℃的条件下，聚球藻的丰度同温度成正比；而高于14 ℃的条件下，硝酸盐浓度可能会取代温度成为影响聚球藻丰度的限制性因素。海洋中聚球藻各类群占据着不同的生态位，也各自具有适应不同环境条件的机制和能力。聚球藻的5.1亚类群主要包括20个基因型，Ⅰ－Ⅳ型子类群的丰度相对较高（Scanlan等，2009）。Ⅰ型和Ⅳ型聚球藻主要分布于30°N以北和30°S以南海域，是较为耐冷的聚球藻分支；Ⅱ型聚球藻则布于30°N至30°S范围内的热带和亚热带大陆架和近岸海域中，在贫营养大洋海域也有分布；Ⅲ型聚球藻广泛分布于寡营养的开阔大洋。Ⅴ、Ⅵ和Ⅶ型广泛分布于海洋中，但丰度相对较低。人们对于聚球藻5.2和5.3亚类群的认识比较缺乏。总结之前的研究发现，聚球藻5.2亚类群分布在温带或高纬度河口、近岸等富营养或中营养的生境（Chen等，2006；Dufresne等，2008；Huang等，2011）。聚球藻5.3亚类群在地中海与日本海已分离得到可培养的株系（Dufresne等，2008；Choi等，2009）。另外，在马尾藻海也检测到该亚类群的序列。Huang等（2011）发现5.3亚类群主要分布于亚热带开放大洋海域与中国南海。

3.3 海洋细菌

3.3.1 海洋细菌的分类

自然界中细菌无处不在，许多细菌的生存条件都不算极端。在海洋表层水环境中，细菌是原核生物的主要组成部分。为了适应海洋环境的高盐、高压、寡营养等特点，海洋细菌具有一些特殊的生理特征，如嗜盐性、嗜冷性、营养类型和形态多样、色素含量高以及共附生现象等。对大多数海洋细菌来说，18～22 ℃是最适生长温度范围，在0～4℃的低温条件也可缓慢生长，但是高温条件（30 ℃以上）会明显抑制细菌的生长（张晓华等，2007）。海洋细菌的形态多样，主要包括球状、杆状、丝状等，此外，在海洋表层还存在许多螺旋状回转的螺菌和菌体呈弧形的弧菌（Young，2007）。生存在海洋真光层以内的大部分细菌可以产生色素，如光合色素、类胡萝卜素及藻蓝素等辅助色素。辅助色素可以帮助细菌抵御阳光辐射的伤害，但是更深层的深海中缺乏光照，很少发现能够产生色素的细菌（Soliev等，2011）。海洋细菌还存在非常普遍的附生情况，多数细菌可以借助胞外多糖和鞭毛等吸附在悬浮的颗粒物上，与藻类、真菌和原生动物等聚成群落，产生生物被膜从而互利共生（Woolverton等，2008）。

常见的海洋异养细菌类群包括：变形菌门（Proteobacteria）、拟杆菌门（Bacteroidetes）、放线菌门（Actinobacteria）和厚壁菌门（Firmicutes）等。变形菌门是所有细菌中丰度最高、种类最多的一个类群，许多可培养的浮游细菌都属于变形菌门。变形菌门包括6个亚纲：α、β、γ、δ、ε和ζ亚纲。其中，α亚纲和γ亚纲在所有海洋环境中都极其重要，绝大部分从环境中分离培养出来的细菌可划分到这两个亚纲中。SAR11类群是α亚纲中最常见的，分布范围遍及所有浮游环境，从近岸浅层到深海中都有分布。关于SAR11的发现，不得不提及一项应用PCR建立起来的不依赖纯培养的方法——基于分子遗传学的分类与系统发育重建。该方法最早应用于池塘细菌的研究（Olsen等，1986），后被应用于海洋细菌的研究（Britschgi等，1991）。该方法基于分子生物学，并不是让细菌生长繁殖直至能够鉴定，而是提取整个细菌群落的DNA，随后随机扩增数十到数千个SSU RNA基因，根据基因序列获得系统进化位置，从而确定这些基因最初的携带者，即所谓的"鸟枪法"。如果一些基因型在数量上占主导地位，那么携带这些基因的浮游细菌就很有可能是群落中数量最多的。在百慕大群岛附近的马尾藻海，研究者第一次做了这种基因克隆调查，之后该方法逐渐被广泛应用于世界各个海域中。在不同地方会发现非常相似的优势类群。SAR11类群的命名就借用了当初从马尾藻海得到的克隆数量，此外还有如SAR324或SAR86等类群。

马尾藻海水体上层的优势群体是α变形菌亚纲。其中数量最多的是SAR11类群，约占浮游细菌丰度的25%。大约10年间，人们无法对SAR11进行任何培养，不过最后还是成功了（Rappé等，2002）。用高压灭菌处理后的超滤（0.2 μm）海水稀释带有当地细菌的海水样品至细菌细胞浓度为22个·mL^{-1}，随后加入1 μmol·L^{-1}的铵盐和0.1 μmol·L^{-1}的磷酸盐。一些样品也会加入结构简单的有机分子（如糖和氨基酸）。在海洋表面温度下培养12天以后，细胞数量大约为3 000个·mL^{-1}，这超出了DAPI计数的检测范围，之后细胞以每天0.40～0.58个d^{-1}的速度增长，在27～30天后细胞密度达到350 000个·mL^{-1}，已明显受到了营养物质的限制。培养出来的细胞是逗号状的，它们可以用SAR11特异性荧光探针来计数，而且培养获得的SSU rRNA序列的变化范围在野外测得的变异范围之内。获得SAR11的纯培养后，Rappé等建议将其命名为远洋杆菌（*Pelagibacter ubique*）。

而γ变形菌亚纲中的重要类群包括弧菌科（Vibrionaceae）、假单胞菌属（*Pseudomona*）、交替单胞菌属（*Alteromonas*）、假交替单胞菌属（*Pseudoalteromonas*）等。和α变形菌亚纲相比，γ变形菌亚纲中的种类更多、生理多样性更高，其中的SAR86类群是大洋和近岸表层海域中的优势细菌（Dupont等，2012）。在DNA序列方面，SAR86与可培养的γ变形菌亚纲有显著的差异，且至今仍未被成功培养。它的SSU rRNA序列和甲烷氧化细菌很相似。也有报道显示，SAR86的子类群与深海热液喷口的化能无机营养型生物有亲缘关系（Giovannoni等，2000）。

拟杆菌主要由拟杆菌纲（Bacteroidetes）、黄杆菌纲（Flavobacteria）和鞘脂杆菌纲（Sphingobacteria）组成。其中属于鞘脂杆菌纲的两个属——噬纤维菌属（*Cytophaga*）和屈桡杆菌属（*Flexibacter*）也是该类细菌的重要分支。黄杆菌纲和鞘脂杆菌纲普遍分布在多种多样的环境中，包括淡水、海洋、沉积物和土壤，但大部分拟杆菌纲类群严格厌氧生长，说明它们在这些环境的碳循环中有重要的意义。拟杆菌纲类群形态多样，多具有黏附性和移动性，同时具有降解糖类、DNA、几丁质和纤维素等较难利用的大分子的能力（Cottrell等，2000）。

海洋浮游细菌是海洋生态系统中的重要组成部分。Bar-On等（2018）的估算发现约1.2×10^{29}个原核生物中，80%为细菌，细菌总生物量达1.3 Gt（Bar-On等，2018）。依靠其营养类型，海洋环境中的细菌主要分为异养细菌和自养细菌。异养细菌（heterotrophic bacteria）以变形菌门（Proteobacteria）和拟杆菌门（Bacterodetes）为主，在生物地球化学循环中能够将环境中的有机物进行氧化发酵，从而使有机物成为可以被细胞利用的营养物质。自养细菌（autotrophic bacteria）能够利用环境中的二氧化碳，将其转化为细胞需要的物质，在此过程中也会产生中间代谢产物。异养细菌可以分为化能异养型细菌和光能异养型细菌。化能异养型细菌主要利用环境中的有机物作为其碳源和能源。光能异养型细菌不仅能利用环境中的二氧化碳作为其生存的主要或唯一碳源，而且在自身生长过程中需要环境中的有机物作为能源，才能在光能的作用下生成其所需要的有机物。Kolber 等（2000）发现了光能异养生物存在的证据。他们发现该细菌的荧光会在闪光灯闪烁时做出回应，这就像那些光营养型的变形菌（红杆菌和红螺菌，属于典型的紫色光合细菌，它们实际上是光养生物而非自养生物），它们总是出现在东部热带太平洋浮游细菌群落中。在寡营养盐水体中，它们发出的荧光比相同样品中浮游植物的荧光还多5%。现在已知这些细菌是好氧不产氧光合（AAP）细菌。它们好氧（需要氧气），不产氧（不通过它们简单的光合系统反应中心产生氧气）。SAR86与AAP这两类光能异养菌在海洋中扮演的角色的重要性还需要进一步研究。菌视紫红质基因可在约半数的海洋细菌基因组内找到，但是，AAP细菌在寡营养海域通常占细菌群落的1%～7%，在生产力高的海域，占原核生物的比例高达30%（Koblížek，2011）。

　　自养细菌，同样根据营养类型分为光能自养型和化能自养型。光能自养细菌以二氧化碳和碳酸盐作为碳源，在光能的作用下，将二氧化碳转化为自己生长、繁殖所需要的物质，并产生相关的中间代谢产物。例如：色硫菌科（Thiorhodaceae）作为自养细菌，以二氧化碳作为其自身生长的主要碳源，在光能的作用下，将硫化氢（H_2S）作为能源，合成相应的有机物质（杨素萍等，2008）。化能自养细菌是指能够通过氧化简单的有机物来获取化学能，从而同化二氧化碳进行细胞合成的细菌。根据同化的有机物来源，又可以细分为：① 硝化细菌（nitrifying bacteria），主要是通过氧化无机氮化物（氧化氨或铵）获取的化学能固定二氧化碳，从而合成细胞所需的物质（如硝酸盐）；② 氢细菌（hydrogen bacteria），能够通过分子氢（H_2）作为能源并释放出能量的微生物，甚至在无氧环境下能够将二氧化碳还原为甲烷

（CH_4）；③ 硫细菌（sulfur bacteria），能够通过氧化无机硫化合物（包括 H_2S、$S_2O_3^{2-}$ 等）来获取化学能用于固定二氧化碳，从而合成细胞所需的物质（硫酸盐）；④ 铁细菌（iron bacteria），是指能够将亚铁离子（Fe^{2+}）氧化为铁离子（Fe^{3+}）并释放能量的细菌。

3.3.2 细菌的呼吸代谢和生产代谢

对不同粒级浮游生物样本的研究表明，海洋浮游生物群落的呼吸作用大部分来自小于1 μm粒级的生物，即水体呼吸作用大部分是来自异养细菌的活动。异养细菌消耗了多少初级生产量，可以使用碳摄取量对初级生产量进行估算，再利用亮氨酸摄取量等方法估算细菌生产量，通过两个值的比对得出清晰的结果。Ducklow（2000）收集了许多来自海洋真光层的比较结果，平均化处理多个估算值发现，在大多数的生境中，细菌生产量与初级生产量的比率为10%～25%。如果两种测量内容都是在同一站点使用同样的水样完成的，那么细菌生长的重要性可以与该生态系统的自养活动进行对比。

细菌呼吸代谢（bacterial respiration，BR）和生长代谢（bacterial production，BP）通常用来反映细菌的代谢活性。细菌需碳量（bacterial carbon demand，BCD）可以更准确地描述细菌代谢活动在海洋生态系统物质循环过程中所发挥的作用，表示细菌生产和呼吸代谢所需有机碳的总和（BCD=BP+BR）。细菌生长效率（BGE）是生物量的增量或生产的生物量（BP）与生长所需的总碳量的比值，即BGE=BP/BCD，表示有机碳在细菌生产和呼吸代谢之间的分配，或者是消耗每单位有机碳所产生的生物量，反映了细菌对有机碳的利用效率以及细菌向更高营养级传递有机碳的潜在效率。在小于36小时的培养期内或稀释的培养液中，可以由同步测量的细菌的呼吸量和细菌的净产量来计算BGE。

环境中的营养盐浓度可以作为上行（bottom-up）控制因子，影响细菌代谢活动并调控细菌的群落组成和多样性。异养细菌在生长代谢中需要吸收无机盐，当环境中无机营养盐浓度低，或者吸收的DOC中C/N、C/P等很高时，细菌为了保证胞内的元素平衡，会水解更多有机碳产生能量以获得所需的生源元素，导致BR的增加，进而降低BGE（Berggren等，2010）。在自然水生生态系统中，BGE值的范围通常是0.05～0.5。BGE和浮游植物生产量之间有很强的正相关关系。在寡营养水域，BGE的值小于0.15，然而在生产力较高的环境中，BGE的值接近0.5。

盐度、温度和pH等是影响细菌代谢过程的重要因素。对于大部分海洋细菌来说，低温会抑制其生长。而在底物浓度充足的条件下，随着温度逐渐升高至最适温度，细菌生长率也会提高。Kirchman等（2009）发现南北极海区的细菌生物量和生长率的平均值明显低于低纬度海区，而温度可能是其中的一个主要原因。增温培养实验发现，温度增高会导致BR的增加从而影响BGE（Cavan等，2018；Arandia-Gorostidi等，2017）。但不同研究中，BP和BR的升高对增温的响应并不一致，因而浮游细菌BGE对海洋暖化的变化趋势仍有争议（Morán等，2018；Mckinnon等，2017；Vazquez-Dominguez等，2007），造成这种现象的原因可能与被研究海区的营养盐浓度、DOC可利用性等环境因素有关。例如，在地中海近岸海区的研究中，Vazquez-Dominguez等（2007）发现温度升高导致了BP和BR的增加，并且增加幅度大致相同，因而BGE保持稳定。López-Urrutia和Moran在分析海洋真光层中的原位BP和BR的数据时，发现BR会随着增温而升高，其活化能为0.60 eV，而BP只在低温范围内随温度增加，当温度达到20 ℃时则进入一个平台期，对增温的响应较小。

此外，紫外辐射、有毒物质等物理因素会造成细菌的损伤，增加细胞修复代谢的能量消耗，导致其BR的增加和BGE的下降（Carlson等，2007）。一些分子量较小（<700 Da）、易被分解的小分子DOC（如游离的单糖和氨基酸等），更容易通过膜上转运蛋白被细菌吸收，整个过程较高的吸收效率可以减少能量的消耗（Keil等，1999）。Carlson等（2002）的葡萄糖添加实验发现，较高的吸收效率并不意味着BGE的升高，细菌吸收的大部分葡萄糖被用于呼吸代谢，仅有其中一小部分被用于生产代谢，最终导致BGE下降。而大分子的DOC需要先在胞外进行水解后才可被细菌细胞吸收，并且细菌分泌胞外酶蛋白进行胞外水解的过程需要消耗物质和能量，导致BGE的下降。对于细菌来说，环境中的DOC特性可以用来作为判断其对细菌代谢影响的依据。

此外，细菌无法有效利用海洋中的小分子惰性DOC，而这部分惰性DOC在海洋DOC中占据绝大部分（Hansell等，2009）。

3.3.3　海洋细菌参与生物地球化学循环

全球碳的总量是恒定的，主要存储在大气、陆地、海洋中，在这些碳库之间以及碳库与其他水环境、沉积物和岩石之间会进行碳的循环流通。海洋因为其广阔的地表面积，每年能吸收大气中二氧化碳增量的2/3，在全球碳循环过程中占有重要地位。在海洋生态系统中，浮游植物通过光合作用产生的初级生产力是海洋生态系统中的主要营养物质，也是海洋生态系统中物质循环的起点。浮游植物通过光合作用释放的浮游颗粒有机碳被浮游动物摄食进入主食物链，而大量的溶解有机物（dissovled organic matter，DOM）进入海洋环境中。异养细菌是利用DOM的主要细菌。相关研究表明，20%～60%的海洋初级生产力被异养细菌代谢所利用（Azam等，2007；李洪波等，2012），同时异养细菌也贡献了较大比例的海洋生产力，说明异养细菌在海洋系统物质循环、能量流动中有着不可替代的作用。

海洋中95%的有机碳是以DOC的形式存在的（Kujawinski，2011）。海洋异养细菌能够吸收环境中的DOC，通过生产代谢将之转化为自身的POC，该过程也称为异养细菌的"二次生产"。Azam等总结前人关于异养细菌、DOC和食物链之间的联系，提出了"微食物环（microbial loop）"的概念，即在海洋有机碳库中，异养细菌吸收利用浮游植物光合作用、原生动物摄食和病毒裂解细菌等过程产生的DOC，通过生产代谢形成生物POC，这些生物POC通过原生动物（鞭毛虫、纤毛虫）摄食细菌、后生动物摄食原生动物过程再次进入海洋经典食物链，整个过程即海洋DOC经微型生物摄食过程重新传递至上层营养级（Azam等，1983）。微食物环是重新利用海洋中的DOC的主要途径。异养细菌在海洋中有着极高的丰度和生物量以及活跃的代谢活动，因此异养细菌的生产力与海区初级生产力的比例可达90%，有时甚至超过100%，而异养细菌本身作为海洋中的一类POC，其生物量可占总POC的14%～62%（Kirchman等，1995；Kirchman等，1993）。以异养细菌作为关键节点的微食物环作为经典食物链的一个重要补充，在海洋生态系统中的物质循环和能量流动过程中起着重要作用。

　　经过多年不断深入的研究，人们发现光合作用产生的初级生产力仅有约0.1%能够沉降至深海进行储存（Houghton等，2001），这一研究结果说明生物泵将有机碳向深海输送的能力十分有限。生物泵的核心是基于POC的垂直"沉降"。但是相比POC，海洋中另一种形式的有机碳——DOC则是另外一个巨大的碳库（约650 Gt）。根据生物利用的能力大小，不同的可利用性导致DOC在海洋中的滞留或周转时间变化范围从活性溶解有机碳（labile dissolved organic carbon，LDOC）的几分钟至几小时、半活性溶解有机碳（semi-labile dissolved organic carbon，SLDOC）的几周至几星期，到惰性溶解有机碳（recalcitrant dissolved organic carbon，RDOC）的几十至几千年。RDOC可在海洋中被长期储存，且RDOC含量巨大，约为624 Gt（Hansell等，2009），约占海洋总DOC的95%，与大气二氧化碳的总量相当（Hansell等，2002），其周转时间在现代海洋中约为5000年，是一个重要的大气二氧化碳的汇，对于地球气候调节有着重要的意义。基于对微型生物在海洋生态系统重要作用的研究基础上，焦念志等（2010）提出了与经典生物泵相并行的另一重要理论，即基于"非沉降"方式的生物泵——"微型生物碳泵（microbial carbon pump，MCP）"理论（图3.1），该理论认为微型生物是海洋RDOC库的主要贡献者，其生态过程可将LDOC和SLDOC转化为RDOC。MCP理论的提出，为人们今后对海洋储碳的研究提供了新的视角，并为人们预测未来全球变化提供了研究基础。附着生细菌通常定植于颗粒物表面，形成生物膜，在颗粒有机物的降解和再矿化中发挥作用。沈渊等（2023）提出，颗粒附着细菌可通过至少3个途径促进深海有机碳的转化和封存：① 细菌自身生长，将易降解的浮游生物源有机物转化为难降解的细菌细胞成分（例如肽聚糖），并融入沉降POM中；② 细菌生长过程中，向周围水体释放大量结构复杂的代谢物，包括难降解溶解有机质（即RDOM，例如富含羧基的脂环族化合物）；③ 细菌释放胞外酶，将POM水解成小分子有机质，部分水解产物支撑周围游离态细菌的新陈代谢，促使后者通过MCP机制产生RDOM。

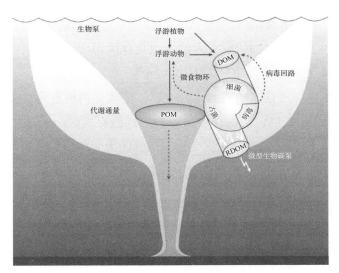

图3.1　海洋碳循环过程中微型生物碳泵示意图
（引自Jiao等，2010）

自养细菌能够参与海洋生态系统中的碳循环、氮循环、硫循环等过程。在海洋环境中，浮游自养细菌包括光能自养细菌以及化能自养细菌。蓝细菌作为光能自养细菌之一，在碳、氮、硫等元素的循环中起着重要的作用。聚球藻和原绿球藻是蓝细菌中的主要类群，贡献了海洋中约25%的初级生产力。聚球藻固定的一部分有机碳会释放到环境中，被异养细菌利用之后转化为自身的生物量，通过矿化有机碳为二氧化碳，再次被蓝细菌等光能自养细菌利用或直接以二氧化碳形式返回到大气中，从而参与生物地球化学循环（郑强等，2023；侯建军等，2005）。硫细菌和铁细菌作为化能自养细菌的主要类群，在氮循环中也起着重要的作用。硫细菌和铁细菌分别能够氧化硫化物和亚铁离子，并在此过程中产生电子、释放能量，从而驱动硫细菌和铁细菌的固氮作用。

3.4　海洋古菌

3.4.1　古菌的划分

随着科学技术的发展，DNA序列上的差异使得科学家们对生物分类有了更深的认识，尤其是那些编码核糖体（能够组装蛋白质且存在于每个细胞生物体中的细胞器）RNA（rRNA）序列的基因。rRNA具有两个亚基：一个较小的亚茎（SSU rRNA）和一个较大的亚基。1977年，Woese提出了全新的生命系统分类方法，即把生物分为真细菌、古细菌和真核生物三类（Woese等，1977）。成千上万的古菌（Archaea）和细菌SSU rRNA序列的对比结果表明它们在进化道路上很早就分道扬镳了（图3.2）（Pace，2009）。古菌区别于细菌的主要证据有：① 古菌SSU rRNA上不存在500与545间的发卡突环结构（细菌中存在）（Woese等，1990）；② 古菌的RNA聚合酶亚基结构是不规则的，更类似于真核生物（Huet等，1983）；③ 古菌的细胞膜脂组成是具有支链的类异戊二烯以醚键与甘油连接（Woese，1987）；④ 古菌细胞壁不含肽聚糖（Kandler等，1977）。

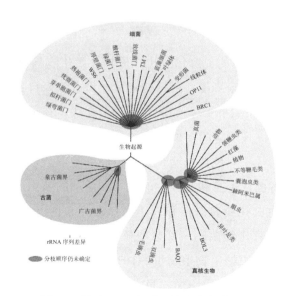

图3.2　基于rRNA序列比较的生命进化树
（引自Pace，2009）

根据古菌SSU rRNA和蛋白质进化树的差异将其分为两个门：泉古菌门（Crenarchaeota，包括极端嗜热菌、极端嗜盐菌等）和广古菌门（Euryarchaeota，包括产甲烷古菌及其近亲）。比较基因组学发现广古菌拥有的大量基因并没有在泉古菌中出现，进一步为泉古菌门和广古菌门之间巨大的差异提供了支持。两者之间的这些巨大差异体现了它们在细胞进化过程（如染色体结构的维护、复制和分裂）中的不同策略。随着分离纯化培养技术和分子生物学技术的发展，基因组数据鉴别出另外两个门：初古菌门（Korarchaeota）和奇古菌门（Thaumarchaeota）。初古菌门是一类不可培养的极端嗜热厌氧古菌，而奇古菌门是从泉古菌门分离出来的一个新的古菌门类，是分布很广泛的中温海洋古菌。2011年，Nunoura从获得的宏基因组数据得到一个代表新的门类的基因组，命名为曙古菌门（Aigarchaeota）（Nunoura等，2011）。奇古菌门、曙古菌门、泉古菌门和初古菌门都起源于同一个单系群，被定义为"Tack"总门。其他新的门类也被陆续提出，如深古菌门（Bathyarchaeota）、洛基古菌（Lokiarchaeota）、纳古菌门（Nanoarchaeota）等。

3.4.2　海洋古菌的分布

虽然古菌SSU rRNA的克隆信息也在原核浮游生物鸟枪法构建的DNA信息库中出现，但是对古菌来说，更好的定量评价方法来自古菌特异性分子探针的使用（DeLong等，1999），如荧光原位杂交法：在采集的海水样品中加入可以穿透细胞壁进入细胞的多聚核糖核苷酸探针，当探针与目标RNA序列特异性结合时，贴敷于黑色背景滤膜上的目标细胞就会在荧光显微镜下发出荧光。目前，对古菌在近海和远洋中的分布和活动的认识进展很快。使用探针和生物标记，古菌在所有海洋和周边海域的分布情况发现如下：① 在丰度测定中，先前被算作细菌的一部分原核生物实际上隶属于古菌；② 水体中的泉古菌通常占到原核生物生物量的10%～20%，且通常泉古菌比广古菌丰度高很多；③ 随着水深的增加，泉古菌对原核生物生物量的相对贡献也会增加。广古菌包括许多产甲烷类群，并且它们在沉积物中远比在水体中的丰度高。

Karner等（2001）发现，在100 m深度内的水体中，古菌只占原核生物很小的一部分，但是在水深超过100 m的水层中，古菌的最大密度可以达到10^5个·mL^{-1}，在真光层以下，古菌约占原核生物丰度的20%。圣巴巴拉海盆和海峡区域中的深层水（100 m和500 m）中的古菌rRNA丰度明显高于表层水（10 m），在北太平洋中的采样深层位点（200 m）测得的rRNA丰度也比表层（5 m）要高（Delong等，1994）。这些结果揭示了海洋浮游古菌在寒冷水体和深层水体中具有较高的丰度，进而推测海洋浮游古菌在世界范围内的寒冷及深层水体中可能是广泛存在并具有一定活性和丰度的。夏威夷海洋时间序列（Hawaii Ocean Time-series，HOT）ALOHA连续观测站的数据显示，海洋浮游泉古菌的相对丰度在水深250 m以下显著增加，并且在水深1 000 m以下的丰度能够达到或超过细菌的丰度，这表明浮游泉古菌是深海微生物群落结构的重要组分，在海洋中层和深层可以成为细菌的竞争者。结合大陆架海洋的研究数据推算出的全球海洋中浮游泉古菌的细胞总丰度约为1.0×10^{28}个，约占全球海洋中浮游微型生物总数的20%，泉古菌在海洋中层和深层中占据绝对优势，其适应环境的策略暗示其在海洋表层到深层的垂直水柱中的广泛分布（Karner等，2001）。

3.4.3　海洋古菌的代谢

古菌在海洋中的分布非常广泛。它们的代谢功能是什么？与细菌相比的话，它们的代谢能力怎么样呢？古菌具有多种多样的生活方式，包括厌氧和需氧呼吸、发酵、化能自养、化能异养和光合异养。通过这些不同的能量代谢方式，很多古菌能够从无机来源中对碳进行固定，这个过程使得它们成为生物地球化学循环的主要生态因子，在碳、氮、硫循环中发挥着至关重要的作用。

Ouverney等（2000）的研究表明，像许多细菌一样，泉古菌可以吸收游离的氨基酸，这表明了它们是异养型生物。也有研究发现泉古菌可能具有其他完全不同的生活方式。Pearson等（2001）通过实验观察1961年和1962年秋天稳定同位素和核弹爆炸实验产生的放射性[14]C的详细分布，以此来分析沉积物中碳的来源。在实验中，不同的脂类标记物被用于测定圣巴巴拉市和圣塔莫尼卡盆地的浮游植物、浮游动物、细菌、古菌以及陆源碳对沉积物中碳的相对贡献率。结果显示，大多数的脂类标记物来自海洋真光层的初级生产力或对初级生产力的异养消费。然而，只在古菌中存在的醚键连接的脂质——

类异戊二烯中丰富的 ^{14}C随着时间的推移并没有发生任何变化，也就是说其含量在核弹爆炸前和爆炸后基本一致。这个结果说明沉积物中的古菌的碳源并不是来自于大气，在真光层以下的黑暗水域中，古菌进行的是化能自养生活。Francis等（2005）使用PCR技术证明了古菌的氨氧化基因在海洋水体和沉积物中广泛存在。Wuchter等（2003）在对北海的菌群的研究中证实了泉古菌可以不依赖光而吸收 ^{14}C标记的碳酸氢根并将其整合进醚键膜脂质中，属于自养生物。另有纯培养泉古菌的研究发现其可以将铵盐氧化成亚硝酸盐，也表明泉古菌是自养生物。数据显示泉古菌的丰度与亚硝酸盐的浓度呈正相关，并检测到古菌的氨氧化酶，表明泉古菌可能在海洋氮循环的硝化过程中发挥作用。

之前人们一直认为负责海洋硝化过程的只有变形菌。然而原位检测海洋和陆地环境的硝化作用发现，氨氧化作用可在低于氨氧化细菌生长所需氨浓度的情况下发生，表明在环境中还存在着未知的硝化微生物。硝化过程指氨氧化为 NO_3^- 的过程。硝化过程受微生物驱动，其中氨氧化过程是其限速步骤，氨氧化生成亚硝酸盐（NO_2^-）这一代谢反应是在关键酶——氨单加氧酶（ammonia monooxygenase，AMO）的催化下完成的。AMO是异三聚体，由三个亚基（A亚基、B亚基、C亚基）组成，编码基因分别为 *amoA*、*amoB*、*amoC*。AMO作为分子标记在环境微生物学中被广泛运用。Venter等（2004）在马尾藻海表层海水宏基因组数据中发现了古菌编码AMO蛋白A亚基和B亚基的基因，也同时发现了编码AMO蛋白C亚基的基因，并且环境中亚硝酸盐的浓度与硝酸盐的浓度都很高。越来越多的陆地及海洋环境基因组研究发现 *amoA* 基因在未能培养的泉古菌中是广泛存在的，已纯化培养出来的自养型氨氧化古菌——*Nitrosopumilus maritimus* SCM1的基因组中就含有 *amoA* 基因，并且以氨作为能量来固定无机碳进而维持自身的生长。Wuchter等（2006）在北海时间序列的实验中发现：古菌氨氧化基因的丰度和铵盐浓度呈负相关，和泉古菌的丰度呈正相关。并且，细菌的氨氧化基因丰度比古菌的低了1～3个数量级。这些结果都说明了古菌在海洋硝化过程中的重要作用。

Ingalls等（2006）测定了天然放射性碳在DIC和泉古菌醚键膜脂质中的

含量，并分析比较了海洋表层和中层水中古菌利用的碳源。表层水中DIC的 $\delta^{14}C$ 值（+71‰，以一种草酸为参照标准）与古菌脂质（+82‰）的很接近，结果表明古菌脂质来自对DIC的利用或者来自新生产的DOC。海洋中层水DIC的 $\delta^{14}C$ 值和古菌脂质中的值分别为−15.1‰和−7.7‰，说明在海洋中层水中，古菌利用的DIC来源更古老（更深）。通过计算发现，83%的古菌是自养型的，而非异养型。这表明古菌群落要么是自养型和异养型共存的，要么是混合营养型。在海洋中层水中，古菌主要为自养型，可以将碳酸氢盐作为碳源，将氨作为能量来源。海洋中层水的化能自养过程所固定的碳量是真光层初级生产年产量的1%（Ingalls等，2006），这对更深水域的碳收支做出了重要贡献。Agogué等（2008）发现，在海洋中层以下的水层中，古菌的氨氧化酶基因和碳固定相关基因的丰度会随着水深的增加而显著降低。尽管古菌同时存在于两个水层分区中，但显然它们在两个区域中具有不同的代谢和生态功能。在深海（1 000 m以深）海水中基本检测不到氨，深海古菌可能利用有机物生存，为异养型。深海古菌的基因组比浅水区的古菌基因组大（这表明它们的生活方式属于机会主义者类型），同时也保留许多与表面附着有关的基因，例如菌毛（附着在表面的毛发状附属物）基因和胞外酶基因。Baltar等（2009）在1 000 m以深发现了悬浮颗粒物与电子传递活动之间的强相关性，更进一步说明了深水区原核生物的活动主要位于悬浮颗粒上。

3.5　海洋病毒

3.5.1　浮游病毒的分布

地球上约70%的区域被海洋所覆盖，海洋环境控制着气候的变化，产生了地球上大约50%的氧气。多年来，人们已经了解到病毒存在于海水中，不仅证实了病毒在海水中的高丰度，并且知道病毒会感染海洋中的主要生物。病毒颗粒微小，通常长20～200 nm，是非细胞结构的生物实体，主要由蛋白质外壳（部分含有少量的糖类或脂类物质）及被包裹其内的遗传物质组成。它们无法进行内在的新陈代谢，不能独立地进行遗传复制，依靠宿主细胞组件行寄生生活。

20世纪50年代，Spencer报道了第一株从海洋环境中分离的病毒（Spencer，1955），此后陆续有海洋病毒被分离出来，研究的方向也开始涉及病毒的大小和形态，但是由于受到可培养微生物数量以及技术上的限制，病毒并没有受到太大的关注。直到20世纪80年代，随着显微技术的发展，Bergh等（1989）通过透射电子显微镜（transmission electron microscopy，TEM）对海洋中的病毒丰度进行计算，拉开了海洋病毒研究的序幕。研究者通过TEM观察到每毫升海水不仅含有约10^6个细菌，还含有约10^8个病毒。浮游病毒的丰度在表层海水中通常可达10^7个·mL^{-1}，深海中丰度约3×10^6个·mL^{-1}，而在生产力较高的近岸水体中高达10^8个·mL^{-1}。病毒丰度会随着深度和离岸距离的增加而减少（Cochlan等，1993；Paul等，1993），但是在接近海底时，病毒丰度会随着营养物质和细菌丰度的增加到达另一个高丰度值，在$10^8 \sim 10^9$个·ml^{-1}范围内。假定海水体积为1.3×10^{21} L，病毒的平均丰度为3×10^9个·L^{-1}，那么海水中的病毒的总量约为4×10^{30}个（Suttle，2005）。

病毒在海洋中的重要性不光体现在它的丰富度上，还体现在其巨大的遗传多样性和生物多样性上。海洋病毒主要包括感染细菌的病毒-噬菌体（bacteriophage）和感染真核藻类的病毒（Phycovirus），另外，海水中还存在一些真菌病毒、浮游动物病毒和浮游植物病毒等。通过TEM观察海洋病毒群落结构及分离得到的噬菌体发现，病毒的形态多种多样，例如丝状、杆状、球形、纺锤形、多边形等。海洋病毒包括DNA病毒和RNA病毒，并且根据其核酸组成及分子结构又可分为双链DNA病毒、单链DNA病毒、双链RNA病毒和单链RNA病毒。在海洋噬菌体中，目前已知的多数海洋噬菌体均为双链DNA病毒。有尾病毒目（Caudovirales）在已分离的噬菌体中是最常见的。

病毒在海洋中的存在方式包括浮游在海水中、吸附于无机或者有机颗粒中以及海洋生物的非感染性携带等方式。其中浮游在海水中的病毒称为浮游病毒。浮游病毒是海洋病毒的主要存在方式，在海洋中分布广泛，数量丰富，在生物地球化学循环、藻类水华终止、基因转移等方面都发挥了至关重要的作用（Jacquet等，2010）。Suttle和Chen发现颗粒附着导致的病毒失活或者移除是上层海水病毒的重要去向。在海洋中，浮游植物和细菌产生大量胞外多糖，在半封闭的海湾中，胞外多糖的胞外聚合物吸附的病毒最大丰度高达30×10^{10}个·mL^{-1}，对病毒的吸附量占病毒总丰度的40%（Mari等，2007）。在亚得里亚海中的大的海水团聚体的颗粒物上发现附着病毒粒子丰度高达$5.6 \times 10^{10} \sim 8.7 \times 10^{10}$个·$mL^{-1}$，并且在成熟黏液中发现病毒粒子的丰度约为$10^{10}$个·$mL^{-1}$（Bongiorni等，2007）。

3.5.2　病毒的生产力和降解率

病毒生态学领域的研究正在快速发展。受研究方法的影响，早期有关水生病毒数量和活性的结果各不相同。病毒的丰度通常是利用TEM、落射荧光显微镜（EFM）和流式细胞术（FCM）测定。病毒自身并不能够进行新陈代谢，只能通过被动扩散接触宿主，并将宿主暴露的细胞结构作为侵染的附着点，从而将自身核酸注射到宿主体内，依靠宿主细胞实现自我复制和繁殖（Fuhrman，1999）。在先前的研究中发现，病毒对宿主细胞的生长速率具有强烈依赖性，病毒感染周期的持续时间和爆发量大小取决于细菌生长速率，细胞裂解和病毒产生的速率与培养物中的稳态生长速率呈正相关（Middelboe，2000）。

病毒生产力（viral production，VP）用来指征病毒活性的高低，一般用来推断环境中病毒活动所导致的初级和次级生产力的损失（Weinbauer等，2010）。人们曾用多种方法测定病毒生产力：① 间接法：病毒降解率估算法。病毒降解率估算法基于早期人们对海洋中病毒丰度稳定的认识——病毒颗粒的降解和生产量一致。随着科技的发展，深海和大洋中的病毒降解率会低于病毒生产力（Bongiorni等，2005；Corinaldesi等，2007），导致降解率估算病毒生产力存在一定的局限性，目前已很少有人用此方法来进行估算生产力。② 早期人们采用同位素标记的胸腺嘧啶核苷酸或磷酸盐来检测病毒中同位素的含量，进行病毒生产力的测定（Steward等，1996），但是无法排除该过程中细菌DNA的干扰，该方法未获得广泛应用。③ 添加荧光示踪剂可以用荧光染色病毒颗粒来计算病毒丰度的改变来估算病毒生产力，但是只能在黑暗中进行测定，并且该方法的前期准备工作量巨大（Wilhelm等，2002）。④ 切向过滤－稀释培养法是用来测定病毒生产力最广泛使用的方法。该方法通过降低总的病毒丰度（包括病毒与宿主的接触概率）来减少新的病毒感染数量，进而计算已经感染的细胞中释放出的病毒粒子个数。以孔径为0.2 μm滤膜过滤，减少水样中的病毒数量，继续向水样中添加自然存在的细菌和病毒，使这两者的浓度都减少至各自原始浓度值的10%。在20～36小时内频繁取样（每4～6小时取样一次），通过检测已经被病毒侵染的细菌裂解释放的病毒增量来计算病毒生产力。Winter等（2004）发现病毒裂解通常发生在中午时分，病毒感染通常发生在夜晚。在培养实验中观察到的两个峰值可能是由于存在两种不同的病毒－宿主系统或在收集样本之前存在两种不同感染事件。浮游病毒生产力在海洋和淡水环境变化范围较大，但一般在 $10^8 \sim 10^{11}$ $L^{-1} \cdot d^{-1}$，平均约 10^9 $L^{-1} \cdot d^{-1}$。在某些富营养海域，病毒的生产力高达 4.87×10^6 $mL^{-1} \cdot h^{-1}$（Bongiorni等，2005），然而在寡营养海域的生产力大约只有 10^5 $mL^{-1} \cdot h^{-1}$。不同水层的裂解性病毒生产力也有所差别，但是总体来说，表层病毒生产力（10^5 $mL^{-1} \cdot h^{-1}$）高于深层（$10^3 \sim 10^4$ $mL^{-1} \cdot h^{-1}$）（Matteson等，2012）。冯超等（2018）发现中国典型河口（长江口、钱塘江口、珠江口和黄河口）的病毒生产力存在明显的差异和季节性变化，夏季河口平均病毒生产力为（2.36 ± 1.73）$\times 10^6$ $mL^{-1} \cdot h^{-1}$，冬季为（1.15 ± 0.86）$\times 10^6$ $mL^{-1} \cdot h^{-1}$。作者推测不同季节的病毒生态过程是受不同因素调控的，而且不同河口因地理环境和营养状态的差异而呈现出不同的生产力（冯超，2018）。

病毒降解率（viral decay，VD）认为在宿主不存在的情况下，病毒颗粒随时间的减少量，可以用荧光显微镜和流式细胞仪的方法对染色后的病毒颗粒进行计数来计算。病毒降解也是病毒在海洋环境中的主要去向之一。在不同的营养状态和不同的海区，病毒的降解也存在差异。在富营养的环境中，病毒的降解率会相对较高，最高能达到20% h^{-1}，而在寡营养环境中可能不到1% h^{-1}（Bongiorni等，2005）。通常情况下，病毒的降解率都在10% h^{-1}以下。在中国南海的表层水中，病毒的降解率为1%～4% h^{-1}（Chen

等，2011），在深海环境中则更少，如在北大西洋的深海中的病毒降解率不到0.5% h^{-1}（Parada等，2007）。病毒的降解与多种因素有关，其中最重要的一个因素是太阳辐射，主要是因为太阳辐射中的UV-B能显著促进病毒的降解。温度也是影响病毒降解的重要因素之一。Wei等人对西太平洋的研究发现随着温度的提高，病毒的降解率会相应增加（Wei等，2018）。在河口和河流的水体中，因存在大量的颗粒物，病毒能被颗粒物吸附后沉降到深海。同样地，原生动物的捕食作用也是病毒移除的重要因素，它们可以直接摄食病毒颗粒，也可以摄食被感染的细菌，间接使病毒损失（González等，1993）。细菌分泌物如各种生物酶也是病毒降解的主要因素之一（Mojica等，2014）。Jover等人计算得到平均一个病毒颗粒含有0.02 fg～0.05 fg碳元素、0.007 8 fg～0.02 fg氮元素和0.002 5 fg～0.007 4 fg磷元素（Jover等，2014）。一个病毒颗粒裂解释放的元素含量是微乎其微的，但是考虑到海洋中的病毒数量高达10^{30}，如果这些病毒全部被降解的话，将释放出大量的碳、氮、磷，对海洋生态系统产生巨大影响。

3.5.3　病毒对宿主群落结构和基因多样性的调控

大多数（或全部）病毒具有宿主专一性，因此，病毒对细菌宿主的影响与宿主的丰度和活性、宿主和病毒的接触率密切相关。病毒感染率依赖接触率，因此，群落中丰度越高的细菌就越容易被病毒所控制。"杀死胜利者（kill the winner）"假说认为病毒对宿主的吸附侵染是一个随机碰撞的过程，病毒感染、裂解生长最快速的那些细菌，不那么丰富的细菌将成为群落中的优势类群。群落中占据数量优势的细菌更容易与病毒接触，增大被侵染、裂解的概率，从而避免其过度繁殖。环境中丰度较低的细菌与病毒的接触率较低，较少被病毒侵染。而优势种群的裂解又会为其他物种的生长和繁殖提供生存空间和营养物质，可以调节种间竞争，加快其他物种的生长。病毒通过这种方式来控制优势物种的过度繁殖，为其他生长缓慢的物种提供了繁殖的条件，以此来提高群落多样性。细菌与病毒以"被捕食者–捕食者"的关系展现出丰度上的此消彼长，但细菌和病毒总水平依然能保持相对稳定（Wommack等，2000）。在这一基础上，近几年又扩展出另一种理论假设——piggyback the winner），即在宿主丰度高的情况下，病毒的生存策略发生转变，裂解性侵染方式转化为溶原性侵染，将自身的遗传物质整合到宿主基因组中（Knowles等，2016；Coutinho等，2017）。这种生存策略的转化能够减弱病毒侵染对细菌丰度的控制并且可以排除重复侵染，使得宿主依靠同源性免疫机制来抵御其他病毒的侵染变得更加有利。

病毒的侵染是海洋微生物的主要致死因素之一。病毒种群对宿主微生物群落动态的影响，主要通过侵染裂解作用自上而下（top-down control）地影响微生物的群落组成和通过裂解细胞产生营养物质自下而上（bottom-up）地影响宿主微生物的活性。病毒主要通过以下三种方式作用于宿主：① 直接裂解宿主细胞，释放宿主的胞内有机物，供未被侵染的宿主细胞再次利用。② 病毒（主要为噬菌体）能够调节辅助代谢基因（auxiliary metabolic genes，AMGs）的活性，在感染宿主细胞期间，通过重新构建宿主代谢途径，增强或重定向宿主细胞内的特异代谢过程，进而改变宿主的生态学功能。③ 病毒能够感染不同的宿主细胞，并从宿主细胞获取基因片段，然后通过水平基因转移的方式，将这些基因从一个宿主传递到另一个宿主，进而增强宿主微生物在环境变化中的适应能力。

在海洋中，每秒钟大约会发生10^{23}次病毒侵染。每一次病毒侵染都有可能将新的遗传信息引入宿主生物体或子代病毒，促进遗传信息的交换，影响生物的适应、遗传和进化，维持海洋生态系统的物种多样性（Weinbauer等，2004；Suttle，2007）。实验表明，噬菌体（细菌病毒）介导的基因转导率为$1.58 \times 10^{-8} \sim 3.7 \times 10^{-8}$ PFU^{-1}。从长期效应来看，宿主的多样性和适应性会受到频繁发生的水平基因转移对的作用。病毒基因组中发现AMG产物与宿主的新陈代谢相关，并且可以通过增加病毒的裂解量或者缩短潜伏期帮助病毒增殖（Hellweger，2009）。Fuhrman等（1995）采用荧光标记细菌法，通过对比研究原生生物存在与无原生生物这两种情况估测了原生生物对细菌的摄食率，研究发现原生生物捕食和病毒感染对细菌生长的平衡作用都很大。在表层海水中，病毒导致的细菌死亡率占总细菌死亡率的10%～50%，并且在一些对原生生物摄食不利的环境中，例如低氧湖水、深海和沉积物等环境中，病毒对细菌群落的致死率可达100%（Suttle，1994；Fuhrman，1999；Wommack等，2000；Weinbauer等，2004；Rohwer等，2009）。在白令海峡和北极海域中发现，病毒和原生生物造成的细菌死亡率几乎相等（Steward等，1996）。研究显示，病毒导致的细菌死亡率有时甚至会超过鞭毛虫的摄食，尤其在细菌丰度非常高的区域（Weinbauer等，1995）。在海洋寡营养环境中，外来输入的有机碳和营养盐非常少，不足以支撑细菌群落的各类代谢过程，病毒裂解细菌后的产物是维持细菌群落代谢的重要物质和能量来源。在一些培养实验中，病毒裂解细菌释放出的DOC，其中72%被其他细菌吸收利用，增强了细菌群落的新陈代谢和物质循环（Middelboe等，2006；Middelboe等，2003）。

在海洋中，病毒无所不在，病毒与宿主之间的侵染也每时每刻都在发生着。病毒可以通过侵染裂解宿主细胞以维持微生物群落的多样性，但是在病毒侵染的压力下，有些宿主会产生某些突变，而拥有抵抗某些病毒侵染的能力，这些宿主被称为突变株（Allison等，1998）。突变株与野生株的存在提高了微生物群落的多样性（Bohannan等，2002）。而且，宿主在被病毒裂解的过程中也产生一系列的抵御机制，比如增加下沉速率、释放化学物质和发生基因突变等，来防止自己被病毒侵染和裂解。目前已被广泛发现存在于多种细菌和古菌中的规律成簇的间隔短回文重复（clustered regularly interspaced short palindromic repeat，CRISPR），就是宿主细胞为了抵御病毒侵染和裂解而逐渐进化出的一种防御系统（Samson等，2013）。噬菌体的侵染压力选择了细菌，逃逸的突变体又确保了种群的持续存在。细菌宿主和病毒之间的拮抗−共存模式可以达到一种动态平衡，这种平衡影响细菌和噬菌体的遗传多样性，并且也是产生新基因的动力之一。

3.5.4　海洋病毒参与生物地球化学循环

病毒作为海洋环境中数量最多的生物类群，影响着海洋生态系统中的生物化学循环过程。病毒能够侵染不同的宿主细胞，并从宿主细胞获取基因片段，然后通过水平基因转移的方式，将这些基因从一个宿主传递到另一个宿主，从而成为海洋中物种遗传多样性的储存库。随着对海洋病毒的深入研究，人们认识到浮游病毒在海洋物质循环和能量流动中的重要作用。因此，科学家在Azam的微食物环的基础上提出了"病毒回路（viral shunt）"（图3.3）（Jover等，2014）。病毒通过侵染和裂解宿主细胞，释放出宿主细胞内的大量胞内物质，实现颗粒有机物向DOM的转化。其中一部分的DOM又可被未受到病毒侵染的异养细菌重新利用，使能量在微食物环中再次循环，形成"病毒回路"。病毒裂解宿主细胞，是将碳从经典食物网转移到微生物介导的再循环过程，"病毒回路"（海洋中25%的碳流量）的存在改变了碳在海洋中的途径，减少了碳向更高营养级的流动（Brussaard等，2008；Suttle，2005）。

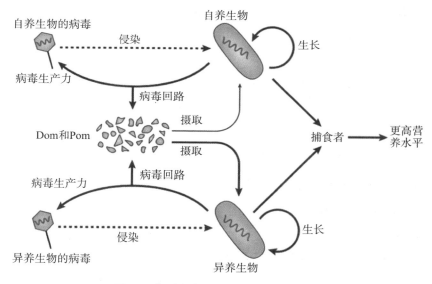

图3.3 海洋生态系统中的病毒回路作用
（引自Jover等，2014）

此外，病毒裂解细胞产生的有机质是异养细菌的重要碳源，尤其是在寡营养的海区，在初级生产者释放有机物质有限的情况下，"病毒回路"的作用更为关键。病毒对微生物的裂解产生的一些溶解有机物（如单体、寡聚体和多具体、胶体物质、细胞碎片等），有利于将一些限制性的营养盐（如铁、磷）以溶解态的形式保存在真光层中，提高了这些限制性的营养盐的可利用性，维持了真光层的初级生产力。

病毒裂解细菌释放出的新病毒粒子（每个细胞为20～50个病毒粒子）加上主要由DOM组成的细菌细胞成分，占初级生产量的25%，通过"病毒回路"再次进入水体。富氮、富磷的细胞组分可能提高碳和营养盐的循环速率。Wilhelm等（1999）估计病毒裂解可以满足乔治亚海峡（加拿大西部）水域80%～95%的细菌对碳的需求，而在全球范围内每年以病毒为介质释放的DOM有3～20 Gt碳。Poorvin等（2004）已经证明沿海水域中病毒造成的细菌裂解可释放出足够多的铁，可以支撑约90%的初级生产量。病毒裂解促进了细菌碳和其他组成元素在微型生物食物网内部的循环。

第4章　海洋浮游动物

4.1　海洋浮游动物概述

海洋浮游动物是一类丰度极高、物种和形态多样的水生动物，广泛分布于全球海洋中。大多数浮游动物都是微小的（毫米或微米级别），但也有一些个体极大（例如，某些水母可以达到数十米长）。浮游动物大都随海流漂流扩散，尽管部分物种能够在一定程度上游动，但无法逆流而上做长距离游动。

浮游动物主要包括：① 原生动物。这类浮游动物主要由单细胞生物组成，如变形虫、纤毛虫等。它们通常是海洋食物链的初级消费者。② 甲壳类动物。如桡足类和幼体阶段的虾、蟹等。桡足类是常见的浮游动物，它们在海洋中数量庞大，是许多鱼类和海洋哺乳动物的重要食物来源。③ 水母和其他软体动物。一些水母的幼体阶段也是浮游动物，它们在水中漂浮并捕食其他小型生物。④ 鱼类幼体。许多鱼类的幼体在生命初期阶段以浮游动物为食，这一阶段对鱼类的生长和发育至关重要。

浮游生物学家将浮游动物分为两大类：永久性浮游动物（holoplankton，整个生命周期都生活在水体中）与暂时性浮游动物（meroplankton，仅在幼虫阶段以浮游动物形式存在）。暂时性浮游动物会逐渐长成游动能力很强的自游动物，或者迁移到海底成为底栖动物。

本章将按照不同浮游动物门类分别进行论述。

4.2　原生动物

原生生物是指一些简单的真核生物，它们具有真正的细胞核，并且细胞核由核膜包围。大多数原生生物是单细胞生物，虽然也有一些是多细胞的，但这些多细胞生物没有明显的组织分化。因此，原生生物被认为是真核生物中最基础的类别。单细胞的原生生物能够在一个细胞内完成水分调节、营养获取和生殖等多种功能。它们在海洋生态系统中扮演着重要的角色，包括作为食物链的基础、营养循环的参与者以及生态平衡的维护者。以下是一些主要的海洋原生动物类型。

4.2.1　纤毛虫

纤毛虫（ciliate）是一类具有纤毛的单细胞生物，通常指的是纤毛亚门（Ciliophora）中的原生动物。目前已知大约有8 000种现存的纤毛虫。它们的纤毛通常排列成行，可以形成波动膜、小膜或棘毛等结构。这些纤毛用于运动和摄取食物，是短小毛状结构。

绝大多数纤毛虫具有一层柔软的表膜和靠近体表的伸缩泡。有些种类还具备丝泡、毒囊或菌囊等小器官，其具体功能尚不明确。虽然大部分纤毛虫以自由生活和水生生活为主，但像致痢疾的肠袋虫属（*Balantidium*）这样的种类则是寄生的。此外，还有许多种类在无脊椎动物的鳃或外皮上营共栖生活。

其生殖方式包括有性生殖（个体之间的核交换）和自体受精（在同一体内进行核的重建），无性生殖则通常表现为出芽或横向二分裂。纤毛虫的滋养体呈圆形或椭圆形，尺寸为（50～200）μm×（20～80）μm，通常无色透明或呈淡绿灰色，表面覆盖着斜纵行的纤毛，环绕整个虫体。滋养体通过纤毛的规律摆动或旋转运动，能够轻易变形。在滋养体的前端有一个凹陷的胞口（cytostome），下方连接胞咽。通过胞口的纤毛摆动，颗粒状食物如淀粉粒、细胞、细菌和油滴等被送入胞咽。进入胞内后，这些颗粒形成食物泡，消化后残留物则通过胞肛（cytopyge）排出体外。纤毛虫具有大核和小核：大核数量从一到几十个不等，负责控制代谢和发育功能；小核数量从一到几百个不等，虽然对生存并非必需，但在接合过程中是必不可少的。这种遗传物质的分离与复杂的细胞质分化密切相关。

纤毛虫的体形多样，包括球形、椭圆形、瓶形、杯形和树枝形等。在成熟期，它们的营养体通常以固着的方式生活，利用柄或身体后端固定在各种基质上。所有的纤毛都退化了，只有从体表伸出的一至多个吸管状触手用于捕获和吮吸食物。其掠食方式非常有趣：纤毛虫会因口味不合而放过细小的鞭毛虫；而当感知可口的猎物（如草履虫）靠近时，它们会突然伸长触手刺入捕获物，并迅速释放毒素使其麻醉，然后慢慢吸取最有营养价值的细胞核部分。在捕食时，伸缩泡的活动频率也会显著增加。触手的顶端有一个小球形结节，称为吮吸触手；另一种较细长的触手则顶端尖锐，用于卷缠捕获物，称为抓握触手。只有少数种类同时具备这两种类型的触手。触手在全身均匀分布，或聚集成束。柄从身体后部的帚胚处伸出，长度各异，有些种类则没有柄。一般情况下，纤毛虫体内有一个伸缩泡以及大、小核。大核的形状多样，可能呈椭圆、长带或树枝状。有些种类还具备几丁质外壳，以保护其身体。

海洋纤毛虫虽体形微小，生活在广阔的海洋环境中，但它们与人类的关系非常密切，主要体现在以下几个方面：① 构成病害或危害。许多栖生或寄生的海洋纤毛虫种类会对水产养殖造成病害，影响养殖业的健康发展。此外，某些海洋纤毛虫被称为赤潮种，当它们大量繁殖时，会导致赤潮现象，进而影响海洋生态和水质，严重时可能造成鱼类死亡和生态失衡。② 作为海水的清洁工。海洋纤毛虫以有机碎屑和细菌为食，适量存在时能有效清洁海水。它们通过摄食水中的有机物质和细菌，帮助维持水体的清洁与生态平衡，从而促进海洋环境的健康。③ 作为生物指示种。纤毛虫的生命周期较短，其种类构成和群落结构能够快速反映水环境的变化，例如污染事件的发生。因此，纤毛虫常被用作生物监测的指标，帮助研究人员评估海洋环境的健康状况，制定相应的保护措施。④ 在生态学研究中的重要性。纤毛虫作为超微型与小型浮游生物之间的连接环节，在海洋微食物网中扮演着重要角色。它们参与碳循环和有机磷的物质循环，影响整个生态系统的能量流动和物质循环，是生态学研究的重要对象。⑤ 作为研究材料的优势。纤毛虫具有独特的双核型结构，个体较大，易于培养，且繁殖周期短。这些特点使得如海洋游仆虫等种类成为研究核-质关系、遗传学及细胞学的理想材料，推动了相关领域的研究进展。

综上所述，海洋纤毛虫在生态、环境监测及科学研究中发挥着重要作用，因此其研究逐渐成为海洋生物学，尤其是海洋生态学研究的焦点。

4.2.2 有孔虫

有孔虫是一类古老的原生动物，起源于五亿多年前的海洋，至今种类繁多。大部分个体小于1 mm，从潮间带到深海、从赤道到两极，几乎在所有海洋生境中都有分布。绝大部分有孔虫具有钙质或胶结质的坚硬外壳，虫体死后，其壳体可在地层中长期保存。按照生活方式，有孔虫分为底栖和浮游两类，已知的化石种类有上万种，现存约6 000种，其中中国海区约1 500种。有孔虫对环境变化十分敏感，其物种组成和壳体元素构成记录了其所在海洋环境的信息，能够反映重大地质变迁和气候变化，是研究长时间尺度海洋演化的理想指示物种，也被称为"大海里的小巨人"。它们能够分泌钙质或黏结碎屑形成外壳，壳上有一个或多个孔洞，以便伸出伪足，因此得名有孔虫。它们主要以硅藻、菌类和甲壳类幼虫为食，个别种类甚至以沙粒为食。有孔虫在海洋食物链中扮演着重要角色，是浮游动物的重要组成部分，也是许多海洋生物的重要食物来源。

现代有孔虫大多数生活在海洋中，只有少数种类栖息在潟湖和河口等半咸水环境中，还有极少数能够适应高盐度的咸水，甚至个别种类可以在淡水中生存，比如瓶形虫超科中的某些属。大部分有孔虫是底栖生物，少量则为浮游生物。底栖有孔虫通常能够在海底缓慢移动，只有少数是固着生长的。影响有孔虫的生长、生殖和分布的主要因素包括水温、深度和盐度，以及食物的可获得性、基质的性质和氧气供应等。目前已知的海洋有孔虫种群分为6个公认的不同动物区系，其中4个主要出现在较暖的海水中，而2个则存在于较冷的海水中。

有孔虫的生殖方式分为有性生殖和无性生殖两种。虽然有些种类只进行无性生殖，但大多数种类具有规律或偶然出现的有性世代。生殖过程通常需要1~3天，而较小的种类可以在一个月内完成有性和无性世代的交替，而较大的种类则通常需要1~2年。生殖时细胞质通常全部分配给新形成的幼体，母体的生命往往会因此终止。

4.2.3 变形虫

变形虫之所以被称为"变形虫"，是因为它们能够改变自身形状。这种变化是由细胞质内的微丝促进的。微丝位于真核生物细胞质膜下方的薄层中，是微管系统的重要组成部分。变形虫是原生动物类群中一类典型的生物，其体表没有坚韧的表膜，仅有一层薄薄的质膜。膜内是较透明的细胞质，明显分为内质和外质两部分。内质又可细分为不能移动的凝胶质和随着虫体移动而流动的溶胶质。原生质可以向细胞周围任何方向流动，形成不定形的突起，称为伪足。伪足的形状可以是指状、叶状或针状等，虫体通过伪足进行特殊的变形运动，随着伪足的伸缩而变化。伪足不仅具有运动功能，还能进行摄食，包裹食物后进行细胞内消化。由于细胞质的流动，变形虫身体表面可以产生一个或多个暂时性的、无定形的指状、叶状或针状突起，借此向前移动。

变形虫身体的轮廓随着伪足的伸缩而变化。伪足还会包围衣滴虫、硅藻、细菌等外物，与水一起形成食物泡进行消化，而不能消化的残渣（如硅藻外壳）则可以通过质膜的任何部分排出体外。这类生物种类繁多，通常栖息在淡水池塘、稻田或藻类丰富的静水沟内，常见于水底、腐泥或水面上的大变形虫（*Amoeba proteus*），其虫体直径可达200 μm以上，肉眼可见。在显微镜下观察时，需避免震动，以免其缩成小团而难以发现。大变形虫细胞质内有一个椭圆形的细胞核，经过醋酸甲基绿染色后，可以看到一个伸缩泡。虫体通过二分裂方式进行繁殖。

变形虫是最低等的原始生物之一，属于单细胞动物，其生存条件与多细胞生物相似。变形虫结构简单且易于培养，因此成为生命科学实验的重要材料之一。变形虫等原生动物可以作为水质污染程度的指示生物，其摄食行为则反映了细胞膜的流动性。

4.3 刺胞动物

刺胞动物属于刺胞动物门（Cnidaria，也称为刺细胞动物门），其身体呈辐射或双辐射对称，只有两个胚层，是最原始的后生动物。其体壁由外胚层、内胚层和中胶层构成。内胚层形成的消化循环腔一端为口，另一端封闭，缺乏肛门。体壁中含有刺细胞。刺胞动物的骨骼主要为外骨骼，起到支持和保护的作用，通常由几丁质、角质和石灰质构成。在许多珊瑚虫中，存在骨针或骨轴，位于中胶层或突出于表面。

刺胞动物具有无性和有性两种生殖方式，常在同一种生活史中交替进行：水螅型世代通过无性出芽生殖产生水母型世代，而水母型个体成熟后则通过有性生殖产生水螅型个体。大多数刺胞动物生活在海洋中，只有少数种类生活在淡水中，热带和亚热带海洋的浅水区尤为丰富。小型种类可作为鱼类的食饵，珊瑚骨骼（如红珊瑚）可用于制作工艺品，古珊瑚和现代珊瑚能形成储油层，海边的珊瑚礁则可作为天然海堤；经过盐渍处理的海蜇可食用，某些种类还具有药用价值；一些浮游水母可作为海流指示生物。然而，某些大型水母（如霞水母和根口水母）大量出现时可能会阻塞或破坏渔网，而某些海葵混入渔获中可能导致人类中毒甚至死亡。绝大多数刺胞动物为海洋生物，只有极少数种类生活在淡水中，现存约11 000种，分为3个纲：水螅纲（Hydrozoa）、钵水母纲（Scyphozoa）和珊瑚纲（Anthozoa）。

刺胞动物的主动移动能力非常有限，尤其是水螅型。它们的运动主要依赖于表皮肌肉细胞中的肌原纤维收缩。例如，水螅的身体可以进行伸缩运动，伸展时体长可达到20 mm，而收缩时则仅为0.5 mm。这种伸缩运动是以爆发方式进行，每5～10分钟发生一次，主要由外皮肌细胞的纵向肌原纤维收缩引起。身体一侧的肌原纤维收缩会导致身体弯曲，有时通过弯曲身体和触手，并与基盘交替附着，进行翻滚式的运动。基盘处的黏细胞能够分泌大量气泡，使水螅在水面上短暂漂浮。

钵水母和珊瑚类的肌原纤维与表皮细胞分离，形成独立的肌纤维层。例如，水母的肌原纤维在下伞面及伞缘形成一薄层肌肉环，有的肌原纤维被辐管分隔成片状，具有横纹。这些肌纤维进行规律的收缩，使伞面有节奏地运动。当伞缘收缩时，伞内的水被喷出，反作用力推动水母向上移动。伞及伞缘肌肉舒张时，压缩的中胶层弹性使伞恢复原形，水再次流入伞缘，导致身体下沉。然而，由于收缩速度快于舒张，水母仍能向上垂直运动。在有缘膜的水母中，这种垂直运动更为明显。一旦肌肉停止收缩，水母就会自然下沉。水母的水平方向运动多为被动，主要受水流和风力的影响。

刺胞动物以肉食为主，捕食浮游生物、小型甲壳类、多毛类以及小鱼等。受到食物的机械和化学刺激后，水螅类动物会伸展触手，释放刺丝囊来缠绕、麻痹和毒杀猎物，然后将食物送入口中。口区的腺细胞分泌黏液，有助于食物的吞咽。食物进入胃腔后，胃层的腺细胞开始分泌蛋白酶，分解食物形成多肽。同时，营养肌肉细胞的鞭毛运动帮助混合和推动食物。经过细胞外消化后，进入细胞内的消化过程，营养肌肉细胞通过伪足吞噬食物颗粒，形成大量食物泡。经过酸性和碱性的化学反应后，营养物质通过扩散作用输送到全身。

钵水母和珊瑚类的胃腔结构较为复杂。钵水母的胃腔内有多条辐管和环管，胃囊中含有内胚层起源的胃丝；而珊瑚类的胃腔被许多隔膜分隔成小室，隔膜上有隔膜丝。这些胃丝和隔膜丝中含有大量刺细胞和腺细胞，它们在食物进入胃腔后进行捕杀和消化。消化后的营养通过各种管道输送到全身，而未消化的食物残渣则通过口排出。糖原和脂肪是刺胞动物的主要储存物质。许多刺胞动物，尤其是海洋中的造礁珊瑚，体内存在动物黄藻和腰鞭毛藻等共生藻类。藻类通过光合作用产生甘油、脂肪、糖和脯氨酸等，为刺胞动物提供额外的营养。

刺胞动物中，无性生殖和有性生殖都非常普遍。无性生殖的主要方式是出芽生殖，尤其在水螅型中更为常见。例如，当水螅进行出芽时，芽体从靠近基部的体壁和胃腔向外突出，随后长出触手和口，最终形成一个新的个体。若芽体与母体不分离，则形成群体，如薮枝螅（*Obelia*）。此外，水螅型也可以通过分裂进行无性生殖，例如海葵可以进行纵向分裂，而钵水母的幼体则通过横向分裂繁殖。水螅型通常具有很强的再生能力，例如将水螅切成几段时，每段在适宜条件下都能再生为一个新的个体，且再生时口端和反口端的极性不变，但口端的再生速度较快，因此水螅的再生现象也被视为一种无性生殖方式。

在生殖方面，绝大多数水螅型和水母型是雌雄异体，少数如水螅为雌雄同体。生殖细胞来源于间细胞，随后迁移到特定位置形成生殖腺。水螅虫纲的生殖腺源自表皮层，例如水螅和水母的生殖腺位于放射管下或垂唇周围。钵水母纲的生殖细胞则起源于胃层，位于胃囊的底部。珊瑚纲的生殖细胞则在胃腔中的隔膜上形成，属于内胚层来源。刺胞动物只有生殖腺，没有生殖导管或附属腺，成熟的生殖细胞通过口排出或由体壁破裂释放。受精方式因种类而异，可能在体外海水中进行，可能在垂管表面或在胃腔内的生殖腺附近进行。卵裂是完全的，形成中空的囊胚，随后通过移入法或内陷法形成原肠胚，最终形成两个胚层：内部的细胞团为内胚层，将来形成成体的胃层；外层为外胚层，将来形成成体的表皮层。实心原肠胚迅速延长，体表出现纤毛，形成自由游动的浮浪幼虫（planula）。浮浪幼虫早期没有口和胃腔，游动一段时间后会固着在水草、岩石或其他物体上，发育成水螅型体，或通过出芽生殖形成群体。淡水水螅则没有幼虫期，其受精卵直接发育。

4.4　软体动物

软体动物是动物界的第二大门，是海洋中已知种类最多的无脊椎动物群体，也是常见的海洋生物。它们大多数栖息于海洋中，8个纲的软体动物在海洋中都有分布，其中6个纲仅生活于海洋。全球已记录的软体动物超过5万种，而我国已发现的种类超过4 000种。软体动物的外部形态变化多样，但其基本结构相似。它们的身体柔软且不分节（单板纲除外），通常呈左右对称（部分腹足纲例外）。身体可分为5个部分：头部（双壳纲例外）、内脏团、足、外套膜和贝壳（毛皮贝纲和新月贝纲例外）。在发育过程中，它们经历担轮幼虫和面盘幼虫阶段，体腔则退化为围心腔。在海洋中，大多数软体动物是底栖生物，它们匍匐在海底、潜入泥沙中或附着于岩石上；一些游泳能力较强的头足类则是游泳动物；还有一些腹足类在海洋中随水流漂浮，属于浮游生物。少数软体动物则寄生于棘皮动物和甲壳类的体表或体内，过着寄生生活。

浮游软体动物是指生活在海洋中并终生以浮游方式生存的软体动物，属于海洋浮游动物的一个重要类群，主要归类于腹足纲（Gastropoda）。这一类群包括前鳃亚纲（Prosobranchia）的异足亚目（Heteropoda）和海蜗牛科（Janthiniidae），以及后鳃亚纲（Opisthobranchia）的翼足目（Pteropoda）、腹翼螺科（Gastropteridae）、波叶海牛科（Phyllirrhoidae）和海神鳃科（Glaucidae）等。其中，翼足目、异足亚目和海蜗牛科是主要的三大类群，其余三科的种类和数量相对较少。大多数浮游软体动物生长在温暖的海洋上层，只有极少数种类适应冷水或深水环境。在极地海域，一些种类的数量非常庞大，是鲱鱼、鲸和某些海鸟的重要食物来源；而在温暖海域，某些种类的数量也相当可观，可能具有一定的食物链意义。浮游软体动物的死壳会沉积在海底，成为生物沉积的一部分，形成著名的翼足类软泥。在海洋学研究中，某些浮游软体动物被用作水团或海流的指标。此外，海洋动物地理学家根据它们的分布特征，对大洋上层的浮游动物区系进行了分类和研究。

4.5 节肢动物

节肢动物多样性非常高，在浮游动物中数量和种类最多，其中节肢动物门中的甲壳纲占比最高。浮游甲壳动物是鱼类的主要食物来源，对鱼类的生长和分布具有显著影响。

4.5.1 枝角类

枝角类属于节肢动物门（Arthropoda）甲壳纲（Crustacea）鳃足亚纲（Branchiopoda）枝角目（Cladocera），广泛分布于淡水、海水及内陆半咸水环境。枝角类的身体较短，体长在0.2～1 mm，具体长度因种类而异，例如大型溞可达到约4.2 mm。它们的体型呈长圆形，分为头部和躯部，侧扁的体节不明显。除了裸露的头部，其余身体部分被透明的介形壳瓣包裹。头部有两对显著的触角，其中第1对较小，第2对则特别发达，分为内枝和外枝，能够在水中划动，作为运动器官。胸肢有4～6对，摆动时可产生水流，表面有长刚毛，能够过滤食物并将其送入口中。

通常情况下，当外界水温适宜且食物充足时（多发生在春夏季节），枝角类会进行孤雌生殖（单性生殖）；而在环境恶化时，则转为有性生殖（两性生殖），并产生冬卵。每次繁殖（产卵或产幼）时，枝角类都会蜕皮一次，称为一龄。生殖量在达到高峰之前，通常随着龄数的增加而增加，但在高峰之后，生殖数量与龄数则呈负相关关系。适宜枝角类进行无性生殖的水质条件包括：水温在17～30 ℃之间；pH为6.5～8.5；淡水种可耐受2～3 PSU的咸度，而海水种则能耐受更高的咸度；溶氧量应在1～5 mg/L之间，超过5 mg/L时，繁殖力会下降。

目前，中国已发现淡水枝角类136种，海水枝角类5种，内陆咸水类23种。作为生物饲料进行研究的淡水种类包括大型溞（*Daphnia magna*）和多刺裸腹溞（*Moina macrocopa*），半咸水种类有蒙古裸腹溞（*Moina mongolina*），海水种类则有鸟喙尖头溞（*Penlilia avirosoros*）。我国渔民早已掌握了在鱼池中培养枝角类作为稚鱼和幼鱼饲料的技术。随着水产养殖业的发展，枝角类作为鱼苗的活饲料受到越来越多的关注，相关的生长、繁殖、人工培养及饲料价值等研究也不断深入。

4.5.2　介形类

介形类是甲壳动物中的一类典型生物，属于介形虫纲，又统称介形虫。广泛分布于海洋、淡水和陆地环境。它们的外形类似软体动物，具有两瓣外壳，躯干极短，外表不分节，这与大多数甲壳动物不同。几乎整个身体都被外壳包裹。现生种类数量估计在1万～1.5万之间，已知的灭绝和现生介形虫总数约为65 000种，研究者发现了早奥陶世以来的许多化石。由于种类繁多和广泛的地理分布，介形虫在地层中留下了丰富的化石，常被用作地层的指示化石。有些属还用于地下石油勘探，其作用类似于海洋地层中的有孔虫。

现生介形虫的成虫体长0.3～5 mm，太平洋最大的介形虫（*Gigantocypris agassizi*）可超过2 cm。在海洋中，大多数种类生活在近海底部，而在陆地上，它们则分布于湖泊、沼泽、池塘、河流，甚至土壤中的间隙水（如水井）。有些介形虫以微生物和有机碎屑为食，有些捕食小型无脊椎动物，少数则为寄生生活。大多数介形虫偏好浅水环境，但也有些种类能够在深达2 000 m的海洋中生存。

介形虫的身体两侧对称，结构不分节，外部被两片壳包裹。虽然个体较小，但其结构相当复杂，器官发育较为完善。身体可分为头胸部和腹部，两者的连接处并不明显。头部较大，约占身体的1/2，胸部末端有一对尾叉。眼睛位于头部背面，通常为单个，但大多数介形虫并不具备眼睛，有些种类在幼年期有眼，到成年后则消失。介形虫身体某些部位生有感觉毛，这些感觉毛通过壳壁的毛细血管延伸到壳外，以便进行感知。消化系统位于头部的腹侧，包括口、食道、胃、肠以及位于身体后端的肛门。介形虫没有鳃，通过薄薄的体壁自然扩散进行呼吸。除了个别较大的浮游类型外，其余种类均缺乏血管和心脏，肌肉系统则相对复杂。

介形类的头部和胸部具有7对分节的附肢，除了第一对触角外，其他均为双枝型，包含明显的外侧和内侧2个分支。附肢上覆盖有刚毛，末端有爪。头部有4对附肢：第一触角为长而逐渐变细的单肢型，主要用于爬行、游泳和摄食；第二触角则用于爬行、游泳和攀爬；口部附近的双肢型大颚基部坚硬且具强齿，帮助咀嚼食物；口后方的双肢型小颚能够搅动水流，提供滤食所需的水流，同时增强动物周围的水循环，促进呼吸。胸部有3对附肢，皆为双肢型起源，但外肢退化，主要功能为爬行、挖掘、进食和交配。

介形虫为雌雄异体，但有些种类没有雄性，通过单性生殖繁殖后代，而某些属则进行两性生殖，还有些种类既能进行两性生殖也能进行单性生殖。雌性生殖器官由位于身体后部的卵巢和输卵管组成，通常在特定季节进行繁殖。卵呈圆形或椭圆形，具有很强的耐干旱和耐寒能力，有利于适应低温和干旱环境，并能够在较长距离内扩散，在适宜的温度下孵化出幼虫。其生长过程是不连续的。卵孵化出的幼虫称为第一龄期。当介形虫身体生长到壳体无法再容纳时，坚硬的双壳会脱落，随后身体迅速生长和发育，同时形成新的壳并硬化。从第一龄期到成年，通常经历8个龄期，蜕壳8次，每次蜕壳后个体会增大，各器官和附肢不断增加和完善，最终达到成年。在发育过程中，壳形、壳饰及各种结构特征也会发生明显的规律性变化。

介形虫的壳主要由钙质和几丁质组成，其中碳酸钙是主要成分，占95%以上。不同地质时期壳的元素含量变化较大，壳可分为外壁和内壁。其结构包括上表皮、外表皮、内表皮和表皮细胞4层。上表皮非常薄，无法保存为化石；外表皮为钙质，通常能保存为化石；内表皮同样为钙质；而表皮则由节肢动物的表皮细胞构成。内壳层由几丁质组成，厚度较薄，仅在边缘部分钙化成较厚的钙化边缘，起到增强壳的自由边缘闭合的作用。幼年期的介形虫以及某些淡水介形虫和大多数浮游的丽足介目种类，其壳的钙化程度较弱，通常不能保存为化石。

4.5.3 桡足类

桡足类属于节肢动物门甲壳纲桡足亚纲，是一类小型甲壳动物，体长通常小于3 mm，生活方式包括浮游和寄生，广泛分布于海洋、淡水或半咸水环境。桡足类活动迅速，世代周期相对较长，不像轮虫和枝角类，其水产养殖中作为饵料的意义不大。

桡足类的身体结构分为头胸部和腹部，头胸部有附肢，而腹部则没有附肢，末端有1对尾叉。雄性个体的第一触角可能变形为执握肢，而雌性个体的腹部两侧或腹面常附有卵囊。

桡足类的身体中部有一个可动关节，哲水蚤和剑水蚤的关节位置明显，而在猛水蚤中则不明显。哲水蚤的可动关节位于第五胸节与生殖节之间，而在剑水蚤和猛水蚤中则位于第四和第五胸节之间。

种类鉴定主要依赖外部结构。桡足类通常进行两性生殖。桡足类经历变态发育，包括无节幼体和桡足幼体。在繁殖季节，雄性通常用第1对触角或第5对胸足抓住雌性。交配时，雄性首先用握持的第一触角抓住雌性的尾叉，然后用第五右胸足抱住雌性的腹部。随后，精荚从雄性生殖孔排出，雄性利用第五左胸足取下精荚，并将其固定在雌性生殖孔旁。接着，精子与卵子受精，排入水中孵化成无节幼体。无节幼体呈卵圆形，背腹略扁平，身体不分节，前端有一个暗红色的单眼。附肢包括3对，分别是第一、第二触角和大颚，身体末端有1对尾触毛。桡足类在水中经历5~6个无节幼体期后变成桡足幼体，再经过5~6个桡足幼体期后蜕皮成为成体。在不良环境条件下，许多种类的桡足幼体能够通过分泌有机物形成包囊，以度过不利环境，一旦环境适宜便重新生长繁殖。桡足类生活在水库、湖泊、池塘和河流等多种水域中，除了作为某些鱼类和无脊椎动物的优质食物外，还是水体污染的指示生物。

桡足动物拥有两套不同的推进系统，一套用于跳跃，另一套用于游泳，能够使其微小的腿部产生巨大的力量。已发表的研究表明，桡足动物用于跳跃的肌肉与用于游泳的肌肉不同，能够在短时间内实现最大力量输出（Kiørboe et al., 2010）。这种超级跳跃能力不仅是出色的防御机制，还帮助桡足动物捕捉体形更小的猎物。

4.5.4 端足类

端足类是囊虾总目的一个重要分类，分类学上属于端足目。其体形多呈侧扁状，头部与前两节胸节愈合，缺乏头胸甲。腹部通常由6节组成，但末端的2节或3节有时会愈合，尾节明显，偶尔会出现裂开现象。某些类群（如麦秆虫亚目）则腹部退化，仅留下痕迹。该目以海洋生物为主，淡水中仅有少数种类。目前已知的种类超过6 000种。

端足类属于中型甲壳动物，成体的体长一般在3 ~ 12 mm之间，部分大型个体可达140 mm。其体形侧扁，少数种类呈背腹扁平状。该类动物不具备头胸甲，眼睛无柄，且没有角质个眼。头部与第一胸节愈合形成头胸部，胸部的肢体不具外肢，第一对胸肢演化为颚足，第二和第三对（鳃足）通常呈现亚螯状。某些胸肢的基节内侧可能具备鳃。腹部的第一至第三体节配有双枝、多节的游泳足，而第四至第六体节的附肢则为粗壮的双枝，通常由1 ~ 2节组成。

4.5.5 糠虾

糠虾是一种广泛分布于世界各海域的节肢动物，属于糠虾目糠虾科。其身体细长且略透明，头胸部由特定的头节和胸节愈合而成，并被头胸甲所覆盖。这种甲薄而软，后端凹陷，并未完全覆盖头胸部。糠虾的腹部细长，分为7节，其中第七腹节与尾肢共同组成尾扇。

在中国，糠虾主要分布于黄海与东海，它们喜欢栖息在近岸的咸淡水浅水区，尤其是水深适中、水草丛生的地方，如沟渠、浅湾、养殖塘或沟洼内。糠虾的食性多样，大多数为杂食性，少数为肉食性，能够滤食各种微小的生物，如单细胞藻类、原生动物、轮虫等，同时也摄食腐殖质和底部的有机碎屑。糠虾的繁殖方式独特，它们通常在夜间进行交配，并采用体外受精的方式。产卵的数量往往随着体长的增加而增多，且一年之内可繁殖多代。

值得注意的是，浅水糠虾中的某些种类，特别是新糠虾属和刺糠虾属，数量庞大，具有重要的经济价值。它们常被近海的定置网具大量捕获。糠虾不仅营养价值高，味道鲜美，可以鲜食或发酵制成虾酱，还可以作为养殖鱼虾的饲料。

4.5.6 磷虾

磷虾是磷虾目磷虾科所有动物的统称，属于海洋生无脊椎动物。它们的体形与小虾相似，身体透明，没有鳃腔，鳃裸露在外并直接浸浴在水中。磷虾的腹部共有6节，末端有一个尾节，同时拥有8对双肢型的胸肢。其独特之处在于，眼柄腹面及腹部的附肢基部都有一些能够发出磷光的球状发光器，这也是它们被称为"磷虾"的原因。

磷虾类的外形与小十足虾类相似，体长范围在6～95 mm之间。它们的身体可分为头胸部和腹部，其中头胸部各体节完全被头胸甲所覆盖，而腹部分为7节。磷虾的附肢共有19对，其中第一触角为双枝型，且柄部有3节，各节形态因种类而异。第二触角则拥有发达的鳞片。

在生物学特性上，磷虾的消化管结构相对简单，其分支的肝胰脏作为消化腺。它们的心脏呈多角形，具有3对心孔，且血液循环为开放式。磷虾的排泄器官为触角腺，其复眼发达且柄短。对于捕食性种类的磷虾而言，其复眼的角膜常由大小不等的两叶构成。除了深磷虾属外，磷虾还拥有5～10个发光器，这些发光器一般位于眼柄上面、第2及第7胸足基部各1个，以及第1～4腹节腹甲中央各1个。发光器由发光细胞、反射器和晶体组成，并通过神经相连，使磷虾能够发射出蓝色的冷光。

在生态环境方面，南极磷虾的生活周期与南大洋的季节相适应。南大洋环绕南极大陆的寒流在向北流去时下沉，而来自其他大洋的暖流在南下时遇到这股下沉的寒流，形成上升流。这股上升流含有丰富的营养物质和适宜的水温，微生物大量繁殖，为磷虾提供了理想的摄食和栖息环境。

磷虾类的生殖和发育过程相当独特。它们是雌雄异体动物，采用间接发育的方式。雄虾将精子排放在精荚内，而雌虾则自由产卵。受精卵在孵化后会成为无节幼体，并经历2次蜕皮后转变为后期无节幼体。对于抱卵种类的磷虾，初孵化时就已经是后期无节幼体了。随后，它们会蜕皮进入节胸幼体阶段，并开始摄食。节胸幼体也分为3期，其中第三期会蜕皮成为带叉幼体，再进一步发育为节鞭幼体。节鞭幼体与成体在形态上非常相似，只是个体较小且性未成熟，这实际上是它们的幼后期阶段。

此外，还有一些资料提到磷虾是有性繁殖且雌雄同体的动物。在它们的生命周期中，许多个体在前期为雄性，到了中年阶段会变成雌性。受精后的卵子会依附在雌体的游足上，直到孵化。磷虾主要在春季（10月到11月）进行交配，每只雌虾在夏季会多次产卵，每次产卵数量可达数千粒。

磷虾的卵在脱离母体后会下沉到几百米深的海底进行孵化。孵化后的幼体会在海底继续生长一段时间，直到卵黄囊内的卵黄消耗殆尽。这时，它们会上浮到海水表层来摄取浮游植物。在冰冷的海水中，磷虾的生长速度相对缓慢。幼虾需要经过5个发育阶段和多次蜕壳才能成长为6 cm长的成虾，整个生长期长3～4年。在这期间，它们会群居生活，在冰层下洄游以寻找食物和躲避敌害。

冷水性磷虾的生活周期通常较长。以鄂霍次克海的磷虾为例，它们在第一年生长较快，随后生长速度会逐渐放缓。磷虾的生长期与硅藻的春秋季高峰相吻合。然而，在卵巢成熟时，磷虾的生长几乎会停止。生殖量随年龄（体长）的增加而增加，达到一定年龄后，产卵量反而会减少。不同种类的磷虾发育率也有所不同。例如，挪威磷虾的无节幼体需要3～4天才能发育成熟，而拟缨磷虾则需要7～9天。对于雌性南极大磷虾来说，它们需要长达25个月的时间才能发育到性成熟（雄性则需要22个月）。磷虾常常大量集群生活，并且在水体中表现出昼夜垂直移动的习性：夜晚它们会上升到水表层活动，而清晨则会下降到较深的水域。

4.6　其他浮游生物

4.6.1　火体虫

火体虫是一种巨型浮游生物，其形状类似长长的铃铛，一端开口，可通过直径宽达1.8 m的开口排出过滤的海水。这种生物并不是单一的个体，而是由上千个无性繁殖的单独个体组成。这些个体小至橡皮擦大小，大至18 m长。火体虫群体的颜色多样，可能是无色、粉红色、浅灰色或蓝绿色。

火体虫是滤食动物，以小型浮游生物为食。它们会吸收包含浮游动物的海水，吞食浮游生物后再将过滤的海水吐出来。为了生存，火体虫必须持续吸水进食，并将废物通过中空的中央处排出。这种生活方式使得火体虫需要缓慢但稳定的移动。

尽管火体虫会随着洋流漂移，但它们还能利用一种慢动作形式的"喷射推进"来移动。通过在开口一端排出海水，火体虫能够缓慢地向前移动。这种移动方式对于它们来说是非常重要的，因为它们需要不断地寻找食物并排出废物。

火体虫的群居生活可以提高它们的生存机会，这是生物进化过程中的一种选择。每个个体都有许多鳃囊，这些鳃囊能分泌黏液，帮助火体虫在水中移动并过滤食物。同时，每个个体都像泵一样给有机体提供水分和养分，使得这个聚合体能够生存并发出光芒。

总的来说，火体虫是一种非常独特而有趣的生物，它们的生存方式和移动方式都充满了奇妙和神秘。

4.6.2　毛颚动物

毛颚动物是一类特殊的海洋浮游动物，其体形呈鱼雷形，大小在0.5～10 cm之间，通常体长为2～3 cm。它们的身体透明，可以分为头、躯干和尾部3个部分。头部具有一个称为前庭的大空腔，两侧和前端长有刺和齿，用于捕食和切碎食物。头的背面有一对眼点，眼点由多个色素杯组成。躯干部两侧有一对或两对水平侧鳍，尾部则有一个匙状尾鳍。

毛颚动物的身体结构特殊，在海洋浮游生物中占有重要地位。它们的肌肉系统发达，特别是头部的肌肉更为复杂。躯干部和尾部的肌肉则相对简单，主要由基膜下的体壁肌肉组成。侧鳍并不具备游泳功能，只起到平衡身体的作用。

在内部构造方面，毛颚动物具有发达的体腔，体腔液起着循环的介质作用。它们的消化系统相对简单，由口、食道和肠组成。神经系统则十分复杂，包括脑神经节、腹神经节以及通往身体各处的神经。毛颚动物为雌雄同体，具有一对卵巢和一对精巢，成熟的精子通过输精管进入贮精囊，待贮精囊破裂时排出体外。贮精囊的形状和破裂方式在不同种类的毛颚动物中有所不同。

4.7　浮游动物研究现状

全球变暖问题日益引起人们的关注，国际社会召开了多次气候大会，专题评估气候变暖趋势并寻求有效的应对方法。研究发现，大气中的二氧化碳是导致全球变暖的主要元凶。因此，减少碳排放和移除大气中的二氧化碳成为备受重视的研究内容。浮游动物在移除大气中二氧化碳方面的作用也逐渐得到了人们的关注。

海洋中的颗粒物在重力作用下会向海底沉降。在沉降过程中，有机物会被细菌利用并转化为二氧化碳。如果沉降速度过慢，有机物在到达海底之前就会转化为二氧化碳。颗粒物能否成功沉到海底，与其沉降速度密切相关。而颗粒物的大小是影响沉降速度的重要因素。海水的黏滞力与重力相抗衡，颗粒越小，黏滞力越大，因此大颗粒的沉降速度相对较快。相比之下，浮游植物个体微小，沉降速度较慢；而沉降速度快的颗粒主要是浮游动物的粪便和尸体。这些颗粒能够将碳从海洋表层输送到深层，从而有效移除大气中的二氧化碳。这一过程类似于一台泵将碳从表层输送到底层，因此被科学家形象地称为"生物泵"。

尽管浮游动物的分布区域受到海流的限制，但它们却能够借助人类的航运活动开启一段未知的旅程。轮船在装载、卸载和调整平衡的过程中，会灌入或排出一些海水，即压舱水。这样，压舱水中的浮游动物就被轮船带到了世界各地。在大多数情况下，压舱水中的浮游动物在黑暗环境中会死亡一部分，即使幸存下来，在新环境中也难以存活。然而，总有一些浮游动物特别顽强，它们能够熬过黑暗的航程，适应新的环境，并在新的世界中存活下来。有的甚至能够反客为主，在新的海区繁盛起来，改变当地的生物组成，影响渔业生产，成为不受欢迎的入侵物种。其中，栉水母是浮游动物中最有名的入侵物种之一。它们最大的长约10 cm，属于温带和亚热带的近岸海湾种类，原来分布在北纬40°到南纬46°的美洲大西洋海岸。然而，从20世纪80年代起，栉水母被引入黑海，并蔓延到地中海和波罗的海。在全球入侵物种数据库中，栉水母是唯一一种被列入前100名的海洋浮游动物。

　　生物泵的自然运转已经不足以遏制大气中二氧化碳浓度持续升高的趋势。因此，有研究者试图通过加快生物泵的运转来解决问题。自20世纪90年代开始，科学家在海洋中进行了多次施肥实验，希望通过增加海洋中的浮游植物数量，促使浮游动物多进食、多排泄粪便，从而提高生物泵的效率。然而，事与愿违，这些实验虽然增加了海洋中的浮游植物数量，但浮游动物的数量并没有相应增加，因此排泄的粪便颗粒也没有显著增加。这是因为浮游动物的繁殖需要时间，而人工施肥往往持续时间较短，只有1~2周。当浮游动物数量增加时，浮游植物的数量已经在减少了。鉴于施肥效果不显著，加上大规模施肥可能导致不可预见的不良后果，国际社会已经叫停了海洋施肥实验。

　　浮游生物地理分布的研究可以划分为3个时期：19世纪末期至20世纪70年代、20世纪80年代至2000年、2000年以后。依据分布区资料的时间跨度，浮游生物的分布区被分为瞬时分布区和时段分布区。大洋浮游生物的地理分布呈现出一种按纬度平行分布的九带式格局，具体包括：赤道条带、两个中心区条带、两个亚极区条带、位于中心区和亚极区之间的两个过渡区条带，以及位于南北极海区的两个极区条带。除过渡区条带外，洋流和水团是决定生物分布格局的主要因素，而过渡区条带的可能调控机制为中尺度涡。在核心区内，生物的构成相对稳定，但不同位置的生物丰度比例可能有所差异，环流中心可能存在演替顶极。在分布区的外围，洋流和中尺度涡的作用使得生物远离核心区，繁殖能力下降，无法维持种群，从而处于流放状态。在同一分布格局中，不同生物的扩散能力有所差异，其中扩散能力最差的是核心种，而扩散能力最强的是先锋种。相邻水团中的核心种和先锋种的交汇情况可以多种多样，且交汇位置也会经常发生周期性的变化。由于纬度的差异和陆地的阻隔，南北半球和不同大洋的相同条带之间存在着不同的生物种类。此外，人类活动导致了一些近岸种类发生生物入侵，而全球变暖则使得大洋浮游生物的分布区向极区移动（张武昌等，2021）。

浮游动物群落的时空变化对海洋元素循环具有重要影响。它们通过摄食、生长、排泄等活动，驱动了生产和捕食的耦合过程，促进了营养盐的循环，并实现了碳元素向高营养结构的流动。这种流动对于维持海洋生态系统的稳定性和生产力至关重要。为了探索浮游动物食物摄取的最新知识，科学家们采用了多种方法，包括测量浮游动物的吸收、排遗、呼吸、排泄和生长等过程。这些过程能够揭示浮游动物如何摄取和利用食物，以及它们如何将碳和其他营养物质转化为自身的生物量。

在全球范围内，浮游动物的摄食活动和呼吸需求对碳通量产生显著影响。这些影响受到营养结构不确定性的制约，并反映了群落结构的区域差异。例如，微型浮游动物的摄食活动可以影响碳的循环速度，而中型浮游动物的呼吸需求则决定了碳的消耗速率。这些过程共同决定了碳在海洋生态系统中的分布和流动。

气候变化预计将对浮游动物的碳循环产生广泛影响。随着全球气候的变暖，海洋环境将发生变化，这可能导致浮游动物的群落结构和功能发生改变。这些变化将进一步影响碳的循环和利用效率，对海洋生态系统的稳定性和生产力产生不良影响。特别是，关键物种的适应性和生存状况将直接受到气候变化的威胁，这可能对整个海洋生态系统的碳循环产生连锁反应（Calbet & Landry，2004）。

新陈代谢是海洋中维持有机物生产与消化（包括光合作用、呼吸和再矿化）平衡的关键过程。在全球范围内，中型浮游动物的呼吸作用消耗大约 $13 \text{ Gt} \cdot \text{y}^{-1}$ 的碳，这相当于全球初级生产力（PP）的 $17\% \sim 32\%$。而在区域尺度上，对南大洋浮游动物群落的详细分析显示，其呼吸消耗约为

0.6 Gt·y^{-1}，占该区域PP（1.95 ~ 2.7 Gt·y^{-1}）的22% ~ 31%（Steinberg & Landry，2017）。这表明，浮游动物的呼吸作用是有机碳消耗的重要途径之一。

一般而言，浮游动物吸收的碳中约有50%是通过呼吸作用消耗的，但这一比例受到多种因素的影响。其中，温度和体重是两个最主要的因素，它们在预测浮游动物的呼吸和排泄率的多元回归模型中得到了广泛应用。尽管呼吸速率随动物体重的增加而增加，但单位体重的呼吸速率却随体重的增加而减少。热带和亚热带浮游动物由于体形较小且生存环境较温暖，具有更高的单位体重呼吸速率。而体重的增加和温度的降低随着水深的增加而发生变化，这也导致单位体重呼吸速率的减小。

浮游动物的热阈值和能量增损平衡被认为是预测其对气候变化响应的重要因子。对北极桡足动物*Calanus glacialis*的研究发现，随着温度的升高，呼吸作用中的碳消耗往往高于吸收颗粒有机碳（POC）所带来的能量收益（Aarflot et al.，2023）。当气候变暖超过导致代谢失衡的最高温度变化范围时，浮游生态系统和碳循环结构可能会发生重大转变。此外，其他影响呼吸作用的生物和物理因素还包括食物的丰富度、压力、光照、pH和氧气等；同时，还需要考虑物种的运动性和发育阶段。

浮游动物在控制海洋中可溶性有机物（dissolved organic matter，DOM）的数量、组成和循环方面扮演着重要角色。它们释放的DOM不仅促进了微生物的生长和微生物循环，而且通过细菌对DOM的快速利用，可以得知这些释放的DOM具有高度的不稳定性。浮游动物通过多种途径释放可溶性有机碳（dissolved organic carbon，DOC）和其他DOM，包括粗略的进食行为（不完全摄食）、排泄、消化来自其他生物的可溶性消化产物以及通过粪便浸出等。

研究表明，排泄和粗略的进食行为是甲壳纲浮游动物释放DOC的主要形式，相比之下，通过粪便浸出作用释放的DOC则相对较少。例如，2011年，Saba等研究者发现，排泄和粗略的进食行为分别占总DOC释放量的80%和20%，而通过粪便浸出作用释放的DOC则很难探测到（Saba et al.，2011）。

被捕食者的大小和浮游动物的摄食组成是控制DOC释放速率的关键因素。利用^{14}C标记的浮游植物进行研究，发现桡足类摄食的浮游动物中的碳大部分以DO^{14}C的形式释放出来。DOC的产量变化在一定程度上取决于捕食者和被捕食者的相对大小。与桡足类动物相比，被捕食者越大，经过摄食而导致的DOC释放量也越大；而很小的被捕食者将被完全摄取，很少或基本没有DOC的产生。

目前，还没有一种标准的方法能够直接评估浮游动物的生长，并将其应用于整个群落或海洋范围的初级生产力（PP）测量。然而，已经存在多种基于相关经验和一般原则的估算方法，这些方法可以被外推到当地、局部或全球的浮游动物产量估算中。

对于微型浮游动物，可以通过测量群落的摄食率，并使用假定的总生长效率（gross growth efficiency，GGE）来进行产量的估算。在海洋正常条件下，混合原生生物群落的一个合理的平均碳GGE估算值为30%，这是因为这些群落中的生物体具有较低的基础代谢需求，并且能够快速适应环境成分的变化。

相比之下，对于中型浮游动物，基于温度和体形的推导关系进行产量的估算更为简单。Huntley和Lopez在1992年的研究表明，桡足类物种的平均瞬时生长速率对温度具有很强的依赖性，这可以通过观察其发育时间和卵与成虫的生物量比值来得出（Huntley et al.，1992）。随后的研究进一步表明，体重信息提高了对桡足类生殖时间和幼虫成长速度的可预测性。因此，可以利用温度和生物量大小这两个容易测量的参数来预测海洋系统中浮游动物的生长。

尽管这种基于桡足类动物的预测方法对不同中型浮游动物的适用性尚未经过严格的测试，但它已经被用于评估多个区域的浮游动物营养流动，为将其纳入生态环境研究提供了必要的数据。例如，在阿拉伯海，中型浮游动物的平均瞬时增长率为0.12 d^{-1}，这意味着它们每天的碳消耗量相当于浮游动物生物量的40%和浮游植物产量的40%。

浮游动物通过粪便下沉、蜕皮和尸体分解等过程，为海洋提供了大量的颗粒有机碳（POC）输出。粪粒状碳在总沉降POC通量中所占的比例，因地区、季节和深度的不同而呈现出较大的差异。这种差异主要取决于粪粒的大小分布、物种组成，以及浮游动物及其食物的丰富度和生物量。

浮游动物的大小和物种组成对颗粒的下沉速率具有显著影响。即使是由微型浮游动物产生的小颗粒，也能有效促进POC的输出。而食草动物群落的规模结构和生物量，则是决定粪粒成为下沉POC通量主要组成部分的关键因素。

在亚北极和亚热带北太平洋之间的比较研究中，我们发现亚北极太平洋地区由大型桡足类Neocalanus sp.产生的大型粪粒和高桡足生物量，导致了更高水平的碳输出效率。这一发现强调了浮游动物大小和物种组成在POC输出中的重要性。

此外，2015年，Stamieszkin等研究者在缅因湾进行的研究也支持了这一观点（Stamieszkin等，2015）。他们利用桡足类粪粒碳通量模型研究发现，决定桡足动物粪粒到达不同深处比例的主要因素不是其丰富度，而是其大小。这一发现进一步强调了浮游动物大小在POC垂直输送和碳循环中的重要性。还有很多其他因素影响着粪球的碳排放。粪球会随着下降而发生改变，随着深度的增加，由于细菌的降解、破碎或被海洋中层的消费者摄食和重新包裹而对碳排放产生影响。事实上大部分粪粒都被浮游动物降解了。

昼夜垂直迁移（diel vertical migration，DVM）是海洋系统中浮游动物和鱼类进行大规模垂直移动的现象。它们夜间上浮至表层水域觅食，白天则在中深海区休息。这种迁移行为是浮游动物介导的碳排放的另一种重要形式。当DVM被视为生物泵的一部分时，它被称为主动运输。在表层水中，白天被昼夜迁移生物摄食的POC有一部分来源于它们白天从透光层以下向上传输的碳。DVM过程中的DOC和POC的主动运输被认为是满足深海中型浮游动物和微生物群落代谢需求的有机碳来源。

昼夜迁移浮游动物的主动运输的规模和相对于被动运输的重要性因迁移生物量和分类学上的差异而在不同区域和季节有所不同。通常，呼吸碳的主动运输量会随着迁移生物量的增加而增加。随着深度的增加，主动运输的活性炭也变得更加重要，而下沉颗粒的通量则随着深度的增加而迅速减小。考虑到这些因素，先前的研究表明，生产力更高的生态系统或季节比生产力较低的生态系统或季节具有更高的迁移生物量和更活跃的呼吸通量。碳的另一种主动运输形式是个体的季节性垂直迁移。例如，著名的大型亚北极桡足类动物在越冬过程中，其成虫的新陈代谢和死亡个体每年都可以释放大量的碳，与POC的被动下沉相比，这是一种显著的碳释放方式。

中深海浮游动物在碳循环中扮演着重要角色。它们能够利用或再矿化下沉或悬浮的POC，将其转化为二氧化碳。同时，这些浮游动物还能将POC重新包装成具有不同下沉速度和有机物含量的粪粒，或者通过其他活动将下沉的POC碎片化为体积更小、下沉速度更慢的颗粒。在这个过程中，浮游动物会将较大的碎屑颗粒分解成较小的颗粒，这些较小颗粒具有更大的表面积，从而促进了原生细菌和原生消费者的生长。

表层海洋的碳供应最终满足了中深海群落的代谢需求。然而，区域测量显示，POC的输出量加上DOC向下平流到中层区域的数值往往较低，这无法满足中深海浮游动物和细菌的碳需求。因此，协调这种供需矛盾成为近期的研究重点。目前，浮游动物的碳转化过程以及中深海区微生物和后生动物之间的相互作用尚未得到充分的描述和研究。

全球变化，包括温度升高、氧气减少、海洋酸化、富营养化、过度捕捞以及物种入侵，正在对浮游生物群落产生影响。这些因素的协同作用预示着，浮游动物的碳循环在未来几十年内可能发生大幅度变化。

温度以直接或间接的方式影响着浮游动物体内碳流动的几乎所有环节，包括摄食、新陈代谢、生长和繁殖的速度。海洋变暖带来了诸多潜在影响，其中之一便是自养和异养过程速率对温度的依赖性不同，导致浮游动物生产和摄食的相对速率发生改变。

事实上，许多地区浮游动物的数量、分布以及群落结构的长期变化，都可以归因于气候变暖以及与之相关的碳循环变化。这一趋势凸显了气候变化对海洋生态系统，特别是浮游生物群落及其碳循环的深刻影响。

在北大西洋亚热带环流系统中，表层浮游生物的生物量增加与海表温度、水柱分层以及PP之间呈现出显著的正相关关系。同时，全球范围内海洋缺氧区和最小氧区（OMZ）的扩张可能对浮游动物的碳循环产生重要影响。与氧气梯度密切相关的OMZ和缺氧环境会降低浮游动物的呼吸速率。值得注意的是，进行昼夜垂直迁移的浮游动物在其呼吸作用过程中会加剧OMZ上部的氧气消耗，使得这些区域边界处的有机碳再矿化成为关键过程。与非OMZ区域相比，OMZ更有可能促进碳的输出。

人类活动导致大气中的二氧化碳被海洋表层吸收，进而引发海洋酸化（OA）现象。已知的二氧化碳增加和OA对浮游动物碳循环的影响包括代谢抑制。桡足类通过摄食球石藻和硅藻产生的粪球下沉速度受到方解石和蛋白石等稳定剂的影响。未来，随着粪粒和其他颗粒中碳酸盐稳定剂的减少，它们的下沉速度可能会减缓，导致更多的有机物在浅水层进行再矿化，进而减少碳通量。尽管在阐明OA对海洋生物和生态系统的影响方面已经取得了显著进展，但在OA对浮游动物和碳循环的具体影响方面，研究仍然相对不足。

在测量浮游动物体内关键碳流方面，我们仍面临重大挑战，包括缺乏评估次级产物的标准方法，以及传统沉积物捕集器无法有效测量浮游动物介导的碳排放。此外，我们需要进一步深入研究浮游动物如何影响海洋生物地球化学循环中碳、氮和磷等关键元素之间的化学计量关系。

同时，气候对区域尺度的影响存在大量不确定性。这些不确定性可能遵循预期的生态系统对温度、物理和营养输送变化的响应模式，但也可能因关键浮游动物物种的生物量和功能变化而产生显著差异。为了提高对未来碳通量变化的预测能力，生态系统和生物地球化学模型应更好地结合浮游动物的分类、生活史、大小、营养生态学和生理学等特征。

第5章　海洋大型动物与生境

海洋中生存的动物，可根据其生境分为底栖动物（benthic animal或zoobenthos）和游泳动物（nekton）（蔡立哲，2006）。底栖动物根据其相对于基质的生活位置分为两类：一类是完全或部分生活在基质内的物种，包括许多蛤蜊（clams）和蠕虫（worms）以及其他无脊椎动物；另一类是底生动物（epifauna），指生活在海底或附着在海底的动物（李新正等，2019；丛佳仪等，2024）。大约80%的底栖动物属于后者，包括珊瑚、藤壶、贻贝、海星和海绵等。底栖动物存在于所有基质类型上，在硬质基质上发育得特别丰富，在岩石潮间带和珊瑚礁中最为丰富和多样。而那些在海底生活，如在海底上方暂时游泳的动物，如对虾（prawns）、螃蟹（crabs）、比目鱼（flatfish）等，其实可以算作第三种生态位的底栖动物（epibenthos）。

底栖动物主要是通过采样网筛的网眼尺寸的大小进行区分。

大型底栖动物（macrobenthos）：采样分选时不能通过0.5 mm孔径网筛的动物（李新正，2011；蔡立哲，2006），种类繁多，结构多样，多为无脊椎动物，包括海星、贻贝、大多数蛤蜊、珊瑚等（表5.1）。主要包括刺胞动物、环节动物多毛类（Polychaeta）、软体动物（Mollusca），节肢动物甲壳类（Crustacea）和棘皮动物（Echinodermata）5个类群。常见的还有纽虫、苔藓虫和底栖鱼类等。

小型底栖动物（meiofauna或meiobenthos）：分选时能通过0.5 mm或1.0 mm网筛，但能被0.042 mm或0.031 mm（深海研究）网筛截留的生物（张志南等，2017；蔡立哲，2006），常见于沙子或泥土中。该组包括非常小的软体动物、微小的蠕虫、几个小型甲壳类动物群（包括底栖桡足类），以及不太常见的无脊椎动物。也有人认为能被0.1～1.0 mm筛网截留的动物可被称为小型底栖动物。

微型动物（microfauna或microbenthos）：尺寸小于0.1 mm的动物，主要由原生动物组成，尤其是纤毛虫（ciliates）（蔡立哲，2006）。

表5.1　海洋底栖生物群落的主要分类类群和代表

门（Phylum）	纲（Subgroups）	代表性物种 （representatives）
原生动物门（Protozoa）	有孔虫类、纤毛虫类	有孔虫、纤毛虫
海绵动物门（Porifera）		海绵
刺胞动物门（Porifera）	水螅纲、珊瑚纲	水螅、海葵、珊瑚
扁形动物门 （Platyhelminthes）	涡虫纲	扁形虫
线虫门（Nematoda）		线虫
纽形动物门（Nemertea）		纽虫
环节动物门（Annelida）	多毛纲、须腕动物纲、被腕动物	多毛虫、须腕蠕虫
星虫动物门（Sipuncula）		星虫
螠虫动物门（Echiura）		蠕虫
半索动物门（Hemichordata）	肠鳃纲	囊舌虫
软体动物门（Mollusca）	腹足纲、双壳纲、多板纲、无板纲（沟腹纲）、掘足纲、头足纲	蜗牛、海蛞蝓、蛤蚌、贻贝、石鳖、章鱼、鱿鱼
棘皮动物门（Echinodermata）	海星纲、蛇尾纲、海胆纲、海参纲、海百合纲	海星、蛇尾、海胆、海参、海百合
外肛动物门（Ectoprocta）		苔藓虫
腕足动物门（Brachiopoda）		灯壳（lamp shells）
节肢动物门（Arthropoda）	介形虫纲、桡足纲、原足目、等足目、端足目、蔓足纲、十足目	介形虫、剑水蚤、猛水蚤、蟹、龙虾（lobsters）、虾（shrimp）
脊索动物门（Chordata）		灯泡海鞘

5.1 海洋大型底栖动物

大型底栖动物是海洋生态系统的主要生态学类群，在海洋生态系物质能量流动和环境监测中起着十分关键的作用。它们按食性可划分为6种类型：植食者（herbivorous）主要以藻类和底栖硅藻为饵料；滤食者（filter feeders）以水体中的有机质和浮游生物为食；表层食底泥者（surface deposit feeders）主要以底质–水界面的有机质、细菌、有机碎屑和底栖藻类为食；底层食底泥者（subsurface deposit feeders）食性同表层食底泥者，但摄食空间在底质–水界面以下；肉食者（carnivores）为捕食性和食腐性的物种；杂食者（omnivores）指底栖动物摄食行为在滤食性、沉积物食性和肉食性之间进行转化的一些物种（彭松耀，2013）。

海绵动物（Porifera）是最原始的多细胞动物，已知存在于前寒武纪晚期（6亿年前），这个古老的群体至少有15 000个物种（Hooper，1994），分布广泛，丛浅海到深海均有分布，它们因多孔性而得名，目前描述过的有4个纲（李新正等，2020；Gazave等，2012）。《中国海洋生物名录》列出了中国海绵47科77属190种（刘瑞玉，2008）。

海绵的许多洞穴为蠕虫和甲壳类动物等无数小动物提供了保护性避难所。所有海绵都是固着不动的。大多数过滤器通过产生将悬浮颗粒吸入海绵的电流来过滤饲料。海绵的孔隙就像一个筛子，只允许最小的颗粒通过并被特殊的鞭毛细胞捕获。食物主要由细菌、浮游生物和小碎屑颗粒组成。海绵骨架由碳酸钙或硅质针状物或海绵纤维组成。由于海绵的刺很硬，海绵几乎没有捕食者，例外的是一些珊瑚礁鱼、蜗牛和裸鳃动物。它们既有无性繁殖也有有性繁殖，并且只能从整个生物体的片段中再生。

刺胞动物门（Porifera）也有着悠久的进化历史，现有物种生活在大多数海洋环境中。大多数栖息在海底的物种都是固着动物（sessile animals），尽管一些海葵（sea anemone）能够从基质中分离出来，暂时游泳以躲避捕食者。但也有一些特殊的物种已经适应了在沙子或泥土中的生活。所有底栖刺胞动物都具有径向对称性，使用充满刺细胞的触手捕捉悬浮性猎物。无性繁殖和有性繁殖在这个门中很常见。在刺胞动物门内，水螅（polyp）是由结构和功能不同类型的个体结合而成。它们通常很小，不显眼，但附着在岩石、贝壳和码头桩上的大部分海洋生物，实际上是由水螅群落组成的。许振祖等研究者（2014）系统总结了我国的水螅虫总纲动物，描述了2纲7亚纲82科259属共计750种，形成了迄今我国最全面、系统、权威的水螅类文献。

珊瑚虫纲有6 000多种，包括海葵和各种珊瑚，以及不太常见的物种，如海鞭和海扇。海葵是潮间带和潮下带群落的常见生物，但也存在于10 000米以深的深度；它们是独居动物，直径从约1 cm到1 m以上不等。裴祖南（1998）在《中国动物志　无脊椎动物　第十六卷》中系统总结和描述了中国海域的海葵目（13科38属75种）、角海葵目（1科1属3种）以及群体海葵目（2科3属31种）的种类，是迄今我国最全面系统的海葵分类学文献。

珊瑚虫包括各种分类学上不同的形式，统称为"珊瑚"。以壮观美景闻名的珊瑚礁就完全由属于刺胞动物门的某些珊瑚的生物活动形成。它们可能是海洋底栖生物群落中最具多样性和生态复杂性的。这些热带珊瑚礁是由珊瑚在漫长的地质时间里沉积的大量碳酸钙形成的，是最古老的海洋群落之一，地质历史可以追溯到5亿多年前。活珊瑚礁覆盖约60万千米，略低于全球海洋面积的0.2%，约占0～30 m深度内浅海面积的15%。珊瑚礁仅位于20 ℃等温线所界定的水域内，因此几乎仅限于热带地区。造礁珊瑚不能忍受低于18 ℃的水温，最佳生长通常发生在23～29 ℃。许多其他生理需求进一步限制了造礁珊瑚的分布。高光照水平对于造礁也是必要的，这将珊瑚限制在透光区。即使在热带清澈的贫营养水域，大多数造礁物种也生活在25 m以浅的浅海中。珊瑚礁的向上生长仅限于最低潮汐水平，因为暴露在空气中超过几个小时会杀死珊瑚。珊瑚在浑浊的水中也不存在，因为它们对高水平的悬浮和沉淀沉积物非常敏感，这些沉积物会窒息它们并堵塞它们的进食机制。高浊度也会通过降低光穿透深度来影响礁石建造。珊瑚与底栖海葵（均属于珊瑚纲）关系密切，与浮游水母、底栖海洋水螅和淡水水螅关系较远。并非所有珊瑚都是造礁者。有些是独居或群居动物，能够生活在更深或更冷的水中。造礁石珊瑚（reef-building stony corals）是群居动物，每个珊瑚礁都由数十亿个被称为珊瑚虫的微小个体组成。珊瑚虫能分泌碳酸钙外骨骼，其直径通常为1~3 mm。珊瑚虫都有触手，触手上有一排刺细胞（nematocysts），用于捕捉猎物和防御。珊瑚虫可以通过无性分裂或出芽产生一个更大的群体。珊瑚也会有性繁殖，产生浮游幼虫（planktonic larvae），这些幼虫会分散、定居并建立新的群落。单个珊瑚群落的大小各不相同，有些非常大，重达数百吨。珊瑚群落的形式，无论是分枝、巨大、裂片还是折叠，都取决于物种以及珊瑚所处的物理环境。当同一物种暴露于波浪作用的区域，或者当它生长在浅海区而不是深海区时，它的形态可能会非常不同。

珊瑚礁上的生物多样性异常丰富。我国珊瑚礁主要分布在华南沿岸海域、海南岛及南海诸岛（张乔民，2001）。《中国动物志》描述了我国海域石珊瑚目共14科54属174种（邹仁林，2001）。世界上最大的珊瑚礁是位于澳大利亚的大堡礁，它沿着澳大利亚东海岸延伸了两千多千米，宽达145千米，由约350种硬珊瑚组成，是超4 000种软体动物、1 500种鱼类和240种海鸟的家园。此外，大型底栖动物的种类更多，微型和小型底栖动物的数量仍然未知。珊瑚礁生态系统中几乎可以找到所有门和纲的代表性物种。印度–太平洋地区的珊瑚礁具有高度多样性的珊瑚物种，整个地区至少有500种造礁物种。相比之下，大西洋的珊瑚礁很贫瘠，只有大约75种造礁珊瑚。与珊瑚礁相关的其他动物群的物种数量在大西洋地区也普遍低于印度洋–太平洋地区。太平洋的软体动物物种数量估计约为5 000种，而大西洋为1 200种，这些珊瑚礁地区约有2 000种鱼类，而大西洋有600种鱼类。物种多样性的差异可能是海洋年龄的差异以及珊瑚礁进化的地质时代不同造成的。从地质学上讲，大西洋是一个较新的海洋，其珊瑚礁也受到冰河时代气温下降和海平面下降的严重影响。大多数大西洋珊瑚礁只有10 000~15 000年的历史，这些日期对应于最后一个冰河时代。相比之下，大堡礁大约有200万年的历史，一些太平洋环礁的历史可以追溯到大约6 000万年前。

除了造礁石珊瑚外，其他类型的刺胞动物也是典型的珊瑚礁成员，包括几种非造礁珊瑚，如火珊瑚（fire corals）、管珊瑚（pipe corals）和软珊瑚

（soft corals）。海鞭和海扇也是常见的珊瑚礁居民。它们是石珊瑚的近亲，内部骨骼由钙质针状体组成。珊瑚礁群落中的其他主要无脊椎动物群包括棘皮动物（海星、海胆和海参）、软体动物（帽贝、蜗牛和蛤蜊）、多毛目蠕虫、海绵和甲壳类动物（包括多刺龙虾和小虾）。一些无脊椎动物是结垢物种（encrusting species），如苔藓虫；有些像某些多毛类蠕虫一样，会建造钙质管；有些蜗牛把管状的壳附着在礁石上。所有这些活动都有助于将石灰岩礁框架黏合在一起。在太平洋，*Tridacna*属的巨蚌（giant clams）也是珊瑚礁的重要结构组成部分。这些软体动物为珊瑚礁贡献了惊人的生物量，因为它们的长度超过1 m，质量可能超过300 kg。

鱼是礁石上占优势的脊椎动物。许多珊瑚鱼颜色鲜艳，视觉上很显眼。世界上大约25%的海洋鱼类只生活在珊瑚礁地区。这些多样化的鱼类显示出高度的觅食专业化和食物选择。有些是食草动物，以藻类或海草为食；有些专门以浮游生物为食；有些是鱼食性的，或者是底栖珊瑚礁无脊椎动物的捕食者。鱼类不仅在放牧或捕食中扮演重要的生态角色，这些丰富的动物的粪便也起着重要的作用。

水母（jellyfish或medusae），是公海和沿海水域的常见物种。《中国动物志　第二十七卷》总结了我国海域管水母亚纲（12科29属80种）和钵水母纲（16科23属35种）的种类，成为我国水母类分类学研究的系统性成果和基础资料（高尚武等，2002）。一些水母是全浮游生物（holoplankton），但另一些物种在其生命周期中处于无性底栖阶段，因此这些水母是浮游生物的一部分。尽管水母属于刺胞动物门中的几个不同分类群，但它们都是食肉动物，通过配备有刺细胞（nematocysts）的触手捕获各种浮游动物猎物。狮鬃水母（*Cyanea capillata*）是钵水母纲霞水母科霞水母属动物，非常美丽，其直径从几毫米到2 m不等（Crawford，2016）。它有橙黄色的8组触手，最多有150条，长长的触须像狮子的鬃毛一样茂密；颜色随年龄变化，由红变粉；触须上的刺细胞内有毒针和内装毒液的囊，可以在水母缠住猎物的时候划伤猎物的皮肤，毒液进入体内，从而迅速麻痹死亡。狮鬃水母主要以浮游动物、小型鱼类和其他水母为食。相对于平均寿命仅有数月的水母种群来说，狮鬃水母较为长寿，大约有4年左右。狮鬃水母主要分布于气候较为寒冷的北极海、北大西洋、北太平洋等海域，在海面以下20～40 m的区域生活，那里水温较为恒定，极少生长在低于北纬42°的地区。在澳大利亚、新西兰海域也有类似种类的水母。

一些著名的水母营群居生活，如管水母（siphonophores），许多具有特殊功能的个体结合在一起形成了整个生物体。僧帽水母（*Physalia*，或称Portuguese man-of-war），是一种热带管水母（siphonophore），其触手在水面上漂浮，延伸至10 m以下；它能够捕获体形较大的鱼类，而且它的蜇伤会让游泳者感到疼痛（Ferrer等，2024）。然而，被称为箱形水母（box jellyfish）的物种要危险得多。澳大利亚热带地区的箱型水母（*Chironex fleckeri*）是地球上毒性最强的动物，这种水母在20世纪造成了至少65人死亡。箱型水母是一个大型个体，有多达60条触手，延伸约5 m，可在4分钟内致人死亡。在自然界中，箱型水母利用这种强效毒液可以快速杀死虾等猎物（Rowley等，2020）。

底栖蠕虫属于许多不同的门。线状线虫（*Phylum Nematoda*）是海洋（和陆地）动物中数量最多、分布最广的群体之一，尽管大多数物种都是软性沉积物中不显眼的居民（Hodda，2022）。据报道，荷兰海岸外1 m²的底泥中含有约4 500 000条小型底栖线虫。但分类学的障碍，阻止了对这一丰富群体的生态研究。一些蠕虫是食肉动物，另一些蠕虫则以植物、腐烂物质和相关微型动物为食。线虫门包括大约600种细长的蠕虫，所有蠕虫的特征都是有一个用来捕捉食物的长鼻。线虫在温带海域比在热带地区更为丰富，在浅海区更为常见。

自由生活的扁虫（扁形动物门，Platyhelminthes）栖息在沙子或泥土中、石头和贝壳下或海藻上，但它们很少大量出现。星虫（Sipuncha）也称为花生虫，是长2 mm～0.5 m的不分节的蠕虫。250种左右的物种中有许多会钻入沙子或泥土中，利用其巨大的喙（proboscis）的运动强行穿过沉积物寻找食物；其他则栖息在岩石或珊瑚裂缝中，甚至空蜗牛壳中。螠虫动物门（echiura）在大小和一般习性上与星虫有点相似，也是利用其不可缩回的巨大的喙来寻找沉积物中的食物。有些物种出现在潮间带，但大多数只在非常深的水域栖息。《中国动物志》描述了我国海域的星虫动物门6科13属41种和螠虫动物门2科8属11种（周红等，2007）。

海洋中环节虫门（Annelida）超过10 000种，是最大、最多样化的海洋蠕虫群。环节动物多毛纲是大型底栖生物重要类群（葛美玲等，2020）。多毛虫（Polychaetes）是具有多个附肢的分节蠕虫，体长从几毫米到3 m不等。从生态学角度来看，多毛类动物可分为在海底活动或钻入沙子和泥土的多毛类，以及栖息在永久性管道或洞穴中的多毛类动物。大多数爬行物种和一些活跃的穴居动物都是食肉动物，以各种小型无脊椎动物为食，这些无脊椎动物是用下颚捕食的。一些多毛类动物也用它们的下颚撕下藻类碎片。许多穴居动物和一些管状动物是沉积物食性动物，它们直接用嘴进食沙子或泥土。其他以沉积物为食的物种已经发育出特殊的触手状结构，可以延伸到基质上或基质中；沉积物颗粒附着在这些结构表面的黏液分泌物上，然后这种物质通过纤毛被输送到口腔。此外，许多定居物种都是滤食性动物，它们使用特殊的头部附属物来收集浮游生物和悬浮碎屑。这一群体，包括表层和底层物种，在许多栖息地中经常占底栖生物量的很大一部分。

半索动物门（Hemichordata）包括肠气虫（enteropneusts）或橡实虫（acorn worms），它们出现在潮间带、深海热液喷口和海沟（Kajihara等，2023；Jones等，2013）。最大的物种长度超过1.5 m，但大多数都要小得多。许多物种生活在泥和沙子的洞穴中，另一些则在沉积物表面缓慢移动，或在坚硬的基质上形成缠结。穴居动物用它们的喙犁过沉积物，大多数会摄取沙子或泥土，从中消化有机物。在洞穴后部开口处积聚的大量粪便能显示其对基质的消耗量。非穴居物种和一些穴居动物是悬浮觅食者；浮游生物和碎屑附着在覆盖着黏液的长喙上，然后通过纤毛槽运输到口腔。

海洋中的软体动物门（Mollusca）物种分布广泛、形态多样性高，成员超过50 000种，是仅次于节肢动物的第二大动物门（刘凌云等，1997），我国发现的软体动物门物种有4 000多种（张素萍等，2017）。日常比较熟悉的各种螺类动物，如蜗牛以及相关的裸鳃类动物或海蛞蝓（腹足纲，

Gastropoda，软体动物门第一大纲）以及双壳蛤和贻贝（双壳纲，Bivalvia，软体动物门第二大纲）均属于该门（刘瑞玉，2008）。该门还包括扁平的甲壳类动物（多板纲，Polyplacophora），它的外壳分为8个板。不太为人所知的成员是具有长2 mm～20 cm不等的象牙状外壳，可用锥形足在泥沙中挖洞的穴居掘足类（掘足纲，Scaphopoda），以及在沉积物中发现的，体长1～300 mm的蠕虫状无壳无足类（无板纲，Aplacophora）。无板纲是软体动物门的原始类群，以前其实被分成沟腹纲和尾腔纲，我国报道的无板纲动物极少（李新正，2020）。大多数章鱼（头足纲，Cephalopoda）本质上也是底栖物种，尽管它们能够游泳。该门的巨大多样性体现在事实中：软体动物栖息在海洋的各个深处，在沉积物上和沉积物内都有发现，在所有营养水平上都有代表性物种，并且存在于所有底栖生物群落中。我国海域有多板纲9科21属47种，双壳类软体动物78科394属1 132种，掘足类9科24属56种，头足类30科61属125种，腹足类软体动物160科617属2 554种，无板纲1目1科1属1种，未见单板纲生物（刘瑞玉，2008）。

棘皮动物门（Echinodermata）完全是海洋动物，是一类后口动物，在无脊椎动物中进化地位很高，常见的海星、海胆、海参、海蛇尾都属于该门。虽然外观不同，但所有棘皮动物的特征都是径向对称，身体围绕中心轴分为5个部分，有由钙质板块组成的骨架和管脚。大约5 600个物种共分为5个纲。海星纲（Asteroidea）包括大约2 000种海星（starfish或seastars），其栖息地从潮间带到约7 000米深。许多海星是肉食性的，它们可能对养殖贝类床和自然栖息地产生相当大的生态影响。有些种类的海星是以沉积物为食的，或者更罕见的是以悬浮物为食的。蛇尾亚纲（Ophiuroidea）包括近2 000种长臂脆星（brittle stars）和篮海星（basket stars）。深海照片显示，蛇尾类海星（ophiuroids）通常待在海底，以沉积物、小型死亡或活着的动物或悬浮的有机物为食。大约有800种多刺海胆（spiny sea urchins）和扁平的圆形海胆（sand dollars，不显眼但数量众多）被归入海胆纲（Echinoidea）。海胆是岩石海岸、海带床和珊瑚礁大型底栖动物中的引人注目的组成部分。它们使用特殊的咀嚼装置来捕食各种有机物质，但大多数浅海物种被认为基本上是草食性的，深海（约7 000米）物种被认为是沉积物食性的。海参纲（Holothuroidea，有500多种）包括细长海参（elongated sea cucumbers），因其与蔬菜相似而得名。尽管也在浅海区中出现，但其实深海棘皮动物中数量最多的是海参。海百合纲（Crinoidea）是最古老的棘皮动物类群，目前发现约650种，通常被称为羽毛星和海百合。羽毛星大多生活在1 500米以深的海底深度，尽管经常附着在海底，但它们能够爬行和暂时性地游泳。海百合（Sela lilies）通过茎附着在海底，是典型的深海居民，在3 000～6 000米最为丰富。所有海百合都被认为是悬浮觅食者。中国海域棘皮动物已记录有591种，包括海百合纲44种、海星纲86种、蛇尾纲221种、海胆纲93种、海参纲147种（廖玉麟等，2011）。

苔藓动物（bryozoa或moss animals）属于外肛动物门（Ectoprocta），简称苔藓虫，与水螅一样，是群居固着动物，在潮间带岩石、贝壳或人造表面形成不显眼的结壳或海藻状生长物。从潮间带到8 000米以深的深海都有分布。群落中的每个个体都很小（通常体长小于0.5 mm），在大多数物种中，它们很大程度上被包裹在外部碳酸钙骨架中。尽管有将近4 000种海洋物种，但这个门的动物很少受到生态学家的关注。我国海域苔藓动物计77科173属568种（刘瑞玉，2008）。

腕足类（brachiopods）全部生活在海里，多数生活在浅海，是一个由不到300种海洋物种组成的腕足动物门（Brachiopoda）。腕足类具有双壳钙质外壳（直径5～80 mm），两枚壳瓣大小不等，但每枚壳瓣左右对称，表面上类似于软体动物，但二者体形大不相同。腕足类大多数生活在200米以深的海域，且粘在坚硬的基质上。一些更常见的腕足类动物（如Lingula）则生活在沙或泥的垂直洞穴中，有些是从5 500米深处收集的。与苔藓虫一样，腕足类也有一个用于悬浮觅食的软足。

海鞘（ascidians或tunicates）是固着的桶形动物，身体表面披着一层棕褐色植物性纤维质的囊包，属于脊索动物门（Chordata）海鞘纲（Ascidiacea）。大多数常见的海鞘都是独居生物，但也有许多通过无性出芽发育的群体物种。海鞘常见于潮间带水域，附着在岩石、贝壳、码头或其他坚硬的基质上，但它们也能栖息在至少8 000米深的深海。海鞘的自由端有两个虹吸管，为纤毛通过动物的水流提供通道。悬浮颗粒被分泌的黏液从水中去除，缠绕的食物被纤毛输送到肠道。过滤后的水被强行从动物的外流虹吸管中排出，从而产生"海水喷射"。深海形态的摄食装置则有一定的变化。人们认为它们以未消耗的沉积物为食，甚至直接以小型底栖生物为食。虽然海鞘通常不是底栖群落的主要组成部分，但它们能够去除大量的浮游生物或悬浮物。一个只有几厘米长的海鞘每天可以过滤大约170 L水。报道的中国海域有海鞘纲12科27属74种（刘瑞玉，2008）。

节肢动物中分节的甲壳纲动物（segmented Crustacea）是底栖生物中一种非常具有代表性的生物，包括介形亚纲动物（ostracods）、剑水蚤（cyclopoid）、猛水蚤（harpacticoid copepods）等，至少350个物种，但人们对其知之甚少。猛水蚤类是一个特别丰富的类群，其成员在软沉积物中爬行或挖洞。这些小型甲壳类动物（通常体长小于2 mm）有细长的、或多或少圆柱形的身体，它们是穴居动物或管状动物，存在于至少8 000米以深的深海。我国海域有颚足纲介形亚纲4科51属178种（刘瑞玉，2008）。

常见的大型底栖甲壳动物包括等足类动物（isopods）和片脚类动物（amphipods）。等足类动物是体形较细小的甲壳类，有7对大小及形态相似的脚，体形由300 μm至50 cm不等。其扁平身体的长度通常为5～15 mm；然而，深海物种通常较大，有的属可长达40 cm。等足类动物没有明显的甲壳，只在头部有壳。在潮间带，人们经常观察到等足类动物在岩石上快速奔跑，但有些物种是穴居动物。4 000种海洋物种中，大多数是杂食性食腐动物。两栖类动物与等足类动物关系密切，但不同之处在于大多数都有侧向压缩的身体。根据物种的不同，片脚类动物能够爬行或挖洞，但许多底栖动物也能游泳，但不经常游泳。许多物种会建造临时或永久的洞穴或管道。该组的深度分布范围广，从高潮位附近到黑线沟皆有分布。大多数片脚类动物是腐食性动物（或食腐动物），但也有少数是专门的滤食性动物。我国海域有软甲纲真软甲亚纲囊虾总目等足目12科99属174种（刘瑞玉，2008）。

藤壶（Barnacles）（蔓足亚纲，Cirripedia）是常见的海洋动物，也是唯一的固着甲壳类动物，即常见的附着在近岸岩礁上一簇簇灰白色有石灰质外壳的小动物，形似马的牙齿，又称"马牙"，大约有800种。这些虾状动物生活在钙质板块的外部覆盖物中，一些直接附着在基材上。更常见的是在岩石潮间带形成拥挤的群落，但有些物种已经特别适应附着在移动物体的表面，例如鲸、鲨鱼、海蛇、海牛、鱼类、海龟或螃蟹的身上。虽然藤壶最常见于浅海，但有些物种也存在于7 000米以深水层。自由生活（即非寄生）的藤壶通过有节奏地将羽毛状附属物扫过周围的水域来进食。这些动物经常弄脏船底、浮标和码头桩的表面（任先秋等，1978）。

底栖十足类（decapod）是最常见的甲壳类动物，也是数量最多、最成功的甲壳动物，共约9 000种，包括人们熟悉的螃蟹、龙虾和虾。该群体既有表生生物（epifaunal），也有底栖生物（infaunal）。十足类在浅海表现出最大高多样性，但有少数物种生活在5 000～6 000米的深海。该群体包括捕食者、杂食动物和食腐动物。有些是滤食性动物［如穴居泥虾（mud shrimp）和鼹鼠蟹（mole crabs）］，但碎屑通常是其主要食物。该群体中的许多物种经济价值极高，它们与软体动物共同构成了贝类产业（李新正，2020）。

还有其他几个海洋动物门，只是它们由少数物种组成，或者它们在底栖群落中通常并不丰富，因此并未提及。由于目前采样设备不够先进，所以对某些底栖动物收集不全，知之甚少。因此，它们的生态作用还有待研究。

5.2　海洋游泳动物

鱼类在游泳动物中占比最大，但大型甲壳类动物、鱿鱼和相关头足类动物、海蛇、海龟和海洋哺乳动物在某些地区可能是重要的游泳物种。大型游泳动物（nekton）和海鸟在捕食方面对海洋生物群落有着深远的影响。此外，许多这些动物在商业收获中都是重要的食物、皮毛或其他商品的来源。鱼类在目前的海洋捕捞中占主导地位，鱿鱼被捕捞的数量越来越多。公众保护海洋哺乳动物和海龟物种的要求带来的压力，使其捕捞量正在下降。

5.2.1　甲壳类动物

95%的商业捕捞甲壳类动物是由拖网捕捞的底栖生物。然而，因为磷虾

（euphausiids）特别丰富，可以作为可开发资源，受到了相当大的关注。南极磷虾（*Euphausia superba*）是一种生活在南极洲水域的磷虾，又名"黑眼虾"，身体呈粉色，有发光器官，可以产生光。南极磷虾对环境的适应能力较弱，通常在50 m深左右的海水表层活动。虽然很少用于人类食物，但这些大型（5～6 cm长）的磷虾可以晒干并加工成牲畜、家禽和养殖鱼类的饲料。俄罗斯和日本船队从20世纪60年代开始捕捞磷虾，1986年的最高捕捞量为44.6万t。结合南极磷虾生长模型和声学方法，南极磷虾的最新生物储藏量估计在3.79×10^8 t左右（Atkinson等，2009）。

然而，在偏远的南极捕鱼的经济成本相对较高，尽管磷虾形成了巨大的群体，但群体分布广泛，有时位于150～200 m的深处。当然，也可以通过回声探测确定磷虾群体的位置，大型渔船的单次捕捞通常可能会捕获10 t磷虾。清除大量磷虾（包括恢复鲸数量）对南极生态系统种群平衡的影响尚不清楚，但磷虾是南极食物网的核心，因此必须谨慎扩大其捕捞量。

在日本东北海岸，还有一种较小的太平洋磷虾（*Euphausia pacifica*）的商业捕捞。这种特殊的渔业取决于这样一个独特的事实，即在这个地区，春季该磷虾很容易在表层形成群体，因此易捕获。每年约6万t的收成主要被加工用作养鱼场的饲料。磷虾能够提供丰富的蛋白质和维生素A，后者被认为可以改善养殖鱼类的肉质和色素含量（王兰等，2013）。我国海域具有软甲纲真软甲亚纲真虾总目磷虾科7属48种（刘瑞玉，2008）。

巨螯蟹（*Macrocheira kaempferi*）是节肢动物门软甲纲十足目蜘蛛蟹科巨螯蟹属的唯一的物种，别名甘式巨螯蟹、日本蜘蛛蟹，亦是世界上现存的体形最大的甲壳动物（Griffioen等，2022）。它有10条腿，外形酷似蜘蛛，所以又叫蜘蛛蟹。爪到爪的长度可达3.7 m，身体大小38～41 cm，体重可达20 kg。雄性比雌性大。巨螯蟹虽然外表凶猛，但性情温和。它们习惯群居生活，主要生活在深海，只有春季才到浅海来繁殖。成年巨螯蟹生活在600 m深的水下，而幼年则经常在浅水（50 m深）处出没。大多仅限于日本列岛，通常在北纬30°～40°之间，在俄罗斯远东和澳大利亚，以及中国台湾东部的苏澳也曾发现过这种螃蟹。

5.2.2 头足类动物

鱿鱼、墨鱼和章鱼是软体动物中的头足类动物。鱿鱼约占目前头足类动物捕捞量的70%，估计其捕捞量可能会继续增加。保守估计，全球鱿鱼的潜在捕捞量为每年1 000万t。尽管鱿鱼数量众多，但令人惊讶的是，人们对许多物种的生物学和生态学知之甚少。我国海域头足类有30科61属125种（刘瑞玉，2008）。

鱿鱼的体形大小差异巨大。小的不过几厘米，大的长达20 m。所有鱿鱼都靠推进力游泳，从虹吸管中喷出水柱。这些流线型的头足类动物在游泳能力和操纵性方面与鱼类不相上下。一些较大的鱿鱼物种的速度约为10 m·s^{-1}。它们也是一些鱼类的竞争对手，因为鱿鱼通常每天吃相当于体重15%～20%的食物，捕食各种浮游动物以及小鱼和其他鱿鱼。

大王酸浆鱿（*Mesonychoteuthis hamiltoni*）是海洋里最大的无脊椎动物，主要生活在南极大陆的300～4 000 m之间的深海区域，又称巨小头鱿、巨枪乌贼，身长5～15 m，体重在50～400 kg之间（Rosa等，2017）。它们的血液呈蓝色，具有8条短腕和2条触腕，其中一条是长触腕，另一条是普通腕。其触腕上有约5 cm大小的弯曲爪，可以用于捕捉猎物或自我防卫。普通的腕足上生有可以360°旋转的倒钩，类似于老虎的利爪，最长可以达到8 cm，在鲸脂中能轻易划出约5 cm深的伤口。雌性比雄性更常见，迄今为止发现的大多数是雌性。

北太平洋巨型章鱼，是软体动物门头足纲八腕目蛸章鱼属的一种巨型章鱼，又名北太平洋巨人章鱼，因曾发现重达71 kg的个体，故被认为是最大的章鱼（Brewer等，2012；Brewer等，2017）。它们通常体重约15 kg，臂展可达4.3 m，头部呈球形，皮肤呈现红褐色。在受到外界干扰时，外表的色素细胞可以发生变化，甚至可以迅速适应周围环境，与各种复杂的图案如珊瑚、植物、岩石相融合。情绪的不同体现在体色的变化上，白色象征着恐惧，红色则代表着愤怒。它有8只腕足，每只腕足上分布着280个吸盘，这些吸盘上还配备着成千上万个化学感受器，使得它的触觉和味觉极为敏锐，对于捕食起着重要的作用。双眼位于头部两侧，观察力异常敏锐。章鱼身体具有收缩能力，唯一硬的部分是嘴巴。只要能通过嘴巴的地方，就能通过整个身体。它们虽然可以40 km·h⁻¹的速度爆发前进，但通常更喜欢在底部缓慢移动。北太平洋巨型章鱼主要以虾、蛤蜊、龙虾、鱼类为食，好独居，倾向于长时间在巢穴中生活，只在觅食、繁殖或感到威胁时会外出。它们的具体数量仍然未知，不属于受威胁的动物，并且没有天敌。它们遍布太平洋不同温度的水域，从加州南部到阿拉斯加，从阿留申群岛西侧到日本，都可目睹它们的存在。

5.2.3　海洋爬行动物

适应海洋环境的爬行动物相对较少，主要包括海龟和海蛇。它们通常有厚厚的皮肤能防止干燥，其中少数还有泌盐腺，因此能生活在海洋里。

全世界现存7种海龟，分属2科6属，都是濒危物种（夏中荣，2008）。海龟通常生活在热带水域，但有些会迁徙或被洋流带到温带海岸。一些海龟在开阔的海洋中以水母或鱼类为食，其他海龟（如：绿海龟，*Chelonia mydas*）以浅海的海草为食，但所有海龟都会进行长距离迁徙以返回陆地，以便在沙质海岸的特定筑巢地点产卵。卵的死亡率很高，它们可能被天敌吃掉，也可能被人类攫取。新孵化的幼体死亡率也很高，因为它们在返回海洋的过程中会被鸟类和螃蟹捕食，在回到海洋后的早期生活中也有可能被掠食性鱼类捕食。成体因其肉和装饰性龟壳而几乎被猎杀至灭绝。所有海龟现在都被认为是受威胁或濒危物种，许多国家都采取了保护措施，包括禁止捕捞和进口海龟产品。印度−太平洋和加勒比地区的一些地方正在努力收集海龟卵并将其保存到孵化，然后将幼龟直接释放到海里。这些保护措施能否恢复群体数量还有待观察。

棱皮龟（*Dermochelys coriacea*）也叫大西洋棱皮龟、太平洋棱皮龟，属于脊索动物门爬行纲棱皮龟属，是世界上龟鳖类中体形最大的一种，外壳长1 ~ 1.5 m，宽0.5 ~ 0.9 m，高0.3 ~ 0.5 m，重可达100 kg。棱皮龟主要栖息于热带海域的中上层，偶尔也见于近海和港湾地带，为杂食动物，以虾蟹、软体动物、小鱼及海藻为食。产卵期长，全年均可进行，但主要集中在5—6月。雌龟一年中可产卵数次。

全世界的海蛇仅有55种左右，约占现代蛇类的2%。由于终年生活在海水里，海蛇与陆地蛇类在结构上有较大的不同。一般体形较小，成年海蛇一般体长1 m多，绝大多数不超过2 m。海蛇的舌下有盐腺，具有排出随食物进入体内的过量盐分的机能。海蛇通过鼻孔和肺部呼吸空气。海蛇的肺非常发达，可从头部延伸到尾部。呼吸时头部伸出水面，吸入新鲜空气后又潜入海里。浅海的海蛇在水下时间较短，一般不超过30 min；深海的海蛇潜水时间较长，可达3 h。尾部侧扁如桨，甚至躯干后部也略扁。尾部是游泳的主要器官（张士璀等，2017）。它们是真正的海洋动物，栖息在沿海河口、珊瑚礁或开阔的热带水域。以小鱼或鱿鱼为食，用尖牙注射毒液杀死猎物。海蛇毒性极强，虽然并非所有海蛇都具有攻击性，但它们也会造成人类死亡。除了海雕（sea eagles）、鲨鱼和咸水鳄之外，它们几乎没有天敌。海蛇的分布目前仅限于印度洋和太平洋的温暖水域。

此外，还有1种蜥蜴和1种鳄鱼，也可以生活在海洋中。

5.2.4　海洋哺乳动物

海洋哺乳动物有3个目，它们从不同的陆地祖先进化而来，并独立适应了海洋中的生活。这3个目分别是：① 鲸目（Cetacea），包括鲸、海豚和鼠海豚；② 食肉目（Carnivora），包括海豹、海狮和海象；③ 海牛目（Sirenia），包括儒艮、海牛。它们都具有温血（恒温）和哺乳幼崽的哺乳动物特征，并且都依赖呼吸空气（祝茜，2004）。鲸目和海牛目的后肢退化，海牛目和鲸目之间的区别主要在于前者具有肥厚的嘴唇和颈（张士璀等，2017）。

海洋的鲸目动物有90种左右，如鲸、鼠海豚和海豚。这个群体的祖先是大约5 500万年前进入海洋的陆地动物。其中最大的是须鲸，还包括有史以来最大的动物——蓝鲸，其身长可达31 m。

须鲸（baleen whales）是一个单独的亚目（Mysticeti），约有10种。与最大的鲨鱼一样，这些巨大的鲸中的大多数主要以浮游动物为食，它们通过被称为须根或鲸须的特殊角质板过滤浮游动物。刷状的须根从两侧的口腔顶部垂下，聚集在须根上的食物会定期被鲸的舌头吃掉。座头鲸和长须鲸也能够捕获相对较大的鱼群，如鲭鱼和鲱鱼。灰鲸以底栖动物为食。一些大型须鲸（如灰鲸、座头鲸）进行广泛的季节性迁徙，通常冬季在热带水域繁殖，夏季向极地迁徙觅食。较小的鲸目动物不会进行长距离迁徙，而是随着食物供应或身体变化而移动。

蓝鲸（*Balaenoptera musculus*）是须鲸属的一种，也是地球上最大的哺乳动物之一，身长可达31 m，重达180 t，雌性比雄性大。它的巨大身躯使其能够轻松地维持恒定体温，同时利用海洋的浮力支撑自己的重量。蓝鲸最喜欢栖息在温暖海水和冰冷海水的交汇处，因为冰冷的海水中富含大量浮游生物和磷虾，而蓝鲸通常以这两类生物为食。蓝鲸分布广泛，尤其在南极海域数量最多，主要栖息于水温5～20 ℃的温带和寒带冷水域，偶尔也会出现在我国的黄海、台湾海域。蓝鲸的呼吸频率很低，差不多每隔10～15 min才露出水面呼吸一次。在呼吸过程中，先将体内废气从鼻孔排出，再吸入新鲜氧气。当蓝鲸露出水面呼吸时，其喷射的废气可飘至约10 m高，携带着周围海水一同被卷起，海面上形成壮观的水柱，远观如巨型喷泉，伴有火车鸣笛般的响亮声音，被人们称为"喷潮"。根据蓝鲸喷潮时喷气的高度和形状以及发出的声音，可以判断它的存在。蓝鲸通常不会潜水超过100 m，但个别个体有可能潜入到500 m的深处，潜水可持续10～20 min，然后连续进行8～15次喷气（Carol等，1997）。

齿鲸亚目（Odonticeti）包括66种鲸目动物，它们都有牙齿，其特征是只有一个气孔，而不是两个。齿鲸包括除须鲸之外的鲸、海豚和鼠海豚。齿鲸是海洋中可怕的捕食者，以鱿鱼或鱼类为食，甚至是其他鲸、海豹和海狮。与一些须鲸不同，这些动物不依赖于水面上的猎物，它们可以潜水到几百米深。抹香鲸（*Physeter macrocephalus*）拥有海洋哺乳动物中潜水最深的纪录，它会下降到2 200多米处寻找巨型鱿鱼。一些齿鲸通过回声定位来捕食猎物，它们发出声音脉冲并监测回声。有些物种在捕获猎物时表现出合作行为（Carol等，1997）。

抹香鲸是齿鲸亚目抹香鲸属的大型海洋哺乳动物，也是群居动物，它们常常以少数雄鲸和大批雌鲸、幼鲸组成数十甚至几百只的大群，游泳速度极快，每小时可达十几海里。从赤道到两极的所有不结冰的海洋中，都能发现它们的踪迹。抹香鲸长 11 ~ 20 m，成年体重 25 ~ 45 t。头部特别大，几乎是身体长度的 1/4 ~ 1/3。它们有着动物界中最为庞大的脑袋，约占据身体的 1/3，远远望去犹如一只蝌蚪。这种体形使得抹香鲸在潜水时更具有优势，成为世界上潜水深度最大、持续时间最长的动物之一。

抹香鲸属于食肉动物，其饮食习惯主要是吃大型乌贼、章鱼、各类鱼以及海洋哺乳类动物，尤其钟爱捕食深海的大王酸浆鱿（巨枪乌贼）。被抹香鲸所吞噬的猎物大部分会快速被消化分解，但是其喙状口器、眼睛晶状体和羽状壳等无法被完全消化的部分会在肠道内逐渐形成"结石"，最终会被排出体外。抹香鲸新排出的结石质地柔软，色泽浓重，有着一股难闻的气味。漂浮在海上经受风吹日晒和海水冲刷的作用，最终变得质地坚硬，颜色逐渐褪去，陈化为一块蜡状固体物质——龙涎香（刘济滨等，2004）。

虎鲸（*Orcinus orca*），是海豚科中体形最大的物种，是海洋生物中的巨人，身形庞大，被称为逆戟鲸或杀人鲸，体长在 8 ~ 10 m，体重约 9 t。喜欢在水下 300 m 深处觅食，在此深度几乎没有对手。虎鲸是高度社会性的动物，2 ~ 3 头组成小群或 40 ~ 50 头组成大群，族群内部的成员在 100 m 范围内共同游动，并协调彼此的行动。它们共享捕食对象，很少离开集体达几小时之久。虎鲸每天游泳长达 160 km，常常跃身而起，探出水面，还可能用尾鳍或胸鳍拍击水面。在海湾的浅水地带，它们也会利用尾巴上的凹痕勾拉海藻，并发出轻柔的"呼呼"声。虎鲸的游泳速度达到 55 km·h^{-1}，可以憋住呼吸大约 17 min。在气温适中的情况下，它们通常喷出矮小且扭曲的水柱。虎鲸喷出的水柱呈倾斜状态，既宽又矮，与须鲸水柱形状迥然不同。虎鲸主要栖息在极地地区和温带水域，但它们似乎不受水温、深度和其他因素的限制，可以在从赤道到极地水域的几乎所有海洋区域觅食。虎鲸通常在 20 ~ 60 m 的深海中游弋，也偶尔会探访海岸线的浅水区或者深入 300 m 的海域搜寻食物。它们在极地地区生存的密度相当大，尤其是在那些猎物资源丰富的海域。它们通常会根据猎物的迁徙路径或者为了提高捕食成功率而改变活动范围，时间主要集中在鱼类繁殖季节和海豹的繁殖期。南极海域的一些虎鲸常年生活在那里，而北极地区的虎鲸很少靠近浮冰，其中部分个体有着广阔的活动范围。

海洋哺乳动物的食肉目包括海豹（seals）、海狮（sea lions）和海象（walruses）。这些为人所熟悉的动物在分类学上被称为鳍足动物（鳍足目，pinnipeds），这一名称是用"羽毛足"（feather-footed）来描述它们的4个游泳鳍。与鲸相反，这些动物的一部分时间都聚集在陆地或浮冰上繁殖和休息。32种鳍足动物分布在世界各地的海洋中，贝加尔湖有一种淡水物种，但大多数物种和最大的种群都在北极和南极的冷水中。大多数海象主要以鱼类或鱿鱼为食，但海象也会用它们的象牙从海底挖掘软体动物和其他底栖动物。鳍足动物通常成群生活和迁徙，有些可能会在海上进行长途迁徙。

过去，海豹和海狮因皮毛和油脂而被大量捕获，海象因象牙而被大量捕杀，但现在大多数物种的狩猎压力已经减轻。然而，加勒比海僧海豹（Caribbean monk seal）仍被认为已经灭绝，夏威夷和地中海僧海豹（Mediterranean monk seals）依然濒临灭绝（Carol等，1997）。

海牛（manatees）和儒艮（dugongs）属于哺乳动物海牛目（Sirenia），共有4种。它们是唯一一类草食性水生哺乳动物，依靠较大的植物而不是藻类来获取营养。它们的食物需求限制了它们生活在浅海、河口和河流中。这4个物种都生活在温暖的水域，不会登陆。海牛和儒艮被认为是高度群居的动物，因为旧的记录显示，在狩猎导致它们数量锐减之前，这些动物聚集在一起。由于其近岸栖息地和缓慢而平静的行为，海牛类动物特别容易受到狩猎压力的影响。在许多文化中，它们因肉、油和皮而受到珍视。儒艮曾经分布广泛，包括大西洋海域。现如今，仅分布于印度洋和太平洋。所有的3种海牛都只生活在热带大西洋水域。

5.2.5　海洋鸟类

与海洋爬行动物和哺乳动物一样，海鸟指的是以海洋为生存环境的鸟类，是从重新适应海洋生活的陆地物种进化而来的。现在有260~285种海鸟。这些物种约占世界鸟类的3%。海鸟可以被细分为两大类：一类是海岸鸟（shorebirds），也就是常年生活在近岸海域的海鸟，属于"半海洋性"海鸟，依赖来自海洋的食物，但不能游泳；另一类是海上鸟，也就是大洋鸟，是真正的海鸟，如海雀、信天翁、海燕、企鹅和塘鹅，最适应海洋环境，其一生的大部分时间都生活在海上或者飞跃大海（张士璀等，2017）。

海鸟与陆生鸟类的形态特征差异不大，主要体现在海鸟具有泌盐腺，可以排出体内多余盐分。另外，许多种类的海洋鸟类也发展出不同的觅食方法和捕食不同类型的猎物，这反映在喙和翅膀结构的物种差异上。一些物种〔剪嘴鸥（skimmers）、海鸥（gulls）、海燕（petrels）〕从海洋表层掠过漂浮生物，其他物种〔鹈鹕（pelicans）、燕鸥（terns）、塘鹅（gannets）〕则潜入更深的水中捕食浮游动物、鱿鱼或鱼类。企鹅（penguins）、鸬鹚（cormorants）、海鸦（murres）和海鸭（puffins）在水下积极追捕猎物，用翅膀或脚游泳。尽管帝企鹅（emperor penguins）可能潜入250 m或更大的深度，但大多数海鸟基本上都在海洋的最上层潜泳捕食。海鸟捕食对海洋表面生命的影响往往被忽视，但可能相当大（Carol等，1997）。

尽管海鸟在世界各地都有发现，但最大的群落位于食物丰富和集中的高产海洋地区附近。数以百万计的企鹅（有6种）生活在南极，它们依靠大量的磷虾或富饶海洋中丰富的鱼类和鱿鱼为食。同样，大量的鸟类在南美洲西部上升流的沿海地区形成群落。在海上，鸟类经常沿着海洋锋面形成觅食群体，与上升流区域一样，这些锋面具有相对较高的生物生产力。低生产力的热带地区的鸟类数量要少得多。海洋环境的季节性变化可以反映在鸟类的分布上，一些物种为了应对季节性的食物供应和适合繁殖的天气而进行长时间的年度迁徙。

海鸟的种群密度呈现出自然波动，这可能是由气候变化和猎物可用性的波动引起的。在进化过程中，鸟类进化出适应能力，使其能够在一系列自然气候变化中生存。但不幸的是，人类活动越来越多地成为海鸟新的死亡来源，而这些死亡的发生会阻碍进化适应。

所有海鸟都依赖陆地上的筑巢地繁殖，也正是在这里，它们遇到了最大的威胁。陆地上的海鸟特别容易受到捕食，它们很难保护自己、卵和幼崽免受陆地哺乳动物和蛇的攻击。许多物种在难以接近的岩石岛上筑巢，这些岛屿自然没有哺乳动物捕食者，却存在许多故意或意外引入猫、老鼠、猪等捕食者的例子，导致鸟类群落的干扰或破坏。

　　一些海鸟被利用来获取羽毛、肉、蛋或油脂，历史上，有一个物种就这样被消灭了。这就是大海雀（*Pinguinus impennis*），它只生活在北大西洋的一座孤岛上。这种鸟在生态上相当于南部的企鹅；和企鹅一样，它很大（高达1 m），不会飞，会潜水追捕海洋猎物。大海雀于1534年被发现，当时有几十万只鸟，但在300年内被猎杀灭绝。起初，为了生存，当地渔民猎杀这些海鸟，后来这些海鸟被商业化地收获羽毛和油。最后一只大海雀1844年6月3日在芬克岛（Funk Island）被杀死。成千上万的大海雀尸体被丢弃在岩石岛上，为草类的生长提供了肥料。今天，这个岛是海鸦（murres）和海雀（puffins）的避难所（Carol等，1997）。

　　海鸟越来越多地因沿海的各种污染而死亡。在船只的漏油事件中，海鸟通常是最明显的受害者。石油污染的影响太过众所周知，无法在这里一一记录。虽然大多数泄漏都是局部发生的，但造成的死亡率可能很高。例如，据估计，阿拉斯加的埃克森瓦尔迪兹号（Exxon Valdez）油轮漏油事件造成50万只鸟类死亡。农药残留沿着食物网向上移动，并在海鸟体内积累，导致蛋壳变薄，鹈鹕（pelicans）、鱼鹰（ospreys）和其他物种的孵化成功率降低。其他进入海洋并可能影响鸟类的有毒化学污染物包括有机氯、多氯联苯和汞等重金属。同样令人担忧的是，随着海岸线的开发，海鸟觅食和繁殖栖息地也会持续丧失。

　　捕捞活动的增加也影响了海鸟的数量。在北大西洋和太平洋，大量鸟类被误捕并淹死在流网（driftnets）中。在挪威，由于过度捕捞未成熟鲱鱼，以其为主要食物的海雀（puffins）数量有所下降。

　　与许多其他动物的情况一样，海鸟也面临着新的致死因素和更快的变化速度。过去6 000多万年的进化经验对于它们建立防止石油泄漏和捕获的防御机制几乎没有价值。对于那些繁殖力低、需要很长时间才能达到繁殖年龄的海鸟来说尤其如此。对于某些物种来说，其持续生存的希望可能更取决于人类的立法和强制保护，以及对鱼类种群、筑巢和繁殖栖息地的保护。

5.2.6　海洋鱼类

鱼类是海洋脊椎动物中种类最多的一类。它们在分类上可分为以下三类：

无颌类（Agnatha）。这一类包括最原始的活鱼：无颌七鳃鳗（jawless lampreys）和盲鳗（hagfish）。这两种纲以前合称圆口纲（Cyclostomata），共120多种，其中93种终身或季节性分布在海洋（张士璀等，2017）。这个群体大约在5.5亿年前的寒武纪进化而来，但目前只有大约50个物种。

软骨鱼类（Chondrichthyes）。属于这一类的鲨鱼、鳐鱼和魟鱼也被称为弹性体鱼；它们的特征是具有软骨骨骼，没有鳞片。这也是一个古老的群体，大约在4.5亿年前首次出现，目前大约有300个物种。

硬骨鱼类（Osteichthyes）。这一类包括有真正骨架的硬骨鱼。这是鱼类中进化最成功的群体，大约有超20 000种海洋物种。硬骨鱼大约在3亿年前进化而来。

无颌类体呈鳗形，可分为头、躯体和尾三部分。头部有口，但无上下颌，故称为无颌类。也没有成对的偶鳍，只有奇鳍。盲鳗和七鳃鳗的身体细长，像鳗鱼一样，没有鳞片。嘴周围有一个吸盘，大多数物种都是其他鱼类的捕食者。食腐的盲鳗钻入死亡或垂死猎物的体内，以内部为食。七鳃鳗是寄生鱼类，它们通过吸盘状的圆盘附着在鱼身上，并切入鱼肉，以柔软的部位和体液为食。所有的盲鳗都是海洋鱼类，而有些种类的七鳃鳗是淡水鱼类。就连七鳃鳗中的海洋物种也有一部分时间生活在淡水中。幼崽生活在河流中，以小型无脊椎动物和鱼苗为食，经过变态后，再迁移到海里完成发育（Carol等，1997）。

软骨鱼类的内骨骼全部由软骨组成，无硬骨。鲨鱼（sharks）通常被认为是快速游动的贪婪捕食者，会吃掉大型猎物，但许多鲨鱼也会在海洋中充当食腐动物。矛盾的是，这个群体中最大的成员是温顺的浮游生物；其中包括分别能长到14 m和20 m的姥鲨（basking shark，大鲸鲨，*Cetorhinus maximus*）和鲸鲨（whale shark，*Rhincodon typhus*）。这两个物种都有小牙齿，并使用经过特殊改造的鳃从水中分离浮游生物。鳐鱼（rays）的身体扁平，大多数都适应了底栖生活，是底栖生物（尤其是甲壳类动物、软体动物和棘皮动物）的捕食者。但也有一些以鱼类为食，大型蝠鲼（manta rays）以浮游生物为食（Carol等，1997）。

鲨鱼和鳐鱼通常具有内部受精和低繁殖力，只产生少量相对较大的卵。鳐形目在附着在基质上的保护壳中产卵，幼崽在几周或几个月内从这些保护壳中孵化出来。

人们对鲨鱼肉和鱼翅的需求越来越大，后者在亚洲被认为是一种美味佳肴。在捕鱼活动加剧的地区，鲨鱼的数量急剧下降，但许多鲨鱼也是在其他物种的商业捕鱼活动中偶然捕获的。

公牛真鲨（bull shark，*Carcharhinus leucas*）又称河口鲨鱼、河口捕鲸鲨、牛鲨、公牛鲨，是软骨鱼纲真鲨科真鲨属的一种鲨鱼。成年的真鲨体长可达230 cm，最大的能超过3 m。寿命长达14年。公牛真鲨分布范围广泛，涵盖印度洋西岸、北海沿海、太平洋和大西洋南北纬40°之间的区域，在中国的分布主要集中在中国台湾东北及东部海域（Parmegiani等，2023）。它们的生存环境范围广泛，能够适应各种盐度和水质混浊的情况，甚至在热带湖泊和河流中找到栖息之地。成鱼通常定居于海洋，而幼鱼和年轻鱼类则更喜欢栖息在河流之中。它们喜欢栖息在沿海、港口、河口、海湾、潟湖、河川或湖泊等地方，从水面一直深入到水下152 m，偏好于深度不超过30 m的浅海生活。

噬人鲨（*Carcharodon carcharias*），又称为大白鲨、食人鲛，是软骨鱼纲板鳃亚纲鼠鲨科噬人鲨属动物，体长最大可达8 m，性情凶猛，掠食各种鱼类、头足类、蟹类、海鸟、海龟、动物腐尸等，一般在海下1 000 m处活动，速度可以达到3.2 km · h⁻¹，有袭击船只及攻击人类的记录，是最凶残鲨鱼之一。噬人鲨是一种生活在海洋上层的大型凶猛鲨鱼，广泛分布于世界各大洋的沿岸海域。主要栖息在温带海洋，也有一些个体出现在热带水域，并偶尔进入寒冷的北方水域。在亚洲地区，它们的主要栖息地包括中国的东海和台湾东北海域以及南海（Jewell等，2024）。

双吻前口蝠鲼（*Manta birostris*）属于软骨鱼纲鲼科前口蝠鲼属，是一种身体扁平、体盘很宽、很像蝙蝠的鱼类。一般长5～6 m，最长的约9 m，最重的有3 t，庞大的身躯使其免受很多海洋动物的袭击。它们一般在水下120 m左右的地方游动，喜欢在温暖的岸边寻找食物，寿命在40年以上（Stewart等，2016）。主要栖息于全球各地的热带、亚热带和温带水域，中国沿海地区都有它们的身影，主要南北纬35°左右。

锯鳐（*Pristis* spp.），在分类地位上属于软骨鱼纲锯鳐科锯鳐属。体长5.4～7.6 m。分布于澳大利亚、苏里南、孟加拉国等地区。锯鳐是暖水性底栖鱼类，通常在海水和淡水中交替生活，一般栖息于世界热带及亚热带浅水区，有些也生活在近岸海区和河口，栖息于水深不超过10 m的浅水区域，有些进入江、河、湖泊等淡水环境中生活。甚至有些物种完全栖息在河口或河流上游（Carol等，1997）。

最为人们熟悉的硬骨鱼是商业捕捞的硬骨鱼类，由于其经济重要性，人们对这些特定物种的生物学了解更多。这些鱼以不同的猎物为食，这取决于它们的大小、位置和不同时间猎物的可用性。有些是严格意义上的浮游生物捕食者，有些是食鱼动物（食鱼者），还有些两者兼而有之。这些鱼类中数量最多的鱼类营养水平较低，包括鲱鱼、沙丁鱼以及凤尾鱼，它们都主要以浮游动物为食，尽管成年凤尾鱼也可以直接以形成大链的硅藻为食。较大的鱼类，如鳕鱼、无须鳕，可能以捕食小型浮游动物开始它们的生命，幼鱼阶段，它们会转而捕食较大的浮游动物（如幼足类），成年后变成食鱼动物。远洋硬骨鱼是食鱼物种，如金枪鱼（tunas）、狗鱼（jackfish）和梭鱼（barracuda）。一些鱼类，如鳕鱼（cod）、黑线鳕（haddock）和无须鳕（hake），既在中层水域也在海底觅食，能够捕捞鱼类或底栖无脊椎动物。真正的底栖鱼类在海底或海底附近度过所有的生活，其中一些（如比目鱼）只以底栖生物为食（蛤蜊、蠕虫和甲壳类动物是受欢迎的食物），而另一些（如大菱鲆）则吃小鱼。

生活在深水（300 m以深）的鱼类数量不如表层鱼类，也没有被商业开发。大约1 000种中上层鱼类中，物种和个体数量最多样的是大约300种口足类鱼类（stomiatoids）和200～250种灯笼鱼（lantern-fish，也称为myctophids）。生物发光在这两个群体中都很常见，产生的光可用于引诱或定位猎物，或用来在黑暗的深处寻找配偶。

　　大多数中上层鱼类体形较小，成熟时长度为25～70 mm；最大的中上层物种长约2 m。许多口足类鱼类都有细长的、近似流线型的身体。石首鱼（stomiatoid fish）通常有巨大的下颌和许多锋利的牙齿，它们以浮游动物、鱿鱼和其他鱼类为食。一些物种有能力摄取大型猎物，许多物种有可扩展的消化器官来容纳大型食物。最著名的是环梭鱼（Cyclothone），包含许多物种，这些鱼在200～2 000 m深的海域形成大型鱼群。较浅海域中生活的物种是银色的或部分透明的；较深海域中的物种通常是黑色。灯笼鱼进行昼夜垂直迁徙，有些上升到水面以浮游甲壳类动物和毛颚类动物（chaetognaths）为食，这一群体也是金枪鱼、鱿鱼和鼠海豚的主要食物来源。灯笼鱼的长度从25 mm到250 mm不等。许多鱼在光信号排列上表现出性别二态性，这表明它们可通过光模式中的个体差异来区分性别（Carol等，1997）。

　　在深海（1 000 m以深），鱼类的数量大约会减少六倍。最大的多样性存在于大约100种左右的角鲨（ceratioid angler-fish）中，之所以这样说，是因为雌性在嘴前悬挂有生物发光特性的诱饵。在深水中，种群数量在减少，随着潜在配偶越来越难找到，一些鱼类（以及一些无脊椎动物）的繁殖和发育模式与浅水物种有很大不同。一种极端的策略已经在一些琵琶鱼（angler-fish）中发展起来，其中年轻的雄性自由生活，但后来会附着在雌性身上。雄性经历形态转变，保持较小的体态（约15 cm长）；它们作为外部寄生生物生活在更大的（约1 m长）、自由生活的雌性身上，但用途仅在于授精。大嘴鳗鲡（gulper eels）也是深海区的居民。这些深色、细长的鱼，有漏斗状的喉咙，长度为1～2 m，能够吞下大鱼作为猎物。虽然一些物种将卵附着在基质上，但大多数会产下大量漂浮的卵，孵化而成的幼鱼成为浮游生物的一部分。硬骨鱼通常会多次产卵，这些特征使它们的种群比软骨鲨鱼和鳐鱼更不容易因为过度的商业捕捞而损伤（Carol等，1997）。

　　大多数表层鱼类的游泳能力使它们不受洋流的影响，能够从一个地区迁移到另一个地区，在食物供应或繁殖地点等方面选择有利的条件。尽管许多物种可能在几百到几千千米的海洋中迁徙，例如在觅食区和产卵区之间，但也有其他鱼类能在海洋和淡水之间迁徙。

鲑鱼、鲟鱼、鲱鱼、香鱼（smelt）和海鳗，属于溯河产卵的鱼类（anadromous fish），在淡水中繁殖，幼体会迁徙到海里，在那里度过它们成年后的大部分时间。在海上度过的时间长短因物种而异，但成体最终会返回其特定的淡水地点进行繁殖和产卵。一些物种，如太平洋鲑鱼（Pacific salmon），在交配后死亡；但其他鱼类，如大西洋鲑鱼（Atlantic salmon），交配后并不会死亡，可能还会多次返回繁殖地（Green等，2022）。

下海产卵的鱼类（catadromous fish）是指在海洋中繁殖产卵，成年后大部分时间都在淡水中度过的鱼类。距离最长的迁徙纪录是由美洲鳗（*Anguilla rostrata*）和欧洲鳗（*A. Anguilla*）保持的。它们的成体从欧洲和北美东部的河流迁徙到马尾藻海的繁殖地，在那里它们在深水中产卵，然后死亡。幼体在海上停留1～2年，然后分别到达美洲和欧洲海岸；在那里，它们变态成进入河口和淡水河的幼鳗（elvers）。它们在淡水栖息地停留8～12年，然后作为成年个体返回大海（Aldinger等，2017）。

第6章　海洋生物地理学

6.1　概念和其发展简史

海洋生物地理学（marine biogeography）主要研究生物在海洋水体中分布时空格局、形成过程机制、变化规律及其影响因素，涉及海洋生物学、海洋地理学、海洋生态学和海洋地质学等，是一门典型的交叉学科。其核心是探究物种在海洋地理空间上的分布模式及特征、不同区域物种群落的形成和发展规律、现存物种起源、物种迁移与扩散、生物多样性与生态系统保护、物种适应性与地理环境的关系，对于理解海洋生态系统、保护生物多样性以及实现海洋资源的可持续利用等方面具有重要意义。在时间尺度上，生物地理学包括以当代动植物物种或亚种为研究对象的短时间、小尺度、小范围的生态生物地理学过程，也包括长期、大尺度、大范围的生物地理分布格局形成过程、变化及其机制，如古生代、中生代环境影响下生物的地理分布。

自18世纪至今，海洋生物地理学历经了从定性的自然描述到定量的科学分析，经过2个多世纪200余年的发展，其已逐渐形成了较为完备的理论科学体系。回顾发展历史，海洋生物地理学的发展大致可以分为3个阶段，具体如下：

1）第一阶段：前达尔文时代

传统上属于古典时期（18世纪中期—19世纪中期），早期多以博物学家如林奈（Carolus Linnaeus，1707—1778）、布丰（Georges Louis Leclere de Buffon，1707—1788）、德·康多勒（Augustin Pyramus de Candolle，1778—1841）和爱德华·福布斯（Edward Forbes，1815—1854）等的考察、探险

及开拓研究为代表。1772年7月，德国博物学家约翰·雷茵霍尔德·福斯特（Johann Reinhold Forster，1729—1798）与格奥尔格·福斯特（Georg Forster，1754—1794）跟随库克船长（Captain James Cook，1728—1779）进行了为期3年的环球航行发现之旅，期间观察并记录了生物类群和地理分区，并在1778年出版了 *Observations Made During a Voyage Round the World* 一书，阐释了植物群落和动物群落之间的关系，明确提出了植物群落类型可决定动物群落类型的观点（Forster，1996）。该阶段侧重于对当时物种、生物类群、地理分区的客观观察、真实描述及系统记录，积累了有关动植物区系地理分布特点及变化规律的知识，初步形成了扩散学说和隔离分化理论。

2）第二阶段：达尔文时代

生物地理学的概念在这一时期出现，该时期以达尔文进化论、生物迁移扩散和隔离分化学派理论为主。1859年11月，英国生物学家达尔文（Charles Robert Darwin，1809—1882）的著作《物种起源》在伦敦发表。该书以自然选择为中心，结合古生物学、生物地理学、形态胚胎学等多领域知识，从遗传变异、人工选择、竞争适应等多角度阐述了物种起源和生命演化，极大促进了生物地理学的发展。洪堡（Alexander von Humboldt，1769—1859）创立了植物地理学，提出了生态和等温线等概念。1860年，英国动物地理学家华莱士（Alfred Russel Wallace，1823—1913）基于自然选择和生物演化的理论，提出了区分东洋区和澳大拉西亚区的分界线，即著名的"华莱士线"。1957年，美国动物学家Philip J. Darlington Jr（1904—1983）提出"动物迁移的历史主要是优势类群的演替历史"，进一步证明了生物的迁移扩散，揭示了生物地理分布格局形成原因。

3）第三阶段：现代生物地理学时代

19世纪60年代以后，随着大陆漂移理论的复兴和板块构造学说的日益受关注，生物演化和生物地理分布理论的发展达到了前所未有的高度。生物地理学进入了全新期，学者更加关注物种扩散、地理隔离、生物分布区、生物谱系地理结构、种群连通性、生物地理格局影响因素，对海洋生物地理分布进行了详细的分析，并通过更为先进的观测技术和分析技术，尝试阐明并预测在气候变化和人类活动影响下的生物两极迁移、生物群落结构、生物多样性和生物地理分布格局变化，开展系统性海洋保护规划、生态修复等（Costello等，2017；Fan等，2023；Lu等，2023；Zhuang等，2023）。我国海洋生物地理学研究起步于20世纪30年代，贯穿于现代海洋科学研究中，涌现出了一批杰出的科学家，如张玺（1897—1967）、曾呈奎（1909—2005）、朱树屏（1907—1976）、刘瑞玉（1922—2012）、成庆泰（1914—1994）等，对我国近海生物主要经济动植物和常见海洋生物进行分类和区系研究。新中国成立后，我国多次系统组织了大规模的海洋调查，发表并出版了系列关于海洋生物时空分布的调研报告、研究论文和专业书籍，为我国现代海洋生物地理学发展奠定了基础。20世纪90年代后，随着分子生物学、生物信息学、系统发育学、地理信息学等新研究方法手段的产生，尤其是物种分布模型（species distribution model，SDM）的应用，我国海洋生物地理学逐步从客观描述向机制解析的方向发展（陈月琴等，1999；董云伟等，2024）。

6.2　海洋生物与环境

6.2.1　生物的分类

地球上的生物种类数量庞大且复杂，涵盖了从微小的微生物到庞大的哺乳动物等多个层次。目前已知的生物种类有250万种，其中全球已知的动物种类数量为150多万种，植物35多万种，微生物20多万种。作为一个庞大且多样化的群体，海洋生物已记录约21万种，仍有大量未知种类待发现和研究，预计实际的数量在这个数字的10倍以上。面对种类繁多的生物，生物分类有助于我们全面认识地球上的生物种类，确定保护生物多样性的关键区域和物种，理解它们的多样性和复杂性，推断出物种间的地理分布模式、共同祖先的起源等问题，为海洋生物地理学研究提供基础。生物分类正是研究生物的一种基本方法，其依据生物的相似程度（包括形态结构、生理功能等），根据生物的形态特征（如外部形态、内部结构、生殖器官等），基于生物的进化关系和生物的分子遗传特征（如DNA序列、蛋白质结构等）将生物划分为不同的等级。

形态分类是生物分类学中最早出现的分类方法，可以追溯到古代对自然界的认识和探索。古希腊哲学家亚里士多德（Aristotle）在《动物志》中记述了动物（包括蚂蚁）的生活习性和繁殖，开始将动物与其他生物区分开来。11世纪初期以后，受到封建神学的影响，对自然的研究（包括生物分类）受到了禁锢，这在一定程度上限制了形态分类学的发展。随着文艺复兴的兴起，对自然科学的研究开始复苏。这一时期，人们对自然世界的观察和研究逐渐增多，为形态分类学的发展奠定了基础。1758年，瑞典博物学家卡尔·林奈出版了《自然系统》第10版，为生物分类学（包括形态分类学）的发展奠定了基础。书中规定了物种的定义，创立了双命名法，并首次科学地建立了蚁科的模式属——蚁属（*Formica*）。1859年，达尔文《物种起源》的发表，极大地动摇了"物种不变"的思想，推动了生物分类学的进一步发展。达尔文的进化论为形态分类学提供了新的理论基础，使得分类学家开始从进化的角度考虑生物的分类。19世纪欧洲航海运动推进了蚂蚁分类学的进程，使得研究范围从发达国家向全世界扩展。这也为形态分类学的发展提供了更多的素材和实例。20世纪40年代以来，作为形态分类学的一个分支，蚂蚁分类进入了稳定发展的时期。随着技术的进步和研究的深入，形态分类学也在不断完善和发展。

然而，分类学主要依赖于生物的形态结构特征进行分类，这在一定程度上受到环境、遗传等多种因素的影响。此外，对于形态差异较小的生物种类，形态分类可能难以准确区分。随着分子生物学、基因组学等现代生物技术的发展，生物分类学逐渐向着更加精确、全面的方向发展。分子生物分类通过分析生物分子的遗传信息，能够更准确地反映生物之间的亲缘关系和演化历史。与传统的形态分类相比，分子生物分类不受环境、生理状态等因素的影响，结果更为客观。分子生物分类能够揭示生物在分子水平上的差异和相似性，为生物分类提供更为深入的信息。这些新技术为生物分类提供了新的方法和手段，也为形态分类学的发展提供了新的机遇和挑战。随着分子生物学技术的不断发展，分子生物分类也在不断完善和进步。例如，高通量测序技术的出现大大提高了DNA序列分析的速度和准确性；生物信息学的发展为分子生物分类提供了强大的数据处理和分析工具。未来，随着技术的进一步突破和创新，分子生物分类将在生物分类学中发挥更加重要的作用。

6.2.2 生物的阶层系统

生物的阶层系统，也被称为生物分类系统，是将生物按照其共同的特征进行分类、命名和描述的系统。在生物的阶层系统中，确定其共性范围的等级，用于将生物按照其共同的特征进行分类，以便更好地了解它们之间的关系和演化，称为生物阶元（taxonomic category）。这是生物分类学中的一个重要概念。阶元通常是根据生物的形态、行为、遗传等特征进行划分的，用于描述生物之间的亲缘关系和演化历史。生物阶元系统通常包括7个主要级别，由高到低依次为：

界（Kingdom）：最高级别的分类阶元，用于将生物分为3个大类，即动物界、植物界和原生生物界。

门（Phylum）：第二个级别的分类阶元，用于将生物进一步分为不同的门。例如，动物界可以进一步分为脊椎动物门、节肢动物门等；植物界可以进一步分为被子植物门、裸子植物门等。

纲（Class）：第三个级别的分类阶元，用于将生物进一步分为不同的纲。例如，脊椎动物门可以进一步分为哺乳纲、鸟纲等。

目（Order）：第四个级别的分类阶元，用于将生物进一步分为不同的目。例如，哺乳纲可以进一步分为食肉目、鼠形目等。

科（Family）：第五个级别的分类阶元，用于将生物进一步分为不同的科。例如，食肉目可以进一步分为犬科、猫科等。

属（Genus）：第六个级别的分类阶元，用于将生物进一步分为不同的属。例如，猫科可以进一步分为猫属、豹属等。

种（Species）：最小的分类单位，用于将生物进一步分为不同的种。每个种都有其独特的形态特征、遗传特征和行为特征。例如，江蓠属（*Gracilaria*）可以进一步分为真江蓠（*Gracilaria vermiculophylla*）、寻状江蓠（*Gracilaria edulis*）、脆江蓠（*Gracilaria chouae*）等。一个物种中的个体一般不能与其他物种中的个体在自然状态下进行基因交流，并在生殖上形成生殖隔离。物种是互交繁殖的相同生物形成的自然群体，与其他相似群体在生殖上相互隔离，并在自然界占据一定的生态位。

除了上述 7 个主要级别外，生物阶元系统还可以进行拓展和细分。例如，在各阶元之下可加入亚门、亚纲、亚目、亚科、亚属、亚种等，在各阶元之上又可加入超纲、超目、超科等。此外，在科以下有时还加入族、亚族，在属以下有时还加入组、亚组、系、亚系等。这些拓展和细分有助于更精确地描述生物之间的亲缘关系和演化历史。

6.2.3　物种及命名法

物种是生物分类学中的基本单位，由一群能够自然交配并产生可育后代的生物个体组成。它们与其他这样的群体在生殖上相互隔离，从而保持了物种的独特性和稳定性。弓石燕是 1918 年所命名的生物分类单元，至 1931 年，另一作者又将其命名为中国石燕。人参作为中药材，具有多种不同的名称。根据其产地不同，可以称为辽参、吉林参、高丽参、朝鲜参等；根据加工方法不同，有生晒参、糖参、红参、白参等名称；根据野生和栽培的不同，分别称为野参和园参等。虽然名称不同，但都指的是同一种植物——人参。木樨科丁香属的丁香花和桃金娘科蒲桃属的丁香花，虽然都称为"丁香"，但它们属于不同的科，具有不同的形态特征和生长习性。这种情况表明，尽管名称相同，但所指的生物分类单元可能不同。历史、地理、文化和命名规则的变化等原因造成同一生物分类单元被赋予了不同的学名。

为了避免发生混淆，国际上对生物的命名作出了统一的规定。目前最为通用的是"双名法（binomial nomenclature）"，每个物种都有一个唯一的拉丁名，由属名和种名（种加词）两部分组成，第一个词是属名（genus name），第二个词是种加词（specific epithet），属名在前，种名在后，采用拉丁文或拉丁化的文字。通常完整的学名后面还需包括命名人和命名时间，二者之间用逗号隔开。通过使用双命名法，生物学家能够更准确地描述和分类生物，有助于科学交流和物种识别，从而更好地理解生物物种及其多样性和演化。

目前，地球上有多少物种？根据《中国生物物种名录 2024 版》，中国境内共收录物种及种下单元155 364个，其中物种141 484个，种下单元13 880个。地球上的物种保守估计是1 250万种，但是根据美国史密森学会（Smithsonian Institution）热带生态学家和昆虫学家特里·埃尔温（Terry L. Erwin，1940—2020）提出的观点，地球上物种的总数远大于此，单是热带节肢动物或许就有3000万种。值得注意的是，海洋中物种的数量也是一个庞大的数字。根据全球海洋生物普查（Census of Marine Life）的初步结果，海洋生物物种可能约有100万种。其中，约25万种是人类已知的物种，主要包括鱼类、甲壳类、软体动物等。由于海洋面积广阔，生态环境复杂，许多生物种类可能尚未被人类发现和记录。

6.2.4 生物物种适应及其环境

生物的生存繁衍与其赖以生存的环境条件相适合，这种现象在生物界中普遍存在，是生物能够延续的关键。生物的各层次结构（从大分子、细胞、组织、器官，乃至由个体组成的种群等）都与功能相适应，如许多海洋鱼类、鲸类和海豚等拥有流线型身体，这有助于减少在水中游动时的阻力，提高游泳效率。生活在热带和亚热带海域的珊瑚礁鱼类，通过色彩斑斓的体色来吸引配偶、警告同类或迷惑捕食者。这种极高的伪装能力，使得它们的体色和形态能够与环境融为一体，从而避免被捕食者发现。生物不仅适应环境，同时也对环境产生影响，二者关系密切。

1840年，德国化学家利比希（Baron Justus von Liebig，1803—1873）提出利比希最小因子定律。1999年，该定律被重命名为"斯彭格尔-利比希最小因子定律（Sprengel-Liebig law of the minimum，SLLM）"。该定律认为在植物生长所必需的元素中，供给量最少（与需要量差距较大）的元素决定着植物的产量。为了形象地说明这个原理，利比希使用了"木桶效应"作为比喻，即木桶能盛多少水，取决于最短的那块木板，而不是其他较长的木板。为了验证这一定律，利比希进行了一系列的实验。他在不同条件下种植了小麦，并测量了其产量和土壤中的营养元素含量。例如，当土壤中的氮营养、钾营养、磷营养可分别维持250 kg、350 kg、500 kg产量时，实际产量只有250 kg。如果多施1倍的氮，产量将停留在350 kg，因为这时的产量为钾元素所限制。只有当氮、钾、磷都达到足够的水平时，才能达到500 kg的最大产量。利比希最小因子定律适用于稳定状态，即能量和物质的流入和流出处于平衡状态的环境。该定律指导了农民如何合理地施肥，以提高作物的产量和质量，同时启发了生态学家探索生态系统中的物质循环和能量流动，以及不同生态因子对物种适应性、生物群落和物种多样性的影响。

1913年，美国生态学家谢尔福德（V. E. Shelford）在最小因子定律基础上，提出了关于生物对其生存环境的适应性的一个重要耐受性法则，其强调了生物生存所需的环境因子的综合性和复杂性，即谢尔福德耐受性定律（Shelford's law of tolerance）。谢尔福德认为：生物的存在与繁殖依赖于综合环境因子的存在，与环境相适应，这些环境因子包括温度、湿度、光照、土壤、食物等；生物对其生存环境的适应有一个生态学最小量和最大量的界限，即耐受性范围。生物只有处于这两个限度范围之间才能生存；任何接近或超过耐受性下限或耐受性上限的因子都是限制因子，会限制生物的生存和繁殖（图6.1）。

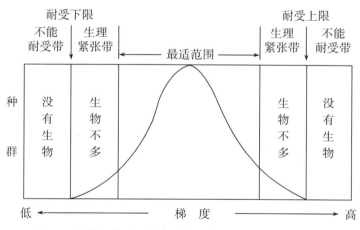

图6.1　谢尔福德耐受性定律与生物分布、种群水平关系
（Shelford，1911）

1973年，美国生态学家奥德姆（Eugene Pleasants Odum，1913—2002）等对耐性定律做了如下补充：

　　不同生态因子的耐性范围：同一种生物对各种生态因子的耐性范围不同，对有的因子耐性范围很广，而对有的因子的耐性范围可能很窄。

　　不同生物对同一生态因子的耐性范围：不同种生物对同一生态因子的耐性范围也不同。对主要生态因子耐性范围广的生物种，其分布也广。

　　生物在不同发育阶段的耐性范围：同一生物在不同的生长发育阶段对生态因子的耐性范围不同，通常在生殖生长期对生态条件的要求最严格。

　　生态因子的相互作用：由于生态因子的相互作用，当某个生态因子不是处在适宜状态时，生物对其他一些生态因子的耐性范围将会缩小。

　　生态型的分化：同一生物种内的不同品种，长期生活在不同的生态环境条件下，对多个生态因子会形成有差异的耐性范围，即产生生态型的分化。

　　最小因子和耐受限度的概念为研究复杂海洋环境条件提供了一个出发点和落脚点。因此，在研究某个特定海洋环境时，首先应该考虑那些很可能接近临界的或者限制性的海洋环境条件，例如塔结节滨螺（*Echinolittorina malaccana*）和粒结节滨螺（*E. radiata*）是地球上最耐热的海洋动物之一，能够耐受的温度上限高达60 ℃（Liao等，2017）。这种耐热能力使得滨螺成为研究生物对极端高温适应机制及气候变暖生态效应的理想对象。如果海洋生物对某个海洋环境因子的耐受限度很大，而这个因子在海洋环境中又比较稳定，数量适中，那这个因子就不可能成为一个限制因子。相反，如果海洋生物对某个海洋环境因子耐受限度有限，而这个因子在海洋环境中又容易变化，它就可能是一个限制因子，就应该仔细研究这个环境因子的情况。例如河口海域，盐度就是一个因子。又如，在陆地上生活的动物一般不会有缺氧现象，但是，氧气在水中的含量比在空气中低得多，特别是游泳速度比较快的海洋动物，对氧气的需求可能更大。在赤潮发生海域，由于藻类的大量暴发，溶解氧含量就往往成为限制底栖生物生长的重要因子，因此在海洋水质监测中溶解氧含量是一个必须测定的生态因子。

6.2.5　海洋生物对环境的适应

　　每种生物对环境都不是绝对的、完全的适应，只是一定程度上的适应。环境的限制是永恒的、长久的，而生物本身对自然环境条件变化的适应是有限的，也即环境条件的不断变化对生物的适应性有很大的影响作用，这就是适应的相对性。环境对生物生长发育的相对性影响表现在5个方面，包括：① 遗传变异。遗传变异是生物生长发育的基础，但环境因素可以影响遗传变异的表达。例如，基因突变可能导致蛋白质结构异常或功能缺失，进而引起特定的表型特征。这种遗传变异在特定的环境条件下可能会表现出不同的生长发育特性。② 营养不良。营养不良是指机体摄取的营养物质不足以满足身体需要，导致生长发育受阻。环境中的食物来源、营养物质的种类和数量等因素都会影响生物的营养摄入，进而影响其生长发育。③ 环境污染。环境污染中的化学物质、放射线或其他有害因子可直接或间接作用于生物体，干扰正常生理过程，阻碍生长发育。④ 气候变化。气候变化可能导致极端天气事件增多，这些事件可能会影响农作物产量并提高食品不安全风险，进而影响生物的生长发育。⑤ 生物灾害。生物灾害包括病虫害、自然灾害等，会对植物的生长产生负面影响，进而影响人类的食物供应和动物的生长发育。

海洋环境对海洋生物的种种限制，影响着海洋生物的地理分布等，但海洋生物总是在不断地适应海洋环境，从而产生一些特殊的性能，或能够更充分地利用海洋环境条件，或增强抵御不利条件的本领。海洋生物体能够因海洋环境的变化形成新的遗传性状而使自己顺应海洋环境，称为适应，比如海洋生物有一定的适温、适盐范围。当然，海洋生物的适应能力是在长期进化过程中形成的，那些有利于海洋生物生存的形态特征和生理特征，随着个体的正常繁衍而一代代留传下来；对外界环境不能适应的形态和生理特征，则随同具有这些特征的个体一起被淘汰。因此，适应是大自然选择的结果，也是适应的结果。

海洋生物的适应主要包括7种方式，具体如下：

生理学适应：海洋生物可以通过调节自身的生理机能来适应极端环境，如高压、低温和高盐度；其可以改变内部酶的活性，以适应低温或高温环境，并保持细胞膜的稳定性。例如一些海洋生物体内的酶具有较高的耐受温度，能够在低温环境中正常生活；又如海洋生物通常具有特殊的鳞片或毛发结构，以减少水分蒸发和热量损失。

细胞结构适应：海洋生物可以改变细胞膜结构，以抵御高盐度或低温环境对细胞的损害，并保持细胞形态与功能。例如，有些生物可以改变细胞膜的脂质组分，以维持细胞膜的稳定性。

生活方式适应：海洋生物可以适应不同的生活方式来适应极端环境。深海生物通常具有弱光和低温适应性，可以在所处的温度和光线条件下生存。一些鱼类会在寒冷的水域中聚集成群，以保持体温；而一些海洋哺乳动物会在冬季进行迁徙，以寻找更温暖的水域。

遗传适应：海洋生物可以通过基因突变、突变积累和自然选择等方式，发展出适应极端环境的基因型和表型。例如，一些深海生物可以通过积累突变来产生一些表现出弱光和低温适应性的特征。

行为适应：海洋生物还通过调整行为来适应海洋环境的变化。浮游生物会借助水流传播，通过上下垂直移动来寻找水中的有机物质和养分。底栖生物会在底部环境中找到合适的隐蔽处，以避免被捕食者发现。洄游生物会依靠地球的磁场和天文现象来导航，并在迁徙前积累足够的能量。

温度适应性：极地鱼类和海豹等海洋生物进化出了对低温环境的适应性，具备厚重的脂肪层和对寒冷环境下保持体温的生理机制。热带海洋生物如珊瑚和海藻则具备耐热性和耐高温的特征。

压力适应性：深海生物如巨型章鱼和白眼鳕鱼，以柔软的骨骼和可以抵御高压的生理机制来适应深海水域的高压力环境。

海洋生物在长期的适应进化过程中，存在着趋同适应和趋异适应的趋势。趋同适应（convergent adaptation）是指亲缘关系相当疏远的不同种类的生物，由于长期生活在相同或相似的环境中，接受同样的生态环境选择，只有能适应环境的类型才得以保存下去的现象，例如哺乳类的鲸、海豚、海象、海豹，以及鱼类的鲨鱼，它们在亲缘关系上相距甚远，但都长期生活在海洋中，整个身躯成为适于游泳的纺锤形。趋异适应（divergent adaptation），也称为辐射适应或歧异适应，是指同一种生物长期生活在不同条件下，可能出现不同的形态结构和生理特性，以适应不同的环境。例如软体动物的特殊类别海兔宝螺（*Ovula ovum*，别名海蛞蝓）是一类高度多样化的海洋无脊椎动物，它们通过趋异适应发展出了多种形态和生存策略。不同种类的海兔可能具有不同的颜色、斑纹和体形，以适应不同的栖息地和食物来源。一些海蛞蝓可能专门以某种海藻为食，并通过模仿其颜色或形态来避免被捕食，如一种吃红藻的海兔身体呈玫瑰红色，吃墨角藻的海兔身体就呈棕绿色；而另一些则可能具有毒性或刺细胞来防御天敌。这种现象是由美国古生物学家奥斯本（Henry Fairfield Osborn，1857—1935）提出的，他认为原始物种在扩大生存范围和占领分布区域的过程中，会逐渐形成不同的适应器官，为我们厘清生物演化提供了宝贵的线索。

6.3　海洋生物类群与生物群落

6.3.1　海洋生物生态类群

目前已知的海洋生物大约有25万种。为更直观地了解海洋生物在海洋环境中的分布和生存方式，根据生活习性，将海洋生物分为浮游生物、游泳生物和底栖生物和漂浮生物四大生态类群。

1）浮游生物（plankton）

定义：指没有游泳能力或游泳能力弱，悬浮于水中随水流移动的生物。

种类：细菌、浮游植物（如硅藻、甲藻等）和浮游动物（如水母、腹足纲软体动物的翼足类、异足类，许多海洋动物的幼虫等）。

特点：多数终生营浮游生活，少数种类仅于生活史的某个阶段营浮游生活，也有些原非浮游生物，被水流冲荡而出现在浮游生物中。

重要性：浮游生物是海洋生产力的基础，也是海洋生态系统物质循环和能量流动的最主要环节。

2）游泳生物（nekton）

定义：指那些具有发达的运动器官而游泳能力强的动物。

种类：鱼类、哺乳动物（如鲸、海豚、海豹）、爬行动物（如海蛇、海龟）、软体动物（如乌贼、章鱼）和一些大型虾类（如对虾、龙虾）等。

特点：游泳生物通常身体呈流线型，以减小阻力，提高游泳速度。

重要性：游泳生物在海洋生态系统中扮演着重要的角色，它们有些是海洋捕捞的主要对象。

3）底栖生物（benthos）

定义：生活在海洋水域底部和不能长时间在水中游动的各种生物。

种类：底栖植物（几乎全部大型藻类和红树等种子植物）、底栖动物（海绵、刺胞、环节、线形、软件、甲壳、棘皮、脊椎等门类均有底栖种）。

特点：底栖生物按其与底质的关系，又可区分为底上、底内和底游三大生活类型；在岸边还存在潮间带生物。

重要性：底栖生物在海洋生态的物质循环和能量流动过程中起到很重要的作用。

4）漂浮生物（surface drifters）

定义：生活在海水表面膜和表层中的生物，也称为海洋水表生物。

种类：水漂生物、表上漂浮生物以及表下漂浮生物。

特点：漂浮生物可以随着水流、风等外力进行长距离的移动。

6.3.2　海洋生物群落

生态类群之间以及它们与环境之间存在着复杂的相互作用关系。这些相互作用包括食物链、食物网、竞争、共生等，它们共同维持着生物群落的稳定。在海洋中，多个生态类群组成海洋生物群落，例如，浮游生物、底栖生物和游泳生物等是海洋生物群落中的重要组成部分。所谓海洋生物群落（marine biocommunity或biocoenosis）是指在一定时间内，生活在海洋一定地理区域或自然生态环境中的多种海洋生物种群的集合。生物群落是生态系统的一个结构单元，由多个种群组成，这些种群之间通过物质循环、能量流动和信息传递等相互作用，形成复杂的生物网络。

1）海洋生物群落基本特征

（1）物种多样性

海洋生物群落包含了从微小的浮游生物到巨大的哺乳动物等众多种类的生物，其物种多样性极为丰富，物种种类涵盖了微生物、藻类、鱼类、甲壳类、软体动物、哺乳动物等多个生物分类。

（2）结构层次性

垂直结构：海洋生物群落具有明显的垂直分布特征，不同物种在海洋中的垂直位置有所差异。例如，浅海带是生物种类最为丰富的区域之一，包括了多种底栖生物和浮游生物；深海带则由于环境条件稳定、无光、高压等特点，形成了特殊的生物群落。

（3）水平结构：在水平方向上，海洋生物群落也表现出不同的分布和组合特点。例如，近岸生物群落与大洋生物群落、寒带生物群落与热带生物群落之间都存在显著的差异。

（4）稳定性与动态性

海洋生物群落具有一定的稳定性，能够在外界环境条件变化时通过自我调节机制维持一定的结构和功能。然而，这种稳定性是相对的，当外界干扰超过一定阈值时，群落结构和功能可能发生变化。同时，海洋生物群落也表现出动态性，其物种组成、结构、功能和空间分布等随时间发生变化。

（5）营养结构性

海洋生物群落中的生物通过食物链和食物网相互连接，形成一个复杂的营养结构。这种营养结构是生物群落能量流动和物质循环的基础，对于维持海洋生态系统的平衡和稳定具有重要作用。

（6）特殊的生态适应性

海洋生物群落中的生物为了适应海洋环境的不同特点，发展出了多种特殊的生态适应方式。例如，深海生物能够适应高压、低温、无光等极端环境，发展出了独特的形态和生理特征；热泉生物群落中的细菌则能够利用化学合成的方式来获取能量和有机物，形成了独特的生态系统。

（7）与人类活动的关系性

海洋生物群落与人类活动密切相关，许多海洋生物资源被人类所利用，如渔业资源、药用资源等。同时，人类活动也对海洋生物群落产生了一些不良影响，如过度捕捞、海洋污染等都会对海洋生物群落的稳定性和多样性造成威胁。

2）海洋生物群落分类

海洋生物群落可以根据水深、水温、光照和盐度等因素进行分类，如近岸生物群落、大洋生物群落和深海生物群落等。不同生物群落之间具有明显的差异和界限，反映了海洋生物多样性和复杂性的特点。

3）海洋生物群落组成

海洋生物群落由多个物种的种群组成，这些物种包括从微小的浮游生物到巨大的哺乳动物等。海洋生物群落中的物种多样性丰富，涵盖了不同的生物类群，如鱼类、软体动物、甲壳类、哺乳动物等。

4）海洋生物群落结构

海洋生物群落具有复杂的结构，包括垂直结构和水平结构。垂直结构表现为不同物种在海洋中的垂直分布，如浅海生物群落、半深海带和深海带等。水平结构表现为物种在海洋水平空间上的分布和组合，如近岸生物群落、大洋生物群落和深海生物群落等。

5）海洋生物群落功能

海洋生物群落是海洋生态系统的重要组成部分，对于维持海洋生态平衡和生物多样性具有重要意义。海洋生物群落通过物质循环和能量流动等过程，参与全球生态系统的运转和调节。

6）海洋生物多样性与群落结构

生物多样性包含了三个主要层次：生态系统多样性、物种多样性和基因多样性。生物多样性使地球充满生机，也是人类生存和发展的基础。物种多样性是群落结构的重要基础。一个群落中物种的丰富度和多样性直接影响到该群落的结构和功能。例如，在物种丰富的群落中，不同物种之间的相互作用更加复杂，这种复杂性使得群落的结构更加稳定。相反，在物种单一的群落中，由于物种之间的相互作用较少，群落结构可能相对简单且不稳定。群落结构反映生物多样性。群落结构是生物多样性的具体表现之一。通过观察群落的结构，我们可以了解该区域生物多样性的水平。例如，在热带雨林地区，环境条件适宜，生物种类丰富，因此形成了复杂的群落结构。这种复杂的群落结构不仅反映了生物多样性的高水平，也为生态系统提供了更多的生态位和能量流动路径。生物多样性与群落结构相互作用。生物多样性和群落结构之间存在相互作用的关系。一方面，生物多样性为群落结构的形成提供了物质基础；另一方面，群落结构的变化也会影响生物多样性的水平。例如，当环境条件发生变化时，群落结构可能会发生变化，从而导致某些物种的消失或新物种的出现，这种变化会进一步影响到生物多样性的水平。

6.4　海洋生物地理分布

6.4.1　海洋生物的地理分布类型

海洋覆盖了地球表面的大部分，从低纬度到高纬度，从浅海到深海，分布着不同类型的海洋生物。

1）从低纬度到高纬度的水平分布

热带海洋生物：主要分布在赤道附近的热带海域，较高的水温，丰富的光照和营养物质，使得热带海洋生物多样性极高。例如，珊瑚礁是热带海洋生态系统的代表，在这里有丰富的珊瑚和彩色鱼类、海葵等其他海洋生物。

温带海洋生物：分布在热带和极地之间的海域，其生物多样性相对热带较低，但种类仍然丰富。例如，在北太平洋和北大西洋的温带海域，生活着多种鱼类、哺乳动物（如海豹、海狮）和鸟类。

极地海洋生物：分布在北冰洋和南冰洋的极地海域，这里的水温极低，而且长期被冰覆盖。极地海洋生物如北极地区的海豹、北极熊和企鹅等，需要适应极端寒冷的环境。

2）从浅海到深海的垂直分布

根据海洋环境中生物学特点、海水理化特性和综合复杂程度，通常沿浅海到深海的垂直方向，将海洋生物地理分布情况进行归类。

表层海洋生物：主要生活在海洋的表层（真光层 0～150 m），主要包括浮游生物（如浮游植物和浮游动物）和一些底栖生物（如浅海鱼类、贝类等）。这些生物能够利用光照进行光合作用或滤食，个别生物具有昼夜垂直移动的习性，以获取足够的能量和营养物质。

上层海洋生物：生活在海洋的中层（150～1 000 m），这里的光照条件较差，但营养物质较为丰富。中层海洋主要生活着深海游泳动物，如一些章鱼、鲨鱼和乌贼等，通常依靠捕食或滤食来获取能量和营养物质。

中层（半深海）生物：生活在海洋的深层（1 000～5 000 m），这里的环境条件恶劣，如高压、低温、无光等。这里生存一些形体扁平的海洋鱼类，如琵琶鱼、宽咽鱼等。这些鱼类通常具有独特的生存策略，进化出了发光器官，发展出了独特的生存策略，以帮助它们在黑暗无光的环境中觅食和行动。典型的半深海层生物有深海鱼类、巨型乌贼和深海珊瑚等。

深海层生物：通常生活在5 000 m以下的深海中，包含海底区，这一区域生物种类更加稀少，但仍有部分鱼类和其他生物存在，其中底栖生物最为丰富。这些生物对高水压、接近0 ℃左右的低温、完全的黑暗具有极强的适应性，身体形态上更加扁平或流线型，皮下充满许多空隙，视觉退化，具有伸缩性强的口和胃。

3）特殊区域分布

岛屿周围：岛屿周围的海域通常具有丰富的营养物质和适宜的栖息地条件，因此成为海洋生物的重要栖息地之一。深海平顶山顶部、火山岛附近、海底热泉、温泉附近等区域由于地质活动和特殊的生态环境条件，往往成为海洋生物资源富集区。

6.4.2 地理分布模式

生物的地理分布模式是指不同物种在地球上的空间分布规律，涉及物种在地理空间上的分布范围、分布类型、分布区系和分布原因等多个方面。以下是生物地理分布模式的清晰分点归纳。

1）分布范围

全球性分布：物种广泛分布于全球范围，如大部分鸟类和鱼类。

大洲性分布：物种分布在一个或多个大洲，如袋鼠和考拉主要分布在澳大利亚。

区域性分布：物种局限于一个地理区域，如黑猩猩主要分布在非洲中部。

局部性分布：物种只在某个局部地区内分布，如熊猫仅存在于中国的四川、陕西和甘肃等地。

2）分布类型

广布型：物种在某个地理范围内广泛分布，如大部分树木和昆虫。

点状型：物种分布呈现点状集中，如珍稀植物或特定昆虫在特定山顶或洞穴内。

跳跃型：物种在地理范围内存在分散的分布点，如一些鱼类或鸟类的分布。

断续型：物种分布存在间断的分布区段，如河流或山脉等地理障碍下物种的分布。

3）分布区系

生物地理分布区系是指在特定地理区域内物种的组合和分布规律。以中国为例，不同地区的生物地理区系包括洋山北界、北方区系、华南区系、喜马拉雅区系等。这些区系的划分依据主要是物种分布的相似性和联系。同一地理区域内物种组合的相似性较高，而不同地理区域之间物种组合的相似性较低。1950年，斯克里普斯海洋研究所（Scripps Institution of Oceanography）报道了生活在太平洋、向南至亚南极辐合区范围内各类群物种的分布情况。英国发现者探险队将其分析范围扩展到南极洲。1985年，日本学者Nishida新增了更多物种的分布信息。目前，几种典型的分布模式有太平洋亚北极、亚北极−中间过渡带、全暖水型分布、中央水团（亚热带）、赤潮模式、热带东太平洋的局域性分布、热带东太平洋空白区、亚南极海区、南极区。有些种类的分布与以上模式并不完全一致，例如，*Euphausia gibboides*分布在过渡区的南部以及热带东太平洋海域内，这两个区域相隔甚远。如许多独特的分布模式一样，这种分布模式也是两种常见模式的组合。1985年，Nishida展示了一个极端纬度分布模式的例子：拟长腹剑水蚤（*Oithona similis*），分布于亚北极太平洋、加州洋流、热带东太平洋、秘鲁洋流和亚南极。这些区域的水温非常接近海面（300 m以浅）温度，因此，这种多区域的分布模式也有一定的合理性。

4）分布原因

生物地理分布模式的形成和演化是由多种因素综合作用的结果，包括：

① 地理环境因素。如大陆间的隔离、海洋的屏障、山脉的阻隔等，这些因素导致生物种群在地理上被隔离，形成了不同的分布区系。② 气候条件。不同的气候条件对生物种群的适应性不同，从而导致了生物分布的差异。例如，热带地区的高温潮湿环境适合热带雨林的生长，而寒冷干旱地区适合苔原植物的生长。③ 进化因素。生物通过自然选择和遗传变异等进化过程，逐渐适应不同的环境条件，形成了独特的分布模式。例如，马达加斯加岛拥有许多特有的植物和动物，这种物种多样性主要是由于马达加斯加岛长期与其他大陆隔离形成的。岛屿的地理隔离使得岛上物种可以独立演化，形成了许多特有的物种。

6.5　海洋生物的分布区

6.5.1　海洋生物分布区概念

生物分布区是指某分类单位（如科、属、种）的生物在地表分布的区域范围。任何分类单位（科、属、种）的生物物种都有自己的分布区。种是分类学的基本单位，所以种的分布区是生物分布区划分的基础，在种的分布区基础上可叠加划分出属的分布区、科的分布区。生物分布区是环境变化与生物不断适应环境的综合结果。属是亲缘关系相近的种（亚种、变种等）的联合。每个属的分布区则是该属内各个种的分布区的总和。单种属内种的分布区显然与该属的分布区一致，只是含义不同。同在一属之内彼此很相近的种，或者具有不重合的分布区，或虽有局部重合而其内部结构互有差别，即各自适应不同生境。一般种间不能正常杂交。假若两种不仅相似，并且分布区或具体生境也完全一样，即常认为这不是两个独立的种，而仅是同一种内的不同变种或变型。多种属的分布区内部常常出现若干种分布集中的现象，其中种数最丰富的区域称为该属的分布中心或多样性中心，分布中心可能不止一个，常超过两个。科的分布区与属相似，但更加复杂。科的分布区是科内各属的分布区的总和。由于科的形成历史年代久远，其内不同的属、种的生态特征会有明显差别，所以科的分布类型更多且其成因更加复杂。

6.5.2　分布区的形成原因

海洋生物分布区的形成是多种因素综合作用的结果。不同区域的海洋环境特点决定了该区域能够支持的生物种类和数量，进而形成了各具特色的海洋生物分布区。目前形成海洋生物分布区的原因的详细包括深度因素、位置因素、纬度因素、海洋流动与地形四大因素。

1）深度因素

浅海区（大陆架海域）：浅海区阳光能够穿透，光照充足，为光合作用提供了条件，使得大量浮游植物和底栖生物得以生存。此外，来自陆地的径流和海洋底部的上升流为浅海区带来了丰富的营养物质，支持了高密度的生物群落。

大洋区：随着深度的增加，光照逐渐减弱，深海区几乎无光，生物种类和数量减少。深海区的高压、低温、低氧等极端环境使得只有少数特殊适应性的生物能够生存。

2）位置因素

沿海带：靠近大陆，受大陆气候、径流等因素的影响较大，形成了独特的生态环境和生物群落。沿海带具有较高的生物多样性和生产力，是海洋渔业的重要区域。远海带：位于大洋深处，远离大陆，受大陆影响较小，形成了独特的深海生态系统。远海带的环境条件极端，但生物多样性高，包括许多特殊的深海生物种类。

3）纬度因素

热带海洋生物区：位于赤道附近，水温高、光照充足，形成了物种丰富的热带海洋生物区。这里拥有珊瑚礁等独特的生态系统，支持了大量热带海洋生物。

温带海洋生物区：位于热带和极地之间，水温适中、光照充足，物种丰富度较高。温带海洋生物区是许多迁徙性鱼类的通道和经济性物种的分布区域。

极地海洋生物区：位于地球最寒冷的海域，水温低、光照弱。极地海洋生物区栖息着一些适应极端环境的生物，如北极熊、南极企鹅等。

4）海洋流动与地形

海洋流动（如洋流、潮汐等）影响营养元素的分布，进而影响生物分布。洋流还能将不同区域的生物带到新的环境，促进生物扩散和种群交流。海底地形（如大陆架、海沟、海山等）为海洋生物提供了不同的栖息地和生态环境。不同地形区域支持了不同的生物群落和生态系统。

总结来说，海洋生物的分布区受到多种因素的影响，包括海洋的深度、位置以及与大陆的关系等。

6.5.3　分布区的划分类型

根据海洋的深度、位置以及与大陆的关系，海洋生物分布区可以划分为不同的类型。不同区域的海洋生物具有不同的生态特征和适应性，形成了丰富多样的海洋生态系统。

1）按深度划分

（1）浅海区（大陆架海域）

潮间带：高潮线至低潮线间的地带，是陆地与海洋狭长的过渡带。

潮下带：水层深度一般不超过200 m，海底地形较为平坦，坡度较小。

（2）大洋区

海洋上层：深度为0～200 m。

海洋中层：深度为200～1 000 m。

海洋深层：深度为1 000～4 000 m。

海洋深渊层：深度为4 000～6 000 m。

海洋超深渊层：深度为6 000～10 000 m。

2）按位置与大陆的关系划分

（1）沿海带：包括6个区，即印度–波利尼西亚区、热带大西洋区、北极区、北温带区、南温带区和南极区。这些区域靠近大陆边缘，受大陆气候、径流等因素的影响较大。

（2）浅海带：包括4个区，即北极区、大西洋区、印度–太平洋区和南极区。这些区域位于大洋深处，远离大陆，受大陆影响较小。

（3）深海带：是根据海水的深浅划分出的一个带，包括印度–太平洋区、大西洋区和北极区3个区。这些区域通常位于大洋底部，水深超过2 000 m，环境极端，但生物多样性高。

3）特定区域

（1）北极海动物区：位于北极地区，气候寒冷，海洋生物种类相对较少。

（2）北太平洋亚区：动物种类较北极海区丰富，种群数量大，是重要的渔场。代表性动物有海狗、海獭等哺乳动物，以及海豹和鲸类。

（3）南温带海动物区：位于南半球温带地区，海洋生物种类丰富，包括多种鱼类、软体动物和海草等。

（4）南极海动物区：位于南极地区，气候寒冷，海洋生物种类相对较少，但有一些特殊的动物种类，如企鹅、海豹等。

6.6 海洋生物区系

6.6.1 海洋生物区系及分析内容

海洋生物区系是指生存在某海域内各个种、属和科等生物的自然综合，其是在一定地理条件下、在历史上经历了一定时间后形成的。一个区域生物区系分析通常包括两方面的内容：一是生物区系的成分分析，二是生物区系相似性比较分析。

1）生物区系成分分析

生物区系的研究通常是将一个海区的生物进行科、属、种的数量统计，再把所有生物按其分布区类型、种的发生地和迁移时间与路线等划分成若干成分，通称为生物区系成分。生物区系成分通常包括地理成分、历史成分和发生成分。其中地理成分最为常用。

（1）地理成分

地理成分是根据某一分类单位的生物的现代地理分布区划分的区系成分，如西北太平洋的海洋生物。任一地区的生物区系都含有多种地理成分，共同组成该区生物区系的分布结构。地理成分对了解生物区系在全球尺度或者区域尺度上的地理规律或者区域差异有着重要意义，也为进一步研究生物区系和地理环境变化历史提供依据。一个海区的生物种类组成可按它们的地理分布特征划分为若干地理成分，如西北太平洋又可以分为日本海、东海、南海等。凡是自然分布区大体一致，或现代分布中心相近的所有类群均能合并为种的地理成分。对生物区系的地理成分的分析，主要包括植物区系的地理成分分析和动物区系的地理成分分析。

（2）历史成分

凡是加入本海区系组成的时间相似的所有类群可称为同一历史成分。一个海区内通常有一些较古老的和较年轻的区系成分混合生长，但起源古老的不一定很早就在该地区出现，也可能是后来从其他地区移来。确定历史成分要依靠古生物学资料及其他一些研究方法，比如利用分子系统地理学等分析某一海区同一属或者科的生物区系的历史成分。

（3）发生成分

凡是原产地或起源中心相似的所有类群可称为同一发生成分。划分区系的发生成分需要研究各类群的分化进化和历史生物地理。

2）区系相似性比较分析

各地区生物区系之间既有相互联系的一面，又有独立发展的一面。生物区系间的相似性分析能够反映不同地区环境和自然演化史的共同性程度或者关系密切程度。地区生物区系的相似程度可使用简单的计算求出。设甲、乙两地各分布有A属与B属生物，其中共有C属生物，按不同的计算方法，均可获得相似性系数，以此来说明两地生物区系相互关系是否密切。生物相似性系数的高低可反映出两地生物群落物种组成的相异性和多样性，也可反映出不同地区的动物区系成分的差异。

6.6.2　世界海洋生物区系

世界海洋生物区系主要包括海洋动物区系和海洋植物区系。由于海洋生物和生态环境特殊性，海洋生物区与陆地生物区存在着明显的不同，同时海洋生物区中的动物要比植物具有更加重要的地位。

1）世界海洋动物区系

世界海洋动物区系是一个庞大而复杂的系统，基于海洋生物在海洋中的分布、生态环境和地理特征等因素划分。由于大多数海洋动物的分布具有全球性，其各级类群在分布上非常接近，同时存在垂直分异，所以要对海洋动物进行很精确的区系划分是非常困难的。本书主要以海洋鸟类和哺乳动物为依据，将世界海洋动物区系划分为7个区，即南极冷水区、北极冷水区、北太平洋温水区、南方温水区、北大西洋温水区、大西洋暖水区和印度-太平洋暖水区。

（1）北极冷水区

北极冷水区主要位于北极圈以北的北冰洋海域，覆盖66°34′N北极圈以内的广大地区，包括白令海北部和东部、北冰洋、哈得孙湾、白海和巴芬湾，并沿格陵兰岛和北美洲东部南下，直达纽芬兰岛。本区的水温低而年变幅小，常在0 ℃以下。由于地处高纬度，气候极其寒冷，海水温度极低，大部分区域常年被冰川覆盖，海水中也漂浮着许多冰块。由于日照时间极短，北极地区大部分地区的积雪期变长，冻土层深度增加。受淡水注入和冰雪消融的影响，北极冷水区海水盐度较低。本区动物特点是动物种类和数量相对贫乏，特别是脊椎动物更为贫乏。尽管环境恶劣，但北极冷水区仍拥有独特的生物种类。夏季在漂浮着冰块的水中有相当丰富的浮游植物，它们是浮游动物的饵料，并能吸引鱼类到此。在冰块附近有许多北极熊、北极狐、海豹、海狮、水獭等哺乳动物和北极鸟类。北极熊常年游荡在北极冰上，寻找它们的主要猎物——海豹。最典型的鲸科动物有角鲸和白鲸，鳍足类有海象和冠海豹，食肉目有北极熊，鸟类有鸥类和海雀类，鱼类中最典型的是鳕鱼、比目鱼和杜父鱼。本区缺乏沿岸带的动物区系。本区水温垂直变化小，动物垂直分布差异不明显。北极冷水区是一个独特而脆弱的生态系统，国际社会已经采取了一系列措施来保护北极冷水区的生态环境和生物多样性，如制定《北极环境保护战略》等。

（2）北太平洋温水区

本区范围包括由白令海峡向南伸延至大约40°N一带。除了太平洋北部以外，白令海、鄂霍次克海和日本海的绝大部分均属于本区。这里水温比北极冷水区高，季节变化明显，上层与深层的水温差别很大，夏季尤为明显。白令海和鄂霍次克海冬季常常被冰雪覆盖，夏季也有浮冰，因此本区的北部和西部水温很低。该区系的动物种组成比较特殊且较为丰富，多为固有种。许多物种的个体数量很多，所以北太平洋和北大西洋是世界重要渔场集中的海域。本区特有目有鲟鱼目等，特有属有海狗属、海驴属、鲑鱼属，特有种有日本鲸、灰鲸、白翼海豚鲸、花奎鸟、角海鹦。本区特有的哺乳动物主要有海狗、海驴和海獭。鲸类很丰富，无论是须鲸亚目或是海豚数量都很多。海雀是本区为数最多的鸟类，约有12种。

（3）北大西洋温水区

本区包括巴伦支海的绝大部分，挪威海、北海、波罗的海、格陵兰海的东部和大西洋东北部，向南达捷拉瓦尔湾和比斯开湾。本区位于北极冷水区的南面，自然环境特点近似北太平洋温水区，但温带分布得比较均匀。本区动物比北太平洋区贫乏。除了鲸类和海豹类比较丰富外，缺乏鳍足类，海雀的种类也非常少。特有哺乳类有比斯开鲸、白鼻海豚、长鼻海豹和格陵兰海豹。比斯开鲸近似日本鲸，目前几乎绝灭。本区特有海的鸟类有一般海及与其分类相近的海鸲。前者大小如鸭，后者大小如鹅，但在20世纪中叶已彻底绝灭。鱼类特别突出的有鳕鱼，种类较多，为本区重要的经济鱼类。北大西洋温水区和北太平洋动物区系相似，有许多共同的种或属。例如，北方鲱聚居在从北欧海岸到斯匹卑尔根群岛和冰岛，再从冰岛沿北美海岸分布到35°N的地区。同时它也分布在北太平洋的北部。另外，鲟鱼等也有类似的分布。

（4）印度-太平洋暖水区

本区位于40°N～40°S之间。在南美洲的西海岸，由于秘鲁寒流的影响，其南界明显向北偏倾。本区占据太平洋和印度洋的绝大部分，面积超过其他所有区的总和。区系特点是种类非常丰富，特别是靠近赤道地区。其原因与以下因素关系密切：① 古老性，② 良好的温带条件，③ 大面积的浅海区，④ 星罗棋布的岛屿，⑤ 群落生境的多种多样，⑥ 珊瑚岛格外发达。除了动物种类丰富之外，还有较多的特有种、属和类群，同时也保存着一些古老种类。

海生哺乳类在热带海洋中比较贫乏。鳍足类只有夏威夷海豹分布在夏威夷群岛的某些地区，而且数量极少。鲸类只有齿鲸亚目中有广泛分布的共同种和属，其中值得一提的是抹香鲸。它是齿鲸亚目中最大的一种，雄兽体长可达20 m，重达100 t。在温暖季节，它可以到达温带甚至寒带的海洋中，而在生殖季节则只栖息在热带和亚热带海洋中。热带海洋中完全缺乏须鲸亚目的种类。本区的特有种儒艮分布在东非沿海从南回归线一直到红海地区，以及南部印度、马来群岛和澳大利亚北部等地的沿海，它们最喜欢居住在小海湾和海港里。

典型的热带海鸟为鲣鸟和军舰鸟，它们都是极善飞翔的大洋鸟类。本区鱼类复杂多样，其中软骨鱼类的种类很多，硬骨鱼类的种类也很多，多为一些游泳能力极强的热带大洋性鱼类。

（5）大西洋暖水区

本区北与北大西洋温水区相连，南起南美洲海岸大约40°S的地方，向东延伸南至45°S处，然后倾斜转向低纬非洲海岸的20°S～15°S的地方，还包括西印度洋和地中海，面积仅次于印度-太平洋暖水区。本区动物种类也很丰富，但比印度-太平洋暖水区要贫乏得多。主要是其面积相对较小，由于缺乏珊瑚丛，其群落生境比较单调。许多印度-太平洋暖水区的动物，例如剑尾鱼、海蛇等，在本区均缺乏。在印度-太平洋暖水区的有些科的种类很多，而在本区则很少。如蕈状珊瑚科在印度-太平洋区有3属46种，而在本区仅有1种。本区特有种为白腹海豹和海牛目中的海牛等。

（6）南方温水区

本区的北界与印度-太平洋暖水区和大西洋暖水区的南界相接，南界在50°S～60°S之间，有些地方稍北，位于50°S左右，有些地方稍南，达60°S附近。环境条件与北太平洋温水区和北大西洋温水区相似，水温的季节变化很大。本区动物种类比热带海洋贫乏得多，但生物的个体数目多，生物量大。由于有大量的浮游生物供养着鲸群，所以本区是世界主要的捕鲸区。

在生物系区组成上，本区与南极区有许多相同的种类，也与北太平洋温水区和北大西洋温水区有许多共同的种类，例如南极鲸、海豹、带鱼、鲂鲱等，这种现象称为"两极同源"。

（7）南极冷水区

本区位于南方温水区以南的环南极地带，是一个独特且极端寒冷的海洋生态区域，水温特点与北极冷水区相似。南极大陆被厚厚的冰雪覆盖，平均厚度超过2 000 m，是全球最大的冰盖所在地。环极洋流的存在导致南极海被孤立，强化了这里的寒冷气候，十分不利于生物生存。因此，本区动物非常贫乏，缺乏许多世界性分布的集群。整个南极区具有代表性的鸟类是企鹅，最有代表性的哺乳类是鳍足类，后者除了海豹以外都是本区的特有属。

本区的鳍足类与北方各海区不同，本区的鳍足类属于海狗科，北方各海区则属于海豹科。本区有长鬃海驴和南极海狗两个特有的属，前者比较接近于北太平洋温水区的海驴，后者则是北极海狗的近亲。它们广泛分布于南极区，并沿南美洲西海岸向北到达科隆群岛。海豹科除了象海豹外，还包括有各含1个种的4个属，其中3种海豹完全分布在本区，另一种则广泛分布于本区和南方温水区。

2）世界海洋植物区系

海洋环境的特殊性决定了海洋植物区系比海洋动物区系要贫乏得多，同时，海洋植物也比陆地植物少得多。水环境具有均一性，因此海洋植物的生态类型也比较单一，群落结构较为简单。多数海洋植物是浮游的或漂浮的，但也有一些是固着于水底或附生的。海洋植物中以孢子植物占优势，而陆地植物中是以种子植物占绝对优势，孢子植物占次要地位。目前发现的海洋中的维管束植物属于沼生目，有30种左右，分12属，主要有大叶属、虾形藻属、海神草属、海菖蒲属、海龟草属和喜盐草属等。其中有9属是眼子菜科，3属是水科，海洋中的孢子植物主要是各种藻类。尽管海洋植物区系与陆地植物区系具有不同的生活条件和不同的种类组成，但植物在海洋中与陆地上的地理分布的主要特点是类似的，即地理分布也服从地带性规律。海洋植物区系与陆地植物区系不同的是，寒冷的海域区系成分较为丰富，无论是水底植物还是浮游植物都是如此；热带海洋种属比较贫乏，特别是浮游植物。而陆地植物区系特点是热带区系成分丰富，寒冷区系成分反而贫乏。海洋植物区系可以划分为3个区：北方海洋区、热带海洋区和南方海洋区。

（1）北方海洋区

北方海洋植物区的特点是有大量褐藻，如海带属、墨角藻属、昆布属、雷松藻属等；种子植物中有大叶藻属的大叶藻，还有海菖蒲等。

（2）热带海洋区

热带海洋区的特点是有大量红藻如江蓠，褐藻中有马尾藻属的多种植物。种子植物中有海神草属、海龟草属的某些种类。

（3）南方海洋区

南方海洋区的特点是有褐藻类的巨藻属和丛梗藻属等植物。

6.6.3 中国海洋生物区系

中国的主要海域包括渤海、黄海、东海和南海。它们都是北太平洋西部的陆缘海。生物区系的主要特点是种类繁多，成分复杂。在南海和东海广泛分布着热带种和亚热带种；而在北部的黄海、渤海、特别是黄海北部和中部，冷水种和温水种则占极大的优势；不过温带种在整个区系中所占的比例很小。从生物区系组成上看，黄海、渤海与东海、南海有很大的不同，许多限于热带海洋生活的类群在南海占优势，在东海数量较少，而在黄海、渤海奇缺。反之，冷水性的种类在黄海、渤海有许多代表，在东海、南海却很难见到。另外，随着纬度由低向高的变化，生物的种数也相应地减少，这种趋势和世界海洋动物分布是一致的。

1）黄海、渤海区

黄海、渤海区分布着暖温性种、暖水性种、冷温性种及广温性低盐种等生物。本区的水温季节变化比较剧烈，在渤海和黄海北部及近岸区冬季有结冰现象，夏季水温高，温度的年变幅可达29 ℃，因此限制了许多狭温性种类和喜暖生物的生存。生物的区系组成较其他海区贫乏，主要是温水性种类。由于水温较低的黄海冷水团常年存在，有些北方冷水性种类得到大量发展。另外，本区海水盐度相对较低，所以一些低盐性种类占优势。鱼类共约291种，暖温性种类占1/2以上，如小黄鱼、带鱼、黄姑鱼、蓝点马鲛、大黄鱼、大泷六线鱼、黑绿东方鲀等，其中带鱼、鲅鱼、大黄鱼、小黄鱼为我国重要的经济鱼类。暖水性种次于暖温性种，种数占本区的第二位，如银鲳和鲌鱼等。冷温性种所占比例最小，这些种的存在与黄海冷水团有密切关系，如高眼鲽、太平洋鲱和鳕鱼等。

浮游生物多属广温低盐性生物，如圆筛藻（*Coscinodiscus*）、角毛藻（*Chaetoceros*）、根管藻（*Rhigosolenia*）、中肋骨条藻（*Skeletonema costatum*）、小拟哲水蚤（*Paracalanus parvus*）、真刺唇角水蚤（*Labidocera euchaeta*）、强壮箭虫（*Sagitta crassa*）、胸刺水蚤科（Centropagidae）等。另外，黄海中部分布有笔尖根管藻（*Rhizosolenia styliformis*）、半管藻（*Hemiaulus*）、中华哲水蚤（*Calanus sinicus*）、太平洋磷虾（*Euphausia pacifica*）等，它们具有显著的低温高盐生态特征。

底栖生物特点是种类少，在数量上占优势的主要是广温性低盐种。渤海和黄海沿岸地带基本属于印度-西太平洋区系的暖水性成分，如毛蚶、泥蚶、蛤仔、文蛤、缢蛏、太平洋牡蛎、中国对虾、三疣梭子蟹等。温水性种不多，仅有贻贝、刺参等几种。在黄海中部深水区，广泛分布着北太平洋温水区的种类，如孔蛇尾（*Ophiotrema*）、真蛇尾（*Ophiura*）、阳遂足（*Amphiura*）、大寄居蟹（*Pagurus ochotensis*）、相似寄居蟹（*Pagurus similes*）、堪察加七腕虾（*Heptacarpus camtschaticus*）等，形成了以北方真蛇尾为代表的冷水性群落。底栖植物以温带（包括暖温带和冷温带）成分为主，如浒苔、曲浒苔、孔石莼、扁浒苔、缘管浒苔、萱藻等。另外，在冬、春季可出现个别的亚寒带优势种，如多管藻、袋礁膜等，夏、秋季还出现一些亚热带优势种，如网地藻（*Dictyota*）、海蕴（*Nemacystus decipiens*）等。

2）东海区

东海为开阔的陆缘海，温度和盐度的东西部差异明显。该区西部水温的年变幅较大，盐度低而近似于黄海、渤海区。这主要是因为其大陆架平坦且水浅，并有大量的淡水注入，因此水温和盐度状况易受大陆影响。该区东部深水区的温度和盐度较高，因为主要受深水区黑潮影响。

本区东部热带暖水性生物显著增加，特别是我国台湾附近，热带性成分占的比例更大，鱼类区系以暖水性种占绝对优势，如金线鱼、中华海鲇、蝴蝶鱼、篮子鱼等。在暖流经过的地带，浮游生物带有明显的热带性特点，优势种有辐射漂流藻、钳形波水蚤、紧挤毛角藻、肥胖箭虫（*Sagitta enflata*）等，均为高温高盐种。底栖动物中高温高盐的热带成分大大增加，造礁珊瑚相当发达，多达46属。栖于珊瑚礁环境的热带虾、蟹和贝类十分丰富，如几何梯形蟹、珊瑚虾、长砗磲等，种数比南海的海南岛南部近海还多。底栖植物区系受黑潮影响，以热带种为主，如海人草、多种伞藻。

本区西部生物种类组成基本上与黄海、渤海区相同，但却增加了一些暖水性种，同时种的密度也有差异。如小黄鱼盛产于黄海、渤海，而东海产量不高；大黄鱼则相反。大陆架部分鱼类有450种以上，其中暖温性种居第一位，尤其舟山群岛以南更为显著，凡在黄海、渤海区出现的暖水性种，本区皆有分布。年产量居我国海洋鱼类首位的带鱼就分布在这里。另外，一些南方种如中华小公鱼、斑鳍白姑鱼、金线鱼等仅分布到本区而不再向北分布。暖水性种类在本区居第二位，如我国的著名经济鱼类大黄鱼主要产于本区；冷温性种如高眼鲽、长鲽等在本区所占的比例很小，而且只在冬季前后随大陆沿岸流与黄海冷水团向南的扩张而达东海的北部。浮游生物种类与黄海、渤海区相似，主要有中华假磷虾、海龙箭虫等广温低盐近岸种类。另外，还有随沿岸水流分布到本区的黄海中部的太平洋磷虾、中华哲水蚤等。本区的区系组成复杂，有窄角毛藻、真刺唇角水蚤和强壮箭虫等温带种；也有中华假磷虾、隆长螯磷虾、肥胖箭虫等亚热带种和热带种。底栖动物与黄、渤海区类似，但热带性成分增多，如扁足异对虾、几种管鞭虾、几种小型梭子蟹、棒锥螺等。数量较多的还有长额仿对虾、毛蚶、红彩明缨蛤、纵肋织纹螺、薄壳刻肋海胆等。底栖植物，北部以暖温带种类为主，如昆布、圆紫菜等，另外还有一些亚热带种，如沙菜、鹧鸪菜等。南部以亚热带种类居多，如秋树、网球藻、长松藻等。另外还出现了个别热带种，如小伞藻等。

3）南海区

南海区海面辽阔，深度大，且与太平洋水交换频繁，受大陆影响较小，水温与盐度状况具有明显的热带深海特征——温度、盐度（34）均高，年变化小。北部沿岸浅海区由于受大陆气候的影响，冬季水温仍然较低，属于亚热带性质。西沙群岛以南则完全属于热带海。本区北部受大陆气候影响，冬夏表层水温差可达10 ℃以上，但比东海的近岸区更为温暖。

该区以暖水性种为主，暖温性种显著减少，无冷温性种。暖水性种如蛇鲻、绯鲤、红笛鲷、金线鱼等。许多在东海西部和黄海广布的暖温性种类都不能分布到本区，如小黄鱼和短鳍红娘鱼等。该区的鱼类超过750种。

南海生物区系的种类组成特别丰富多样。从成分来看，完全属于热带和亚热带的成分，而见不到冷水性种类。除黄海、东海的一些常见种类在本区也普遍存在外，还有许多仅见于本区的典型热带种类。南海生物种类组成的丰富多样，不仅与其所占的面积广大和水温高而恒定有关，同时也与环境类型的多样化有关。例如，珊瑚礁和红树林集中分布于南海，因其生境比较特殊，所以这里生活着许多特殊的生物。

沿岸水域的浮游生物主要有具纹角毛藻、掌状冠盖藻、宽腹萤虾、钳形水蚤等。冬季由于强劲东北风的影响，以及受福建南下沿岸流和外海高盐水入侵的影响，温带近岸种（窄隙角毛藻）和热带外海种（伪细真哲水蚤）可同时在此处出现。

沿岸浅水区底栖动物区系的主要成分除东海常见的暖水种外，还拥有更多的热带成分。在数量上占优势的种主要有锈蚶、日本日月贝、墨吉对虾、珠脊梭子蟹、薄壳刻肋海胆等。稍深一点的水域有骑士章海星、多节新海百合等棘皮动物。

第7章　海洋特殊生境生物学

7.1　珊瑚礁

珊瑚礁是海洋中生物多样性最丰富和初级生产力最高的生态系统之一（Bellwood等，2001；Souter等，2000），具有保护海岸线、保持生物多样性、吸收和存储二氧化碳、调节气候、净化环境和维持生态系统平衡等功能，能够为人类提供渔业和旅游等资源，具有巨大的开发潜力、经济价值和生态环境价值（Bellwood等，2001；Yu等，2012；Yu等，2014）。因此，珊瑚礁对人类社会与海洋生态环境的健康和可持续发展起着至关重要的作用。其独特之处在于它们完全由属于刺胞动物门的某些珊瑚的生物活动形成。这些热带珊瑚礁是由珊瑚经过亿万年的地质时期沉积下来的大量碳酸钙形成，是最古老的海洋群落，其地质历史可以追溯到5亿多年前（Daly，1948）。

7.1.1　珊瑚结构

珊瑚与底栖海葵密切相关，与浮游的水母、底栖的海水水螅和淡水的水华则是远亲。并非所有珊瑚都是造礁珊瑚，有些是能够生活在更深或更冷水域的孤立或群体动物，珊瑚广泛分布于世界各大洋。

造礁的石珊瑚是群体动物，每个礁体由数十亿个称为水螅的小个体构成。每个水螅在周围分泌一层石灰质外骨骼，直径一般约为1~3 mm。每个水螅带有含刺胞的触手，这些刺细胞可用于捕获猎物和防御。水螅可以通过无性分裂或出芽的方式产生一个大型群落，所有水螅通过其组织的延伸保持相互连接。珊瑚也具备有性繁殖能力，可以产生浮游的幼虫，这些幼虫会分散、定居并建立新的群落。珊瑚群落的大小各异，有些非常巨大，重达数吨。群落的形态、大小以及褶皱程度，与珊瑚物种以及不同物种所处的物理环境息息相关。同一物种在潮汐作用的区域与平静环境或在浅水与深水环境中生长时，形态会有很大差异。

7.1.2　分布和限制因素

生长的珊瑚礁覆盖约60万平方千米，略少于全球海洋面积的0.2%，约1.5%生长在0～30 m深度的浅海区域。最大的珊瑚礁是大堡礁，沿着澳大利亚东海岸延伸超过2 000 km，宽度可达145 km。珊瑚礁仅位于20 ℃等温线所界定的水域，实际上只限于热带地区。建造珊瑚礁的珊瑚对水温的耐受性极低，不能承受低于18 ℃的水温，最佳生长温度通常在23 ℃至29 ℃，但有些珊瑚能忍受高达40 ℃的温度。其他一系列生理需求进一步限制了建造珊瑚的分布。它们需要盐度在32～42之间的高盐水。高光照水平对珊瑚礁的生长也是非常重要的，这使得珊瑚只能在光合有效层生长。即使在热带清澈的贫营养水域，大多数建造珊瑚的物种也只生活在浅于25 m的水域。珊瑚礁的向上生长止于潮汐最低的水位，因为暴露在空气中超过几小时会导致珊瑚死亡。珊瑚对悬浮物和沉淀物的高浓度非常敏感，这些沉淀物会覆盖珊瑚并妨碍其捕食机制，高混浊度还会通过减少光的穿透深度影响建造珊瑚的过程，因此混浊水域中没有珊瑚。新的珊瑚礁最初是通过底栖浮游幼虫附着在坚硬基底上形成的，因此珊瑚礁总是与大陆或岛屿的边缘相关联。

7.1.3　多样性

珊瑚礁是地球上多样性最高的生态系统之一。它们支持着丰富的多细胞生物多样性。大堡礁由大约350种硬珊瑚组成，栖息着超过4 000种软体动物、1 500种鱼类和240种海鸟。此外，还有许多其他大型底栖生物，而微型和中型底栖生物的数量仍然未知。几乎所有门和纲的代表性物种都可以在珊瑚礁生态系统中找到。印度-太平洋地区的珊瑚物种多样性很高，整个地区至少有500种造礁珊瑚。相比之下，大西洋的珊瑚礁则显得贫乏，只有大约75种造礁珊瑚。珊瑚礁上这些生物在健康和营养上强烈依赖于相关的微生物。科学家们对来自太平洋32个岛屿的99个珊瑚礁进行了系统采样，研究了3种珊瑚形态、2种鱼类和浮游生物群落，以评估珊瑚礁微生物的组成和生物地理分布。研究表明，与其他环境相比，珊瑚礁微生物丰富度极高。微生物群落在这3种动物生物群落（珊瑚、鱼类和浮游生物）之间及其内部，以及地理上都存在差异。对于珊瑚而言，海洋跨越的多样性模式与已知的其他多细胞生物不同。无论是在岛屿还是整个海洋尺度上，在每种珊瑚形态内，群落组成首先受地理距离的影响，其次才是环境因素（Galand等，2023）。

造礁珊瑚是珊瑚礁体的最主要贡献者，它的生长和分布对礁区其他生物的栖息和生长起了决定性作用，所以一定程度上，造礁珊瑚的多样性状况即可反映珊瑚礁区生物多样性的整体特征。例如，Bellwood和Hughes（2001）在研究中就以造礁珊瑚的物种多样性为代用指标。

由于对自然环境条件有严格的要求，造礁珊瑚的分布范围只局限在热带和部分亚热带海区，主要有两大区系：大西洋-加勒比海区系和印度-太平洋区系。这两个海区的珊瑚礁面积分别占全球珊瑚礁总面积的8%和78%，是最主要的珊瑚礁区（Zou，1998）。就已报道的造礁珊瑚种类，印度-太平洋区系有86个属1 000余种，而大西洋-加勒比海区系有26个属68种（Roberts，2002）。这两个海区的珊瑚在数量和种类上的差别很大，通常认为是地理障碍导致的。在600万年前形成的巴拿马海峡使得这两个区系的珊瑚独立演化。

从生物种类的密集程度来看，东南亚珊瑚礁区是生物多样性程度非常高的地区，被称为"珊瑚三角地带"（Yu等，1996）。传统生物地理学对这个地区的高生物多样性的解释主要有起源中心说、累积重叠说和生存避难中心说等。现在一般认为这里既是生物的避难所，又是新物种的滋生地。本区域以外的珊瑚礁地区随着纬度或距离的不同而呈现生物多样性的梯度变化。

在特定的某一礁区范围内，珊瑚礁生物多样性表现出水平分带和垂直分层的特征，礁前坡、礁坪和潟湖的生物在种类和数量上都有明显差异，不同水深处的特殊生态环境适宜不同生物生存。

与珊瑚礁相关的其他动物群体的物种数量在大西洋区域通常也低于印度-太平洋地区。据估计，太平洋中的软体动物物种数量约为5 000种，而大西洋则只有1 200种；在这两个区域的珊瑚礁中，鱼类物种的数量分别约为

2 000种和600种。这些物种多样性的差异可能源于海洋的年龄及各自形成珊瑚礁的地质时期。从地质角度来看，大西洋是一个较新的海洋，其珊瑚礁也在冰川时期受到了温度降低和海平面下降的严重影响。大多数大西洋的珊瑚礁只有10 000到15 000年的历史，这些日期对应于最后的冰川时代。相比之下，大堡礁的历史更为悠久，大约有200万年，而某些太平洋环礁的历史可追溯到约6 000万年前。

珊瑚礁本身为许多植物、无脊椎动物和鱼类提供食物和栖息地。对于定居物种而言，珊瑚礁提供了附着的场所。礁石石灰岩表面的不规则形状形成了许多微生境，例如裂缝和隧道，这些都对该系统的动物多样性贡献良多。珊瑚块之间还会积累碎石和沙子，这些沉积物类型据所处环境形成了与坚硬基质的珊瑚礁不同的生物群落。珊瑚礁还根据波浪作用、深度和潮汐暴露程度的物理差异，划分为不同区域。这种丰富多样的栖息地是支持珊瑚礁内众多物种的重要因素。

珊瑚礁是海洋生态系统中最为复杂且多样化的环境之一，其生物组成不仅仅依赖于珊瑚虫的存在。虽然珊瑚虫在珊瑚礁的生物量中占主导地位，但其他生物同样对碳酸盐礁的结构与功能有着不可忽视的重要性。其中，硬质藻类和珊瑚藻是关键的组成部分，这些生物在珊瑚礁的表面上薄薄地生长，并以其独特的方式参与了礁体的构建。这些附着藻类通过沉淀碳酸钙来增强珊瑚礁的稳定性和坚固性。在这一过程中，藻类与珊瑚遥相呼应，共同创造出一个结构性和生态功能兼备的环境。当海水中的碳酸钙浓度增加时，这些藻类能有效地利用这些营养物质进行生长，从而进一步促进珊瑚礁的构建。某些绿色藻类也具备分泌碳酸钙的能力，而另一些绿色藻类则不具备此功能，它们在珊瑚礁生态系统中发挥的是其他的作用。值得注意的是，绿色藻类不仅是珊瑚礁构建者，也是许多生物的重要食物来源。除了附着藻类，珊瑚礁中还生长着一些直立的底栖藻类，这些藻类通常生长在珊瑚框架的缝隙中，与珊瑚虫、鱼类和其他无脊椎动物形成相互依存的关系。这些底栖藻类通过光合作用产生的氧气以及作为食物链的基础，在维持生态平衡和促进生物多样性方面扮演着重要的角色。在珊瑚礁内或其周边的沙质区域，海草也扮演着至关重要的角色。海草不仅为生活在珊瑚礁内的草食性无脊椎动物和鱼类提供了丰富的食物来源，还能够进一步固定海底的沉积物，减少水土流失。海草床与珊瑚礁之间的相互作用也促进了营养物质的循环，为整个生态系统的健康与活力提供了保障。尽管藻类在生态系统中的角色往往不如珊瑚和其他动物那样显眼，但它们却是维持珊瑚礁生态平衡的关键。

　　除了构建珊瑚礁的石珊瑚外，其他类型的刺胞动物同样是珊瑚礁生态系统中不可或缺的成员。火珊瑚、管珊瑚和软珊瑚等非构建珊瑚物种以其独特的生物特性和生态贡献，为整个珊瑚礁环境增添了更多维度。火珊瑚因其具备发达的刺胞而闻名，这些刺胞能够有效地保护自己免受捕食者的侵害，同时在与其他生物竞争资源时也发挥着重要作用。管珊瑚则通过形成密集的聚集体，提供了栖息空间和庇护所，为珊瑚礁的生物多样性做出了贡献。海鞭和海扇是珊瑚礁中常见的生物，它们与石珊瑚有着密切的亲缘关系，具有粗糙的外观和柔韧的结构。海鞭和海扇不仅美化了珊瑚礁，还为鱼类和其他无脊椎动物提供了栖息地。它们的存在为整个珊瑚礁群的多样性提供了保障。红色、紫色、黄色等色彩斑斓的海扇化身为水下花园，形成了让人叹为观止的视觉盛宴。此外，珊瑚礁中的其他主要无脊椎动物群体也同样丰富。棘皮动物如海星、海胆和海参通过其独特的生理结构和生态角色在珊瑚礁中扮演着重要的角色。海星以其捕食能力有效控制无脊椎动物的数量，而海胆则通过消耗藻类，间接促进了珊瑚的生长。软体动物如海蛎、蜗牛和蛤蜊也为珊瑚礁的生态系统提供了重要的营养循环，某些蜗牛以其坚硬的壳体为周围的生物提供了庇护。多毛虫、海绵和甲壳类动物（如龙虾和小虾）的存在进一步丰富了珊瑚礁的生态结构。一些无脊椎动物，如苔藓虫，属于附着型物种，它们常附着于硬底物上，通过过滤水中的营养物质提供食物支持。一些多毛虫能够构建钙质管，增强了珊瑚礁的结构稳定性，而蜗牛在珊瑚礁上形成的管状外壳为许多小生物提供了藏身之所。在太平洋地区，三角贝属的巨型蛤蜊也是珊瑚礁的重要结构组成部分。这些软体动物为珊瑚礁贡献了惊人的生物量，它们的长度可超过 1 m，体重可能超过 300 kg。

　　鱼类是珊瑚礁中的主要脊椎动物。许多珊瑚鱼颜色鲜艳，非常显眼。

世界上大约25%的海洋鱼类只能在珊瑚礁区找到。这些不同种类的鱼表现出高度的摄食专业化和食物选择。有些是食草动物，以藻类或海草为食；一些专门以浮游生物为食；有些是食鱼动物，或是底栖生物礁无脊椎动物的掠食者。鱼类不仅在放牧或捕食中发挥重要的生态作用，而且这些数量庞大的动物的粪便为珊瑚礁生态系统提供了重要的营养来源。

7.2　红树林

红树林，也称为红树林沼泽，是热带和亚热带海岸线上的常见特征，覆盖了世界热带亚热带60%～75%的海岸线。这些独特的生态系统由生长在软沉积物中的树木和灌木形成，通常位于上潮间带区域。红树林不仅构成了一种与盐沼相似的海洋生态系统，还能够为多种陆生和海洋物种提供栖息环境。这些耐盐植物的适应能力极强，从全盐水到淡水的广泛盐度条件中皆能生存，常见于波浪作用较小的海岸线，以保持稳定的生长环境。红树林在维持生态平衡方面发挥着重要作用。其根系不仅稳固了土壤，减少了海岸侵蚀，还通过过滤污染、固碳和提供栖息地而提高了生物多样性。这些区域为多种鱼类、虾和其他海洋生物提供栖息和繁殖的场所，形成丰富的食物链。红树林的分布与珊瑚礁的分布有所重叠，但红树林的分布向北和向南的扩展可以达到亚热带地区，这使得红树林在全球生态系统中扮演了独特的角色。在许多沿海地区，红树林沼泽常与由礁坝保护的海岸线相邻，形成一个相辅相成的生态系统。保护红树林不仅有助于维护海洋和陆地生态的健康，也为气候变化的缓冲提供了重要支持。因此，红树林的保护和恢复成为全球生态恢复的重要方面。

"红树林"一词指的是属于约12个属多达60种开花陆生植物（被子植物），主要属包括红树属（*Rhizophora*）、海榄属（*Avicennia*）和霓藻属（*Bruguiera*）。这些植物具有共同特征：首先，它们耐盐，并生态上限制于潮汐沼泽；其次，它们的空气根和浅根系统相互交织，广泛延展在泥泞的基质上，形成难以穿透的纠结物，这使得植物能够在缺氧的环境中生存，并直接从大气中获取氧气。此外，许多红树林物种还具备特殊的支撑根，能够提供额外的稳固支持。红树林具备独特的生理适应，防止盐分进入其组织，或有效排出多余的盐分。大多数红树林植物以卵生的方式繁殖，在树上产生种子并发芽，幼苗则会掉落到水中，依靠水流传播。广东湛江红树林国家级自然保护区是全国保护红树林面积最大的自然保护区。湛江高桥红树林保护区位于广东省湛江市廉江市高桥镇内，处于湛江红树林国家级自然保护区的核心区，与广西壮族自治区北海市山口镇相邻，属南亚热带季风海洋性气候。研究区红树林覆盖面积为509.71 hm²，红树林的优势物种为桐花树、白骨壤、木榄、红海榄、无瓣海桑和秋茄。2018—2021年，利用差分GPS进行野外调查，结合无人机数码照片，发现该区域包含68株白骨壤、192株木榄、65株红海榄、229株桐花树、29株无瓣海桑以及16株秋茄（Gao等，2022）。红树林的丰富多样性使其成为重要的生态系统，对沿海环境具有显著影响。

近年来，为了更好地实现保护生态环境、固碳减排和生态文明建设，人们对红树林日益重视。2017年4月，习近平总书记在广西壮族自治区北海市金海湾红树林实地考察时指出，保护珍稀植物是保护生态环境的重要内容，一定要尊重科学、落实责任，把红树林保护好。自然资源部、国家林业和草原局印发了《红树林保护修复专项行动计划（2020—2025年）》。《中华人民共和国国民经济和社会发展第十四个五年规划和2035年远景目标纲要》明确提出，我国要在2030年实现"碳达峰"，2060年实现"碳中和"。因此，人们需要积极推进红树林自然保护地建设，逐步完成自然保护地内的养殖塘等开发性、生产性建设活动的清退，恢复红树林自然保护地生态功能。实施红树林生态修复，在适宜恢复区域营造红树林，在退化区域实施抚育和提质改造，扩大红树林面积，提升红树林生态系统质量和功能。

7.2.1　红树林生态特征

红树林的物理环境特征表现为盐度和温度的显著波动。同时，该区域受到潮汐作用的强烈影响。水的交换将营养物质带入红树林区域，并将物质排出。潮汐流动也导致鱼类和虾类等动物的进出。在潮间带高处栖息的动物面临最大的环境变化和潜在的干燥，这些植物和动物已适应潮汐引起的变化，而最大的红树林沼泽则位于具有较大垂直潮差的区域。

红树林生长在波浪作用较小的地区，植物交错的根系进一步减缓了水流速度。这导致悬浮沉积物和有机物（特别是叶子）的沉积，这些物质在底部形成黑泥。沉积物往往缺氧，因为细菌活性很高，且细粒基质内循环较差。

从红树林区域的海侧到陆地边缘，环境条件逐渐变化，从海洋条件转向陆地条件。不同红树林物种的区域分布相应地形成，至少部分是根据其各自的耐盐能力划分的。

红树林是生态系统中独特而重要的一部分，通常分布在潮汐影响的沿海区域，主要由耐盐植物组成。由于其独特的生境，这些范围内的生物环境广泛且多样，支持着许多动植物物种的生存。根据生态学的研究，红树林区可以分为3个主要区域：潮上带红森林、潮间带湿地和潮下带区域。每个区域都具有独特的生态特征和生物多样性，形成了红树林生态系统的整体结构。

1）潮上带红森林

潮上带红森林是红树林生态系统中的上层区域，主要由红树的树干和叶冠组成。这一带是陆生生物的重要栖息环境，生活着大量的动物，包括鸟类、蝙蝠、蜥蜴、树蛇、蜗牛、陆蟹、红树蟹、蜘蛛和各种昆虫。其中，昆虫的种类和数量最多，是生态系统中最常见的类群之一。在潮上带红森林中，鸟类和蝙蝠通常以小鱼和昆虫为食，巧妙地利用红树林中的隐蔽性捕猎。家畜，尤其是牛、羊和骆驼，在某些地区可能会啃食红树的叶子，造成一定的生态压力。研究显示，在佛罗里达的红树林中，大约5%的总叶片产量被陆生食草动物所消耗，而其余部分则以碎片的形式进入水域，成为水下生态系统中重要的食物来源，供给鱼类和无脊椎动物等海洋腐食性动物。叶片和根系的腐烂物质为泥滩区的各类动物提供了营养，有助于维持整个生态系统的平衡。因此，潮上带红森林不仅是红树林的重要组成部分，也是广泛的陆生和水生生物的栖息地。

2）潮间带湿地

潮间带湿地是红树林生态系统中非常关键的区域，提供了多种不同的基质和微栖息地，支持更为丰富多样的海洋生物群落。在这一带，红树的根部成为许多附着生物的栖息地，如藤壶和牡蛎等，提高了生态系统的生物多样性。泥滩和泥岸是潮间带湿地的主要组成部分，通常支持着大量的群落生物。一些等足类动物会在红树的根部打洞，虽然它们可能会对树的根系造成一定损害，但其综合影响通常是有限的。马蹄螺等海螺在潮上带的根部密集爬行，多毛虫则与根系相互依存，其中一些筑管种会附着在这一坚硬表面上。在潮间带的泥滩上，挖掘性招潮蟹和海参是常见的居民，它们以泥中的碎屑为食，帮助循环营养和能量。红色和绿色的底栖藻类受到等足类动物和一些蟹类的啃食，形成了复杂的食物链。在太平洋地区，大眼泥鳅常见于此地，这类鱼具备在泥中挖洞的能力，但大部分时间则在水外活动，利用其特化的鳍在泥滩上爬行。落叶是潮间带湿地中的重要营养和能量来源，许多生物通过滤食等方式获取碎屑。例如，牡蛎通过滤食去除悬浮的碎屑，而挖洞多毛虫则通过沉积喂食方式获取沉积物中的有机物。此外，捕食者如蟹和虾则以较大颗粒的碎屑为食，这些生物共同参与了营养循环，为整个生态系统提供了持续的能量输入。

3）潮下带区域

潮下带区域是红树林生态系统中最底部的部分，通常是泥沙沉积的地方，颗粒细小且富含有机质，同时也可能包括沙子区域。潮下带红树林的根系为丰富的附生植物和动物提供了栖息地，包括藻类、海绵、被囊动物、海葵、水螅和苔藓动物。这些附生物种在空间上的竞争异常激烈，形成了复杂而多样的生态网络。在潮下带区域，海草可能成为主要的底栖植物，起到稳定泥底的作用。挖掘动物如螃蟹、虾和各种虫子非常常见，它们的洞穴能促进氧气渗透泥层，从而改善缺氧条件。鱼类在此区域数量庞大，许多鱼类是浮游生物的捕食者，直接与生态系统的食物链紧密相连。潮下带区域的生物多样性和丰富性使其成为当地渔业的基础。包括鱼类、螃蟹、龙虾和虾在内的多种生物，形成了渔民生计的重要组成部分。通过捕捞这些资源，人们不仅获得了食物，也促进了经济活动，体现出红树林生态系统的重要经济价值。

该系统的主要生产者不仅包括红树林本身，还包括底栖藻类、海草和浮游植物。红树林特殊的生长环境使得关于该区域红树林的相关生产的研究很少。红树林湿地富含大量可回收的营养物质。尽管红树林群落可能会输出大量碎屑，但根部也会捕获富含有机物的碎屑，这些碎屑在沉积物中被分解；然后，回收的营养物质可以被红树林的根部吸收。红树林系统并不仅仅依赖于溶解在周围贫营养海水中的营养物质。红树林也位于太阳辐射强烈的地区，高营养和高光照的结合引起高的初级生产力。植物呼吸是可变的，可能与特定地区的盐度胁迫程度有关。据估计，红树林湿地对沿海水域的净产量在 $350 \sim 500 \text{ g} \cdot \text{m}^3 \cdot \text{a}^{-1}$。

7.2.2 红树林物质循环与能量流动

红树林是一种独特而珍贵的生态系统，其自身的固碳效率极高。根据研究，全球红树林系统的平均储存碳量高达 $1\ 000 \text{ Mg/hm}^2$，其中超过70%的碳固存在地下土壤中（Alongi，2014）。红树林不仅能有效固碳，还能通过潮汐和海浪作为辅助能源，增强自身的碳储存与运输能力。这些自然因素帮助红树林储存新的固定碳、沉积物、食物和养分，并在大气和邻近海域之间进行物质交换与能量流动（Vo-Luong等，2008；Barr等，2013）。以广东英罗湾的红树林为例，研究表明，不同潮位下红树林土壤的有机碳质量和碳密度差异显著。在低潮位到高潮位的过程中，有机碳质量和碳密度都呈现递增的趋势，尤其在高潮位时，植被生物量及其碳密度更高（陈瑶瑶等，2019）。这表明潮位变化对红树林生态系统的影响是显著的，高潮位的土壤和植物生长更有利于碳的积累。然而，涨潮也带来了一些不利影响。涨潮时的水位上升降低了土壤中的氧气含量，同时降低了叶片气孔的导度。这种情况下，植物的光合作用和呼吸作用均受到抑制，从而影响其生长（陈鹭真等，2006）。光合作用是绿色植物固定大气中二氧化碳的主要方式。植物经过光合作用将二氧化碳固定后，以凋落物和根系分泌物的形式将有机碳输入土壤。土壤的盐度和pH则通过微生物的活性和生长影响根系的分解，进而影响土壤中有机碳的含量。潮汐变化不仅影响红树林的植物，还对栖息在这一生态系统中的动物种群产生显著影响。研究表明，红树林中某些水生生物群落与不同潮汐阶段存在明显的关联，这表明生境因素在影响其分布上起着重要作用（姜成朴，2019）。这种动态的生态关系显示出红树林生态系统的复杂性和脆弱性。

红树不仅对水生生物群落有影响，其发达的根系同样能够吸收水体中的营养元素（如氮、磷）及重金属，降低水体的富营养化程度。这种自我净化的能力在一定程度上减少了来自陆地径流和内陆的污染，为水环境的净化和水生生物的生长创造了良好的条件。通过调节水质，红树林为生态系统的其他生物提供了栖息和繁衍的良好环境。

7.2.3　红树林重要用途

红树林在生活于栖息地内和周边的人们的生计中扮演着重要角色。传统上这些树木用作燃料和木炭。木材具有耐水性，也用于建造船只和房屋。树叶则用于覆盖屋顶以及饲养牛羊。甚至某些红树林物种的幼叶鞘也被用来制造香烟包装。

这些热带沿海群落的渔业历史悠久，捕捞以鲻鱼等鱼类为主，还拥有丰富的虾、蟹、贝类和蜗牛等资源。渔网和捕捞器具常常部分采用红树林的材料制作，而从红树林提取的单宁则被用来提高渔网和帆布的耐用性。

红树林在生态环境保护方面也具有重要意义。它们在容易遭受严重热带风暴的地区形成保护屏障，抵御风害和侵蚀。在一些地区，红树林通过积累沉积物，促进潮间带区域向半陆地栖息地的转变。例如，在印度尼西亚，红树林以每年100~200 m的速度向海域扩展。根系还为许多鱼类、虾、幼年的刺龙虾和蟹类提供了一个保护性的育幼场。森林的树冠不仅为许多树栖和海洋生物直接或通过碎屑提供食物，同时也为各种热带鸟类提供了筑巢的地点。

7.3　海藻林

在寒冷的温带地区，潮间带的岩石岸群落在潮下区域与海藻林相连。这些海藻生物适应了一系列的环境条件，尤其是在温度较低、清澈的海水中生长，通常生长在20 ℃夏季等温线之外，这意味着它们在温带及亚寒带水域，乃至于白令海域以及南极周围比较常见，是这些生态系统中的重要组成部分。

海藻通常在上涌、快速水流或强烈波浪的区域形成独特的潮下群落。这些区域的水流动力能够提供丰富的营养物质，进而促进海藻的生长。为了能够附着生长，海藻需要坚硬的基质，通常在海床或岩石上扎根。其生长深度通常为20～40 m，具体取决于水体的清澈程度。透明度越高，海藻能够向越深的水域延伸。在北美和南美的西海岸，这种海藻床的分布延伸到许多上涌地区，甚至可延续至亚热带纬度。在西太平洋区域，日本、中国北部和韩国沿海也发现了广泛的海藻床，这些生态区域不仅提供了丰富的海洋生物栖息地，还形成了重要的渔业资源。在大西洋域，尤其是加拿大东海岸、南格兰特岛、冰岛和包括英国在内的北欧沿岸地带，同样生长着大型海藻床，展示出其广泛的地理分布和生态重要性。值得注意的是，海藻的生物量在南极周围的岛屿，如马尔维纳斯群岛附近达到了最高水平，这里因其水温较低和水流丰富而形成理想的生长条件。新西兰和南非也是支持海藻生长的优越地区，这些地方提供了充分的海洋营养物质，使得开发海藻成为可能。

每株海藻通常由一个用于附着在基质上的根部和一个灵活的茎（或称为柄）组成。根部或附着结构使海藻能稳固地固定在海底，抵御海洋浪潮和水流的冲击。长而薄的叶片（相当于树叶）则附着在茎上，形成宽广的光合作用表面。通过这个结构，海藻能够在阳光下进行光合作用，积极吸收二氧化碳和水，释放出氧气，为周围的生物提供生长所需的氧气。此外，海藻可能还具有充满气体的浮囊（或称为脐囊），这些浮囊帮助叶片保持在水面上，确保可以获得最充分的阳光辐射。光合作用所需的光在水面最为充足，而浮囊的存在则保证了叶片能在水体中适当浮起，促进了海藻的高效生长。

海藻巨大的光合作用表面以及周围湍流水域中的持续营养供应，使得它们成为高产的生产者。常见的太平洋海藻包括海囊藻属（*Nereocystis*）、海棕藻属（*Postelsia*）和巨藻属（*Macrocystis*）。其中，巨藻（*Macrocystis pyrifera*）通常被称为巨型海藻，其长度可超过50 m，能够在加利福尼亚水域形成水下森林，为多种海洋生物提供栖息地和食物来源。此外，不同种类的褐藻（如*Laminaria*）在北大西洋沿海地区更是占据了主导地位，通常长度在3～5 m之间。这些褐藻不仅为沿海水域提供了较高的生物多样性，同时也是海洋食物链的基础。海藻不仅在生态系统中发挥着重要作用，还对人类的渔业活动和海洋经济有重要影响，具有极高的生态、经济和社会价值。

7.3.1　海带与海藻林的生态关系

海带独特的生态功能和生物特性使其成为令人瞩目的海洋植物。海带的生长速度通常在 $6 \sim 25 \ cm \cdot d^{-1}$，这一生长速度让它在海洋生态系统中扮演了重要的角色。例如，加利福尼亚州的麦序海带（ *Macrocystis pyrifera* ）在理想的生长环境下，能够达到 $50 \sim 60 \ cm \cdot d^{-1}$ 的生长速度，展现出其强大的生命力。这种生长速度和特性使得海带在覆盖海洋底部、形成丰富的栖息地方面发挥了至关重要的作用。

海带可以是一年生或多年生物种，这意味着它们能够通过不同的生长策略适应各种环境。一些种类的海带每年或每几年从原始根茎中重新生长出新的茎和叶，这种再生能力不仅提高了其生存的适应性，还增强了其在生态系统中的功能。通过繁殖孢子，海带能够形成新的个体，保证其种群的延续和繁衍。这种快速生长和繁殖的能力，使得海带每平方米每年的生产力在600克到3 000克碳之间，显示出其高强的光合作用能力与巨大的生态贡献。

海带及其他海藻群落在海洋生态系统中创造了极其丰富的空间异质性和多样栖息地。这种结构的复杂性支持了多样化的动物群落。海带的宽大叶片表面，为众多附生植物和附生动物提供了栖息空间，包括硅藻和其他微生物，以及苔藓动物和水螅等。这些微生物和小动物不仅依赖海带生存，而且也在其生物群落中发挥着重要的生态作用。在某些海域，各种软体动物、甲壳类动物、蠕虫等生物都适应了这种栖息环境，它们生活在植物之上或植物之间的基底上。这些动物的存在不仅提高了海底生态系统的生物多样性，还形成了复杂的食物链，使得整个生态系统更加繁荣，尤其是草食动物，如海胆等，它们可能会消耗海藻的相当一部分初级生产力；而一些蜗牛和海蛞蝓（例如海兔）直接以海藻为食，但通常只消耗非常少量的总生产量，这与海带的高生长速率形成鲜明对比。

由于海带群落的复杂性，它们还为许多以海藻相关动物为食的鱼类提供了庇护和保护，并为它们提供了防范捕食者（如海豹、海狮和鲨鱼等）的庇护所。这样的生态保护机制，不仅有助于维持生物多样性，还在一定程度上保障了海洋生态系统的稳定性。值得注意的是，在许多生态系统中，高达

90%的海藻生产力并没有被消费，而是流入了碎屑食物链。海藻边缘不断受到波浪的侵蚀，小碎片被撕扯下来，这些小碎片成为重要的食物资源，滋养了底层生态系统的多样化生物。此外，一年生的海藻种类（例如海带）在夏季的生物量可能达到惊人的100 t·hm^{-1}，而在初次冬季风暴的冲击下，这些生物量可能会遭到破坏。被摧毁的海藻物质会进入海藻床的碎屑池，或被输送到其他地区。这一过程不仅影响了海洋食物链的动态，还改变了海洋底部的物质循环。被风暴连根拔起的海藻植物，可能会被大量冲上海滩，成为等足类动物或异足类动物的丰盛食物。

海藻的生态学意义不仅限于直接的生物间相互作用，还在于它们能够通过释放大量有机物质溶解在水中，提升水体营养水平。这些外渗物被细菌利用，从而被转化为颗粒状生物量，进一步构成了底栖动物及其他生物的营养来源。这一系列复杂的生物相互作用构成了动态的生态网络，海带作为关键物种承载着生态系统的稳定性与繁荣。

7.3.2　海獭与海藻森林的生态关系

海獭（*Enhydra lutris*）被公认为是北太平洋海草森林中的关键物种。作为一种主要以软体动物、螃蟹和海胆等海洋生物为食的捕食者，海獭在生态系统中扮演着重要的角色。它们每天的食物摄入量可以达到9 kg，而在阿姆奇特卡岛附近，海獭的密度为20～30只·km^{-2}，年均消耗猎物的总量可达35 000 kg。这一情况不仅影响着海洋生物的种群结构，也对海藻的生长和分布产生了重要影响。

2024年1月，蒙特雷湾水族馆的研究人员在*PLOS Climate*杂志上发表了一项新研究，强化了南方海獭与加利福尼亚州海藻森林长期健康之间的联系。他们发现，南方海獭的种群增长促进了加利福尼亚州海藻森林的扩张，于是，研究人员进一步强调保护该濒危物种的重要性。这项研究显示，自1910年到2016年，加利福尼亚州海岸的海藻森林发生了显著变化，南方海獭种群的增长提高了海藻森林的抗性（Nicholson等，2024）。

南方海獭（*Enhydra lutris nereis*）主要分布在加利福尼亚州中部海岸，作为关键物种在生态系统中扮演基础角色。它们不仅是海藻森林的守护者，还帮助维持沿海生态平衡。尽管采取了法律保护和种群恢复措施，但当前种群数量仍在 3 000 只左右波动。针对1910年至2016年的海藻森林数据，研究发现南方海獭种群的恢复几乎弥补了加利福尼亚州北部和南部的海藻损失，全州的海藻覆盖仅微降6%。然而，北部和南部的海藻冠层分别减少了63%和52%，而中部海岸的覆盖面积却增加了56%。该研究的第一作者特丽·尼科尔森是蒙特雷湾水族馆海獭项目的高级研究生物学家，她表示："我们的研究表明，在过去的一个世纪里，当南方海獭重新占领加利福尼亚州海岸时，海藻森林更加广泛和更具抗气候变化的能力。在没有南方海獭的地方，海藻森林急剧减少。实际上，我们发现海獭种群密度是这个百年时段内影响海藻冠层覆盖变化的最强预测因子。"此外，研究还考察了气候变化导致的极端海洋温暖对海藻生长的影响。海藻森林提供许多环境效益，如鱼类栖息地、减少海岸侵蚀以及碳储存。研究者建议，重引南方海獭进入其历史分布范围的地区，可能有助于恢复海藻森林，进而恢复加利福尼亚州海岸的生态。这项研究强调了生态系统各组成部分在应对环境变化中的重要性，南方海獭对于保护和恢复这些生态系统起着巨大的作用。

海獭以海胆（*Stronglyocentrotus* spp.）为重要猎物之一，而海胆作为食草动物，以活海藻及其根系为食。海胆的捕食行为严重影响了海藻的生长和生存，它们会咬断固定海藻的根系，使得海藻脱离海床，最终被海洋洋流带离。这种捕食不仅导致海藻的减少，还可能形成生态荒漠，威胁到其他依赖海藻生存的物种。

海獭通过直接捕食海胆，将海胆的数量维持在相对较低的水平，从而保护海藻不被过度消耗。这一生态作用在阿留申群岛的不同岛屿之间得以体现。一些岛屿的生态系统因海獭的存在而繁茂，海藻群落发育良好；而在其他岛屿，海獭缺失导致了海藻资源的匮乏，生态系统则表现出极度贫乏。

1911年以来，海獭受到了法律保护，部分地区的种群也得到了有效恢复。海獭的再引入不仅助力了生态系统的复苏，同时也起到了对海胆的抑制作用，促进了海藻生产的增加。在重建后的生态系统中，海藻的生长逐渐恢复至过去的繁茂状态，海洋生态环境再度焕发活力。

尽管海獭得到了法律保护，但其种群仍然相对脆弱。渔民常常将海獭视为威胁，认为它们与人类共同争夺鱼类和贝类，从而构成了竞争。这种观念在海湾渔业中尤为突出，特别是在有价值的海胆捕捞中。与此同时，海獭对环境变化也非常敏感，尤其是石油泄漏等人为活动可能对其生存构成威胁。1989年的埃克森瓦尔迪兹事件便显现出这一问题，至少有5 000只海獭因石油泄漏而死亡，造成了严重的生态损失。

7.3.3　海胆的过度采食与生态荒漠化

海胆作为海藻床中的重要食草动物，当其数量在海藻床中以高密度出现时，能够对海藻生长造成毁灭性的影响。例如，1968年之前，诺瓦斯科舍沿海的岩石岸边曾拥有丰富的藻床，延伸至约20 m深处，支持着每平方米约37只海胆的种群。然而，1968年起，海胆种群开始呈现爆发式增长，形成了生态荒漠，海藻几乎完全被消灭。到1980年，海胆主导的荒地延伸超过400 km，岩石基底被珊瑚红藻覆盖，而海胆对这些红藻的采食并未发挥控制作用。在20世纪80年代初期，由于流行病的影响，海胆种群经历了灾难性的减少，短短3年内，部分地区的海藻床开始显著重建。海洋生态系统的恢复证明了生态平衡的脆弱性，以及某些物种在维护这一平衡过程中的重要性。

7.4　深海生物学

大部分海底被淹没在数千米深的海水之下，形成了一个神秘而复杂的生态系统。尽管地球表面约71%被海洋覆盖，但我们对深海生命的认识远不及近岸浅水区。这一现象的主要原因在于深海探索的艰难与昂贵。深海的环境极端，压力巨大，温度低，光线几乎无法到达，这使得科学家们在探索时面临重重挑战。例如，仅从深海海底获得样品就需要特制的潜水器，或者一艘装备有至少12 km长高强度缆绳的考察船。过去，由于人类难以到达海洋深处，深海中是否存在生命的问题引发了诸多争论。许多人认为，深海环境极端恶劣，生命很难在这样的条件下存活。然而，随着科学技术的发展，越来越多的证据表明，深海中实际上蕴藏着很高的生物多样性。即使是在今天，利用潜水器或生物采泥器收集深海样品依然非常费时。由于氧气的供应有限，载人潜水器的工作时间通常只能维持在12小时之内，其中有8小时用于升降过程。这使得科学家们在进行深海研究时必须精确规划每一个步骤，以确保能够在有限的时间内完成任务。此外，将船上的采泥器放至深海海底再收回，需要耗费约24小时，这对于需要快速获取数据和样品的研究显得尤为不便。

近年来，机器人和远程操控运载工具（ROV）的出现，极大地改变了深海探索的面貌。这些先进的技术使得人们对海洋深处的观察和采样变得更加容易。ROV可以在水下长时间工作，且操作成本相对较低。科学家们可以通过远程操控设备，实时获取深海环境的影像和数据，进而进行分析。这种技术的灵活性和高效性，使得研究人员能够在深海中进行更深入的探索，发现许多之前未曾见过的生物和生态现象。ROV的使用不仅提高了深海探索的效率，也为科学家们提供了更多的机会去了解深海生态系统的复杂性。通过对深海生物的观察，研究人员发现了许多独特的物种，它们在极端环境中展现出惊人的适应能力。例如，一些深海生物能够在没有阳光的环境中，通过化学合成获取能量，而另一些则展现出独特的生存策略，如巨大的体形和特殊的生殖方式。

7.4.1　物理环境

深海海底类型包括半深海带、深海底带和超深渊带。半深海带从水深200 m延伸到4 000 m处，大致上与大陆坡的范围相对应；深海底带从水深4 000 m延伸到6 000 m，包含了80%以上的海底环境部分，深海底带的海洋底层覆盖着松软的沉积物，大部分成分是深海黏土；超深渊带从6 000 m水深处一直向下延伸，仅包括大陆板块边缘的极深沟壑部分，该区域发现的动物群落彼此隔离，通常有着独特的适应机制。

深海的物理环境稳定且均一，与表层海域形成鲜明对比，这一独特的环境让海洋生物得以适应并繁衍生息。首先，太阳光的照射深度非常有限，通常最多只能到达水深1 000 m处。在这一深度以下，光线几乎完全无法穿透，这使得深海成为一个黑暗的世界，生态系统的运作依赖于其他能量来源，如化学合成或有机物的沉降。在深海底部，水温通常不超过3 ℃，特别是高纬度地区，这一温度甚至可以降至-1.8 ℃。这种低温环境使得深海生物的代谢速率极为缓慢，许多深海生物呈现出低生长率和长寿命的特征。海水的盐度保持在略低于35的水平，这是海洋的一般盐度范围。但在特定的深海区域，由于地下水或其他因素的影响，盐度可能会略有变化。

在氧气的含量方面，深海的氧气水平相对稳定且较高，这种现象与深海的水文条件密不可分。在某些深海区域，尤其是靠近洋脊的位置，水体能够通过水下火山和热泉的活动获得氧气，这为深海生物提供了必要生存条件。

深海的压力随着深度的增加而显著上升。在洋脊处，压力超过200 kg·cm^{-2}（约200个大气压），而在深海平原处，这一压力可达到300～500 kg·cm^{-2}。在世界上最深的海沟中，压力甚至会超过1 000 kg·cm^{-2}。这种极端的压力环境赋予了深海生物独特的形态和生理特征，使它们能在这些严酷条件下生存。

在深海中，底层洋流的流速通常较慢，但其模式却远比我们想象的多变和复杂。表层洋流的暖涡和冷涡会对底层洋流产生影响，造成深海中的"风暴"，这种现象能持续数周，并导致底层洋流的反转或流速的加快。这种洋流的变化可能对底栖生物和与洋流相依的生态系统造成重要影响。

深海海底大部分地区覆盖着一层薄薄的沉积物。这些沉积物主要由泥状物的深海黏土构成。沉积物的堆积过程通常是缓慢的。在深海平原和海沟中，颗粒主要是由浮游生物的尸体沉淀而成，形成了富含有机物的泥土。而在洋脊和隆起的侧翼，沉积物的成分则可能涉及一些粗粒的沉积材料，这些材料通常来源于附近陆地的侵蚀。此外，在大陆坡陡峭的位置，可能会发现几乎没有沉积物的存在，这是因为这些地区的水流速度过快，难以维持沉积物的沉积。在洋中脊顶部、海山的斜坡和大洋中的岛屿附近，沉积物也同样缺乏，通常是因为这些新形成的洋底没有足够的时间来进行沉积物积累。因此，深海的物理环境不仅影响了生物的生存，也塑造了独特的生态多样性。

7.4.2　物种多样性

深海生态系统的复杂性与丰富多样性一直是海洋生物学研究中的一个重要课题。传统上，研究者认为深海生物多样性低于浅水区，特别是在

200～2 500 m的深度范围内。随着海水深度的增加，大型底栖动物如蛤蜊和多毛虫的物种数量往往呈现出增加的趋势。然而，当海水深度继续增加时，物种数量却急剧下降，这种观察导致了对深海物种多样性低的普遍认知。但是，科技的发展使得研究者能够在更深的水域进行样本采集，发现了许多之前未知的小型生物。例如，近期研究表明，小型底栖桡足类的物种数量在深度超过3 000 m时显著增加，而底栖有孔虫的最高多样性则出现在超过4 000 m的深度。这一发现使得科学家们对深海的物种多样性有了新的认识。

根据目前的研究结果，深海地区存在高度的物种多样性，尤其是在小型底栖生物群落中。随着深海样本的采集和新物种的描述，该地区的多样性似乎与热带雨林等陆地生境相当，这表明，虽然深海环境极端且条件严苛，但依然孕育着丰富的生物种类。一些生物学家估计，全球深海中可能存在超过100万种的海洋底栖动物，其中大多数生活于深海沉积物中。

不过，值得注意的是，不同海洋地区的物种多样性存在显著差异。在一些地区，上升流和高表层生产力环境可能导致底栖动物多样性的抑制。这种现象的主要原因可能与有机物质的复杂分解过程有关，该过程导致了水中氧气浓度的降低，从而对底栖生物造成影响。即便如此，深海生态系统依然展现出生物不可思议的适应能力和多样性。

深海并非一成不变，水温、盐度、食物来源以及压力等因素都在不断地影响着生物的生存与繁衍。在深海，尤其是在海底，沉积物的结构和成分也会影响生物的聚集与分布。沉积物的种类、沉积速率以及有机物含量等因素在深海底栖生物的生态方面起着重要作用。因此，探索深海生物与其栖息环境之间的关系，有助于深入理解深海生态系统的复杂性。随着对深海研究的深入，科学家们发现，许多深海生物具备独特的适应能力，能够在极端环境下生存。例如，一些深海鱼类和甲壳类具备低代谢率和缓慢生长的特征，这使它们能够在食物稀缺的环境中维持生存。同时，一些底栖生物也展现出复杂的生理机制和生殖策略，以适应深海的严酷条件。

7.4.3　食物来源

在海洋深处，除了深海热泉周围的局部化学合成生产外，黑暗区域缺乏初级生产，食物的可获得性是限制底栖生物量的主要因素，而非低温或高压。深海食物链依赖于表层生产，光合带中产生的食物仅1%～5%能到达海底。随着深度增加，沉降的有机颗粒被消耗或腐烂的概率逐步升高。多个潜在的食物来源会从富饶的表层沉降，具体贡献取决于沉降速度和中层的损失。主要的食物来源包括：

1）粪便颗粒和甲壳类动物蜕皮

紧凑的浮游动物粪便颗粒沉降速度快，可能相对完整地到达海底，鱼的粪便物质也是如此。尽管部分动物摄入这些废物，但通常这些"垃圾"含有大量不可消化的物质。

2）大型植物碎屑

陆生植物或海草、海藻等的木质部分会流入近海区域，并由洋流携带。大型植物颗粒能以一定速度下沉，可能完好无损地到达海底。例如，1830年放置的木板在104天后发现上面布满钻木蛤蜊，这些生物可以利用木质材料，生成的粪便颗粒也可供其他底栖动物食用。

3）浮游植物和动物尸体

浮游植物被食草性浮游动物消耗后，未被吃掉的部分因尺寸小而沉降较慢。在一些区域如北大西洋，季节性浮游植物死亡后，其碎屑可到达4 000 m深的海床。大型鱼类和海洋哺乳动物的尸体沉降速度较快，通常变为底栖食腐动物的食物。偶尔有大型动物尸体到达海底，但这一事件在正常情况下较为罕见。

4）动物迁徙

浮游动物和鱼类的垂直迁徙将有机材料向下转移，较浅深度的食物会转化为生物量，被深海捕食者消费。随着鱼类的迁徙，粪便颗粒可能被释放到深海。此外，一些深海鱼类（如琵琶鱼）在水表面度过幼体阶段，然后作为幼鱼或成年鱼迁徙到深处，在那里它们成为深海捕食者的潜在食物。这些都促进了食物向深海转移。

深海生态系统的复杂性让人惊叹。尽管一些深海物种表现出季节性繁殖的特征，但这并不是适用于所有深海生物的普遍规律。具体来说，研究发现一些软体动物（如贝类）的壳体和棘皮动物（如海星）的骨骼板上存在清晰的生长带，这些生长带的形成通常与季节变化的因素密切相关，例如水温、光照及食物的数量。因此，这类物种会在特定季节经历明显的生长和繁殖高峰，反映了它们对环境变化的敏感性。

然而，许多深海动物却展现出连续繁殖的特点，它们的繁殖周期似乎与季节性地表事件并无直接关联。这种适应性使得这些物种能够在偏远且相对稳定的深海环境中生存，避免了季节变化带来的压力。这一持续生产的机制确保了它们在漫长的时间内保持稳定的种群数量。尽管如此，深海的二次生产仍可能受到偶尔出现的非季节性食物短缺的影响。某些时期内，深海生态系统可能遭遇来自表层生物量减少的挑战，这会造成底栖生物的食物供应不足，从而干扰它们的生长和繁殖。因此，探索这些机制对于深入理解深海生态系统的动态平衡及其应对气候变化能力具有重要意义。

7.4.4　物种多样性

许多类型的大型底栖动物（如蛤蜊、多毛类）和鱼类的种类数量往往随着深度从200 m左右增加到2 000 m或2 500 m而增多，然后随着深度的增加而迅速减少。基于这些观察，多年来人们一直认为深海物种多样性低于浅海群落。然而，一种新的收集装置——底栖动物雪橇的开发和使用，改变了这种看法。底栖动物雪橇的设计目的是用于收集生活在海底或其正上方的动物。网目尺寸小到足以保留少量动物。采样器可以在采样期间关闭，以便保留整个样本。科学家收集了超过120种新的小型甲壳类动物。调查发现，小型生物的多样性随着深度的增加而升高。例如，在深度超过300～1 000 m的海底，海底桡足动物的物种数量增加了50%；而在深度超过400～1 000 m的海底，有孔虫的物种多样性最高。

现在已经确定，深海中存在较高的物种多样性，特别是在小型动物沉积物中。随着从深海获得更多的样本，并描述更多的新物种，深海的物种多样性似乎更接近高度多样化的陆地环境，如热带雨林。一些研究人员估计，可能有超过100万种海洋底栖动物，其中大多数生活在深海沉积物中。然而，不同海洋区域的物种多样性确实有所不同。例如，在北大西洋，物种多样性从热带地区向北极地区下降；但在南半球，威德尔海（南极大西洋区）的底栖动物物种多样性与热带地区正相关。深海的多样性也可能因地表初级生产的不同水平而有所不同。在一些地区，底栖动物的多样性在上升流和高地表生产力地区受到抑制，这可能是大量有机物质分解导致氧浓度降低的结果。

随着越来越多的深海区域被越来越复杂的设备所调查，就基质特征和当前环境而言，环境本身比人们以前认为的更加多样化。以微生境（环境特征略有不同的小区域）为形式的环境多样性本身可以导致动物的更高的多样性。事实上，深海底栖生物分布不均，在不同的分类群中发现了大量动物聚集，这些大量动物规模从厘米到米到千米不等。这种斑块分布强调了在评估深海动物的生物量和物种多样性时获得代表性样本的重要性。

7.5　热液喷口

热液喷口是冷海水沿裂缝和断裂渗入洋壳到达地下岩层时形成的海底热泉。冷海水吸收热量并溶解物质之后，通过复杂的管道系统回到海底表面，穿透海底喷出。目前，多个喷口已在西太平洋的弧后俯冲带和印度洋的扩张性洋中脊被发现。全球范围内，热液喷口多沿有火山和板块构造活动的海岭分布，不同的洋脊扩张速率从0.1 cm·a^{-1}到17.0 cm·a^{-1}不等，这一速率与岩浆层内的活动及其与洋脊表面的距离有关。快速扩张通常与海底深处的岩浆活动有关，而慢速扩张则与更深的热源和熔融岩石有关。一般而言，扩张速率越快，热泉活动越显著，海水与岩浆越接近。

热液喷口的发现经历了悠久的历史。20世纪70年代，Corliss（1973）研究证实，玄武岩岩浆沿洋中脊溢出并扩张，周围热海水的淋滤作用导致其结构发生显著变化。他通过不同地点岩石样品的同位素数据收集了大量证据，描述了一种在未见海底热泉的情况下的间歇泉现象。海水穿过沉积物和玄武岩，侵入岩浆周围，在对流推动下被上送，形成喷口。Corliss认为，许多富硫矿体实际上沿海底扩散轴下陷，并随构造板块俯冲，最终升至大陆山脉。

他在《炼金术士般的海洋》中详细阐述了这一过程，即："大多数具有经济价值的金属都是那些在熔岩慢慢冷却过程中最后才固化结晶的金属。这些矿物位于岩石颗粒的边界，容易被流经的热海水浸取，形成可溶化物……当深度较浅时，海水和玄武岩的相互作用会引起岩石的浸析，但主要矿物相不会有明显改变；当深度更深、温度更高时，上述相互作用将导致主要矿物相的改变，玄武质岩会转变为绿色片岩。在此演替过程中，相当多的铁从岩石中浸出，伴有少量的锰、铜、镍、铅、钴和其他金属元素。岩浆中剩余的还原态铁被大量氧化。铁的氧化过程与海水中的硫酸盐还原过程相偶联，导致金属元素以硫化物的形式从热液中沉淀下来。热液上升，喷入海水之中，形成海底热泉。然后，红褐色氢氧化铁沉淀物形成，同时，热液中的其他金属及上覆海水中的一些元素也混入这些沉淀物中。大部分沉淀物会沉降下来，在喷口周围形成一层富含金属的沉积物。一部分则可能广泛散布到海水中……"

在20世纪70年代，B. Corliss及其团队，包括来自俄勒冈州立大学的海洋地质学家和化学家，深入探讨海底间歇泉的存在。1977年，伍兹霍尔的科考船Lulu号启航，利用阿尔文号潜艇对东太平洋赤道附近的加拉帕戈斯海岭进行多次勘察，发现了喷口及其周围丰富的底栖动物。这次考察首次获得了喷口系统的完整特征描述及动物样本。结果显示，这些喷口的生物群落十分独特：需氧生物在过饱和的硫化物海水中生存，喷口壁和海水上附着大量细菌，这些细菌可能为动物提供食物。硫化物的存在表明，这些细菌可能是能够利用硫化物进行还原反应的化能合成细菌。在科考报道和视频传播后，生物学家们提出了关于这些细菌的假设。一些学者认为，喷口底部的增强流可能为滤食性生物提供高浓度的颗粒食物。随后观察证实，喷口附近的滤食性动物主要依赖喷口释放的颗粒，而非来自周围海底的颗粒。

Corliss将采集到的动物样本送交史密森尼研究所的无脊椎动物研究负责人，将样本分发给各类群研究专家。专家成功完成了样本的分类和命名，揭示出许多生活在喷口附近的动物与硫化物氧化化能合成细菌存在共生关系，从中获取营养。例如，首次深海勘察中发现的管状蠕虫、巨型管虫、壮丽伴溢蛤和热深海顶蛤等生物。喷口生物群落还包括蟹类和鱼类，它们在喷口附近活动并以固着生物为食。

最初发现的喷口表现得相对平静，流出液中没有大量矿物质颗粒或猛烈喷溢的现象。然而，后续在东太平洋海隆以北的考察中，科学家们发现了形状如高耸的"黑烟囱"的喷口，并将其命名为"黑烟囱"。这些喷口周围的生物群落与之前发现的相似，进一步丰富了对海底生态系统的理解。在首次发现热液喷口9年后，Rona等（1986）在大西洋中脊的亚热带海域发现了海底黑烟囱，且该区域的动物群落组成与之前的喷口有显著差异。

喷口常分布于弧后海沟，这里是大陆地壳远离俯冲大洋板块的区域，填充着岩浆。对喷口的探索仍在继续。已知的热液通常沿上升通道穿透破碎的玄武岩裂缝，上升至最新的熔岩侵入层，喷口往往位于扩张脊中心的轴谷上。此外，冷海水从两侧渗透至喷口底部，补给上喷流。2005年，在大西洋中脊（5°S）3 000 m深处发现的一个热液系统，其喷出的蒸汽温度可达464 ℃。在超过407 ℃的超临界阶段，水无法凝结成液体。大部分喷口喷出的热液温度为300 ℃或更低，且在海底未发现明显的水蒸气喷发，接近洋壳表面时温度降低，但海水的高静压足以维持热液于液相状态。

7.5.1　化能合成

在密集的热泉群落中，许多动物的体形异常巨大。那么，在远离表层光合作用的深海中观察到极高的底栖生物量，这些动物是如何获得足够的食物的？研究发现，它们所需的能量完全由地热（陆地）能量而非太阳能提供。热泉生物群落依赖于硫化氢的存在，这是一种在热液中释放的还原性硫化合物。硫化氢被硫氧化细菌（如 *Thiomicrospira* 和 *Beggiatoa*）利用，而氧化过程中释放的能量则用于通过与光合生物相同的生化途径将二氧化碳转化为有机物。该反应需要分子氧，分子氧由周围的海水提供。该过程可以概括为：

$$CO_2 + H_2S + O_2 + H_2O \longrightarrow CH_2O + H_2SO_4$$

在热液喷口群落中，化学合成细菌是食物链的主要生产者，细菌生物量可供更高等动物消费。某些地点的丝状细菌厚达3 cm，可以被像贻贝这样的动物觅食，而悬浮在水中的细菌则可被悬滤性生物过滤。在某些情况下，细菌的生产发生在宿主动物的组织内，细菌与它们形成特殊的共生关系。这些细菌构成了热液区大部分的细菌生物量。然而，其他类型的细菌，如利用甲烷、氨等不同还原材料作为能量来源的细菌，也很可能对这些区域的化能合成有所贡献。无论如何，热液喷口的细菌生产量预计是上层水中光合生产的 2 ~ 3 倍。

7.5.2　喷口周围动物群的排布

深海热液区周围不同的巨型动物群对流速（交换速率）以及硫化物和氧气的具体浓度的要求不同。在东太平洋海隆，较小型的缨鳃虫目 *Tevnia jerichonana* 是在新喷口区较早群集定居的生物，它们在 30 ℃的喷口区附近聚集并继续存在，直至喷口冷却至大约 5 ℃。随后 *Riia* 属的管虫到达冷泉区，代替 *Tevnia* 属的动物并在活动的喷口周围形成成簇的群落，群落之间的间隙温度更低。贻贝不需要如此高的硫化物浓度，通常存在于距离喷口较远的地方，可能附着于管虫的基质部。蛤类群落分布在硫化物浓度较低且水流缓慢的区域，最常见于玄武岩的水平裂缝中，裂缝的水流更接近于渗透液。它们将为气体交换而特化的足向下伸入裂缝中。足也可能有固定的作用。喷口的周围有一系列的滤食生物，尤其是多毛类龙介虫属的管栖生物。喷口周围的硫化物浓度过低且因化能自养氧化反应而减少，但是相比深海，从口内壁扩散出的大量的细菌为滤食生物提供了更丰富的食物。Hessler 等（1998）描述了东太平洋海隆喷口区生物群落的空间分布。大量的文献已报道其他海底热液区动物区系的构成和演替规律。

7.6　冷泉

冷泉是一种特殊的深海生境，该生境的形成与天然气水合物息息相关。冷泉是指海底富含碳氢化合物的低温流体的喷逸现象，流体在进入海底附近时发生一系列生物地球化学反应（陈多福等，2002）。全世界已经发现几百个冷泉出露点。它们主要分布在汇聚板块边缘、走滑断裂和大量沉积物加载与差异压实的被动大陆边缘。虽然冷泉以低温流体和高气体含量（甲烷、硫化氢）特征与热液区分开（Boetius 等，2013），但这两类生态系统都是化能自养生物的集中区域。冷泉与热液不同于其他深海区域低种群密度、低生物量和高物种多样性的特点，而是拥有着极高的生物量与种群密度（Lonsdale，1997），被称为海底的"沙漠绿洲"。

冷泉渗漏（cold seeps）最早于1983年在墨西哥湾佛罗里达陡崖的3 200 m水深发现并确认（Paull等，1984）。之后40年里，世界各地均有冷泉环境被研究报道。目前已知的冷泉最浅为1～5 m（位于摩卡群岛）（Jessen等，2011），最深为7 326 m（位于Japan Trench）（Fujikura等，1999），且冷泉呈线性分布在大陆斜坡边缘（Boltovskoy，2017）。大陆边缘的地下海床含有大量固态、溶解和气态的天然水合物，由于地球板块构造运动形成泄漏通道时，大量甲烷等碳氢化合物流体即从中涌出形成冷泉渗漏（Kvenvolden，1993；Boetius等，2013）。由于各种理化因素（如潮汐作用、生物泵作用、孔隙流体的浓度与海水的浓度差产生的对流作用）影响，冷泉流体的流量在空间和时间上不断变化，形成了多样的理化环境，并塑造了冷泉这一独特的化能自养生态系统。在冷泉渗漏沉积物中，距离渗漏喷口点的远近，影响着甲烷喷逸的速率和含量。一方面，在垂直方向上造成生物群落的分布和活动存在差异（Levin，2003），进而影响孔隙水的地球化学，并在小尺度（从微米到几十厘米）上造成非均质性（Treude，2003）；另一方面导致生物群落在水平分布上也存在差异（例如可在几米之内形成贻贝床、微生物垫和碳酸盐岩等），以响应这种小范围的地球化学变化和微生物活动，并在冷泉渗漏生态系统内创造额外的异质性（Levin，2005）。总之，冷泉变化多样的理化环境孕育了丰富多样且特有的微生物群落。

7.6.1 冷泉特征

典型的深海冷泉特征包括表面沉积物分布大量厘米级小孔（"麻坑"）、不断从沉积物中冒出的气泡、大面积的碳酸盐结壳、强嗅觉刺激的气体、泥浆喷发形成的泥火山以及深海其他生境中罕见的繁茂生态系统（Joye，2020）。如台西南冷泉除具有显著的以上特征之外，还具有富含单质硫的流体及较高的生物多样性。在该地区内，可观察到海底菌席、成群的铠甲虾和贻贝。海葵、海绵藤壶、蜘蛛蟹和多毛类等生物也多有分布（Feng等，2018）。

7.6.2　冷泉生态系统中的微型生物

冷泉生态系统是一个复杂且独特的栖息地，主要由微型生物构成，包括原核微生物和真核微生物两大群体。原核微生物是该系统的主要组成部分，主要分为古菌和细菌。古菌中的甲烷厌氧化古菌（anaerobic methanotrophic archaea类群，ANME）在冷泉中扮演着重要角色。这类微生物通过甲烷厌氧氧化过程（anaerobic oxidation of methane，AOM）将甲烷转化为其他形式的碳，进而与硫酸盐还原细菌（主要为sulfate reducing bacteria类群，SRB）形成互利共生关系。在这一过程中，SRB则参与硫酸盐还原（sulfate reduction，SR），将硫酸盐转化为硫化氢。两者共同作用，不但促进了有机碳的形成，还是深海冷泉生态系统自养过程的重要驱动力（Yang等，2020）。

这类生态过程在冷泉中尤为关键。甲烷不仅为微生物提供了丰富的能量来源，对于深海食物链的构建也至关重要。同时，真核微生物则充当分解者和消费者，通过捕食原核生物，将微生物的物质和能量流动整合进更广泛的海洋食物网。这不仅为高营养级生物提供了能量支持，而且对碳运输和碳循环起到了重要的调节作用。冷泉中微生物群落的多样性和复杂性，使它们在全球碳循环中起到了不可或缺的作用。

冷泉生态系统中的微型生物相互作用复杂，原核生物与真核生物之间的关系为生物群落的稳定性及多样性提供了基础。微型生物通过其代谢活动，不仅影响局部的物质循环，还在宏观层面参与全球气候变化的调节。特别是在应对温室气体排放方面，微型生物的作用尤为重要。

7.6.3　冷泉生态系统的重要性

冷泉生态系统不仅是多种生物的栖息地，更是地球上最大的甲烷储存库。根据估计，海底沉积物中存储的碳含量在500亿～2 000亿t之间。深海化能合成微生物充当着甲烷渗漏喷口的生物过滤器（Milkov等，2004；Valentine，2011），它们能够有效氧化和还原大量的甲烷气体，为深海无光生态系统提供必要的初级生产力。这一过程至关重要，因为尽管深海中的甲烷储量丰富，但是每年仍有约0.02 Gt的碳以甲烷气体的形式释放到海洋水体中

（Boetius等，2013）。

作为一种温室气体，甲烷温室效应的强度是二氧化碳的28倍，这使得其在气候变化中的作用不可小觑。近年来的研究表明，甲烷在导致20世纪气候变化中，贡献了近20%的效果（Saunois等，2020）。这意味着，冷泉生态系统的健康与否，不仅影响了局部生态环境的稳定性，也将直接关乎全球气候系统的平衡。因此，任何影响化能合成微生物群落结构的因素，包括气候变化、人类活动以及潜在的污染等，都可能导致冷泉生态环境的异常。这些变化可能引发大量甲烷的排放，进一步加剧全球暖化和其他生态问题。

研究冷泉生态系统中的微生物相互关系，有助于深刻理解其生态机制，进而为开发利用和保护这一生态系统提供科学依据。通过对微型生物的深入研究，我们能够更好地应对气候变化挑战，保护这一珍贵的生态资源。未来的研究可以集中在以下几个方面：一是进一步探讨微生物在甲烷循环中的具体角色，通过基因组学和代谢组学研究，揭示微生物的代谢路径；二是分析环境变化对微生物群落结构及功能的影响，以便了解其对甲烷排放的潜在影响；三是研究如何通过生态技术来增强微生物对甲烷的氧化能力，从而为减缓全球气候变化贡献力量。

第8章 全球变化与生物海洋学

8.1 绪论

由于化石燃料的燃烧及土地利用方式的改变，工业革命以来，大气中的pCO_2水平已经升高了40%。1850—2022年的累计人为二氧化碳排放总量为695 ± 70 Gt碳（2 550 ± 260 Gt二氧化碳），其中70%发生在1960年以来，33%发生在2000年以来。在过去约60年中，总人为排放量增加了2倍多，从1960年代的每年4.5 ± 0.7 Gt碳增加到2013—2022年期间的平均每年10.9 ± 0.8 Gt碳，并在2022年达到11.1 ± 0.9 Gt碳（40.7 ± 3.3 Gt二氧化碳）。在1850—2022年这一时期，31%的人为二氧化碳排放来自土地利用方式的变化，69%来自化石燃料燃烧。大气pCO_2水平已经从工业革命前的278 μatm升高到现在的超过410 μatm（Friedlingstein等，2023）。

数百万年来，全球海洋条件和生物多样性经历了地球的古气候冰期和间冰期的重大变化。然而，在过去的几百年里，人类排放的二氧化碳通过全球变暖产生了显著的环境变化。在海洋环境中，随着海洋不断吸收累积的大气热量，这种变化发生在从个体到群体的多个尺度上，并对生态系统功能产生级联效应。这些热变化可以在不同纬度和水体不同深度中发生，直接或间接对海洋生物及其生态系统的生态过程产生级联效应。

海洋变暖对环境具有重大且广泛的影响，包括冰川和冰盖的融化，从而导致海平面上升、沿海洪水、侵蚀，以及严重风暴风险的增加。海洋变暖影响海洋的物理和化学条件，改变海洋生态系统，并导致生物多样性的变化。海洋变暖还通过促进温水物种的扩展和改变调节地球气候的洋流来干扰局部生态平衡。此外，海洋对二氧化碳的吸收增加导致pH下降，造成酸度增加，这可能对生物造成伤害。这些变化严重影响了局部海洋生态系统、渔业和其他海洋资源，并对经济和社会产生了更广泛的影响（Venegas等，2023）。因此，缓解海洋变暖及海洋酸化的影响对于海洋生态系统和人类社会的长期可持续性至关重要。

8.2 海洋变暖及其对海洋生态系统的影响

8.2.1 海洋变暖

二氧化碳、甲烷和一氧化二氮等温室气体可以吸收地面反射的太阳辐射。虽然这可以避免地表温度过低，但是随着人类活动排放至大气中的温室气体逐渐增加，地球正在逐渐变暖。自19世纪末段起，全球地表平均温度逐渐增加。随着大气二氧化碳浓度的持续增加，相比1986—2005年，21世纪末全球平均地表温度将上升1.0 ~ 3.7 ℃。

海洋吸收约地球93%的余热，因此全球变暖已经并将继续引起海水温度的升高。海水温度观测显示，1971—2010年40年间，全球表层75 m海水的升温速度平均为每10年上升0.09 ~ 0.13 ℃；而700 m以浅海水升温速度则相对缓慢，为每10年上升0.015 ℃。因此，表层和较深层海水温度的差异逐渐增大。40年间，全球表层海水和200 m海水平均温度的差异增加了0.25 ℃，这意味着海水层化逐渐加剧。模型显示，到21世纪末，表层海水升温最明显的区域是北太平洋和北冰洋海域，升温幅度甚至高于4 ℃。而北大西洋以及南大洋部分区域则升温幅度较小，甚至降温。

8.2.2 海洋变暖对海洋生态系统的影响

海洋变暖的一个最显著的后果是海洋生物适宜栖息地的收缩或扩展。从海洋食物网的基础和初级生产者（病毒、细菌和浮游生物）到高营养级生物（海洋哺乳动物和鲨鱼），它们对这些变化的反应各不相同。适应性强且迁徙能力强的物种，在海洋变暖条件下可能会在新的环境中茁壮成长（例如金枪鱼和巨型鱿鱼）。相反，那些对温度快速上升适应性弱的物种，更容易受到海洋变暖的影响，甚至可能面临灭绝的风险。无论如何，物种栖息地的变迁（有利或不利）将导致新的生态复杂性，形成与之前完全不同的新群落（Venegas等，2023）。

北极是地球上对气候变化最敏感的地区之一。全球变暖导致北极冻土的融化，将一些地区从碳汇转变为碳源。过去几十年中，北极海冰夏季面积减少了近50%，这是因为多年冰盖转变为季节性冰盖。这种显著的海冰损失是北半球变暖明显的标志之一。根据观测和多模型气候预测，北冰洋变暖的速度几乎是全球变暖的4倍，这一现象被称为"北极放大效应"（Shu 等，2021）。北极上层海水变暖导致了海冰的减少以及洋流的变化。这些变化还增加了来自温带的物种进入该区域的可能性，而高度依赖海冰且适应能力较差的物种则在减少。

在海洋环境中，本地物种在其生命周期中采用独特的繁殖、扩散、生存策略。海洋温度条件与其繁殖策略、扩散距离及纬度和深度分布之间密不可分。然而，已有一些本地物种因对海洋变暖的强度和空间范围缺乏耐受性而被认为是"输家"。这些"输家"是指其种群数量减少或分布范围缩小或面临灭绝的物种。比如一些造礁珊瑚、珊瑚礁鱼类、红树林和海草物种，海洋变暖使得它们的丰富度下降。一些热带物种可能具有较高的适应能力或通过产生能够迁移到新栖息地的幼体来响应海洋变暖，但这些变化可能仍不能应对局部温度的长期上升，从而导致局部生物多样性降低，出现物种灭绝和生态系统崩溃的风险。

相比之下，对海洋温度变化具有较高耐受性的海洋物种将在其繁殖、发育、扩散或生存过程中受益，并被视为"赢家"。这些"赢家"包括珊瑚礁鱼类、贝类，以及某些浮游植物、海草，甚至爬行动物、海洋哺乳动物、海鸟、海绵等。这些"赢家"物种的分布区域可能会随着升温向更高纬度移动或扩展，从而增加其种群数量。部分热带物种将在海洋变暖条件下增加其种群连通性，随着它们向新栖息地的迁移而提高栖息地的生物多样性。类似地，受冷温限制的高纬度物种因新的栖息地和食物供应，其种群数量也将增加（Venegas等，2023）。

对于浮游植物而言，温度变化会影响各种酶的活性［（如核酮糖-1，5-

二磷酸羧化加氧酶（Rubisco）、碳酸酐酶（CA）以及硝酸还原酶（NR）]，从而影响浮游植物的代谢速率。北极和热带的浮游植物虽然所处环境温度差异可达25 ℃之多，但它们的Rubisco活性都随温度升高而升高，直至温度达到30 ℃。不同温度培养的威氏海链藻（*Thalassiosira weissflogii*）的Rubisco活性以及基因表达在升温条件下升高。这些都说明光合固碳酶Rubisco的活性在最适温度范围内随温度升高而升高。虽然温度对微藻CA的影响还未见报道，但是温度降低抑制了绿豆幼苗CA的表达。当细胞培养温度从8 ℃升高至17 ℃时，硅藻假微型海链藻NR活性升高，而继续升温则对酶的活性无显著影响。硅藻占优势的浮游植物群落在短期温度变化处理下对硝态氮的吸收速率随温度升高而下降。研究者分析可能与温度升高抑制NR活性有关。而温度对NR的影响取决于实验温度范围。例如，中肋骨条藻NR活性最高的温度范围是10～15 ℃，温度高于20 ℃则失去活性。因此，温度变化会显著影响浮游植物胞内碳和氮的代谢。浮游植物酶活性对温度的响应与细胞的分离温度或者实验温度范围有密切关系。

在适宜温度范围内，浮游植物生长和光合作用与温度呈正相关关系。而整体来看，浮游植物的生长和光合速率对温度的响应呈现单峰曲线。当温度低于最适温度时，升温加快光合速率。研究者认为这主要是因为光合作用过程中的生物化学反应和催化这些反应的酶活性是依赖温度的。当温度超过最适温度继续升高时，生长和光合作用都会受到热胁迫而下降。此外，浮游植物的呼吸也与温度呈正相关。呼吸的增加既会增加有机碳的消耗，又可为细胞各种生理活动提供必需的能量。

海洋变暖还会对生物多样性产生重要影响，表现为物种向极地移动或在水柱中向更深处扩展，改变其分布范围。物种栖息地的变化可能影响本地物种，包括一些区域生物多样性的下降和生态系统的崩溃。因此，在海洋变暖条件下，物种分布范围的变化改变消费者–资源相互关系。这可能会产生影响较大的后果，包括生物地球化学循环、初级生产、能量流动和营养级相互关系，甚至可能改变整个生态系统的功能。

8.2.3　海洋热浪及其影响

海洋热浪（marine heatwave，MHW）是指可以严重影响海洋生态系统的海水异常增暖事件。判断一个极端高温事件是否构成海洋热浪的主要标准，是看海水温度是否持续数日高于海洋热浪的界定阈值。当前学术界在界定海洋热浪阈值时，主要采用两种方法：一是固定阈值法，也就是设定一个绝对阈值标准；二则是采用相对阈值法，所谓相对阈值是指阈值随着时间的变化而变化。为更准确地识别海洋热浪，基于大气热浪的定义，科学家采用固定的气候基准周期作为参考，还结合了随季节变化的相对阈值来定义海洋热浪。这一定义适用于近海、河口、大洋和半封闭海域等区域（潮间带除外）。具体来说，如果一个特定区域的海水温度超过气候标准的第90百分位时，那么该海水温度就被定义为海洋热浪的阈值，而海水温度持续高于这个阈值5天以上，那么这样的海水异常增暖事件就被定义为海洋热浪（Oliver等，2021）。

海洋热浪的发生通常受到气候系统内部因素（高压增强、风应力、太阳短波辐射增强等）和人类活动的共同影响。在过去的一个世纪里，海洋系统的极端温度波动发生的频率和持续时间都在增加，并且这种趋势会随着人为因素导致的气候变化而进一步加剧。1925—2016年，全球范围内平均热浪的发生频率、持续时长以及每年的热浪天数分别呈现出34%、17%和54%的增长。近十余年来备受关注的海洋热浪事件包括2011年西澳大利亚附近创纪录的"Ningaloo Niño"（2010—2011年）、东北太平洋持续时间长的"Blob"（2013—2016年），以及2016年影响大部分印太地区的与厄尔尼诺相关的极端变暖事件。就中国海域而言，黄海和渤海海洋热浪的频次和强度总体上都呈现出增多增强的趋势，且这些海洋热浪多发生在夏季。

世界气象组织发布的《全球气候状况》指出，2020年，超过80%的海域至少经历了一次海洋热浪。其中，受"强"海洋热浪影响的海洋面积百分比（45%）远高于出现过"中等"海洋热浪的海区（28%）。对于中国近海而言，这一比例更高：2019年，中国近海97%的海域至少发生一次海洋热浪事件，53%的海域发生"强"及以上级别海洋热浪。中国近海海洋热浪高频区位于渤海海域、江苏近海海域、长江口海域和海南岛周边海域。

海洋热浪可持续数天至数月，面积可达几平方千米至数千平方千米，可能给海洋生态系统带来严重威胁。大多数海洋物种的纬度分布通常是其热生态位在空间中的具象化。温度对关键生理过程（如光合作用和呼吸作用）具有深远影响，决定了物种的生理生态表现（如生长、繁殖、物候学和生存）。对于某一物种而言，其生理生态表现通常在适宜温度附近时最大化，适宜温度一般位于其可适应温度范围的中间区域。随着温度接近其范围边缘，生物的生理生态表现逐渐受到负面影响。因此，若个体处于其可适应范围低温边缘与中间范围内时，可能会受益于海洋热浪，因为温度的升高减轻了低温胁迫并改善了生理生态表现。相反，分布在其最适区间右侧的个体通常具有最小的热安全边界（即经历的温度和物种最大热极限之间的缓冲），因此最有可能超出热生态位和临界阈值。

海洋热浪对个体的负面效应主要表现为关键生理过程被抑制，严重时可导致个体死亡。升高的温度提高了基础代谢速率，能量需求可能会超过物种的代谢能力。在更高强度的海洋热浪下，个体出现短期应激反应。在高热应激下，细胞应激反应被激活以保护和修复细胞的大分子（蛋白质、RNA、DNA和脂蛋白）系统。此外，个体可能会进行其他生理调节以降低代谢率并节省能量用于细胞保护和修复。因此，"能量赤字"随海洋热浪的强度和持续时间而增加。如果这些赤字不能通过增加能量获取来弥补，其他方面的表现将受到负面影响。在这种情况下，个体可能会调整其行为、迁移和调整其生理过程。然而，如果这种缓冲能力不足以应对温度变化，海洋热浪可能会对个体表现产生严重后果（Smith等，2023）。

海洋热浪对个体的影响因生物地理背景、物种固有特性、生活史阶段和先前暴露情况的不同而异。此外，不同的海洋热浪特征（即发生/消退速度、强度、频率和持续时间）可能会引起不同的生理反应，从而对适应性产生相应影响。重要的是，海洋热浪并不是孤立发生的，而是与其他环境胁迫交互作用，往往具有协同效应，这意味着对个体的影响可能比单纯的温度响应模式更为复杂。深入了解个体反应如何传递到种群、群落、生态系统和人类社会，将有助于更全面地理解海洋热浪的生物学影响。

　　浮游植物作为海洋初级生产者，其受海洋热浪影响的程度决定海洋物质循环和能量流动的效率，影响海洋生态系统功能。实验室模拟实验表明，中等强度的海洋热浪可促进硅藻生长，使其在浮游植物群落中占优势地位；而强海洋热浪处理下，硅藻丰度急剧下降（Remy等，2017）。模拟海洋热浪过程会降低硅藻三角褐指藻的生长速率及光合效率，提高其热耗散过程。海洋热浪对浮游植物的负面效应取决于其强度及持续时间：升温幅度越大，持续时间越长，则浮游植物受抑制程度越大（Samuels等，2021）。原位分析数据表明，海洋热浪降低了阿拉斯加海域物种丰富度，使群落结构向暖水种转变。发生在东北太平洋的海洋热浪"Blob"诱发了北美西海岸大规模的有害赤潮发生。

　　海洋热浪可导致野生和养殖鱼类大规模死亡事件，这通常与有害藻华、水体脱氧和疾病发生相关。例如，在2017年红海的一次海洋热浪期间，超过40种珊瑚礁鱼类出现大规模死亡，这很可能是由热应激和细菌感染增加所引起的。2016年，东南太平洋的一次海洋热浪导致智利内陆海域发生了两次独立的有害藻华事件，造成养殖的大西洋鲑和银鲑大规模死亡，对当地水产养殖业造成灾难性损失。

　　需要明确的是，并非所有与海洋热浪相关的藻华都会产生毒素，海洋热浪后的初级生产力增加可能会刺激浮游动物和鱼类的生产。例如，2009年加拿大北极区域的一次海洋热浪导致了鳕鱼繁殖的增加，这得益于早期的冰层破裂和有利的觅食条件。在海洋热浪期间和之后，鱼类种群的临时和半永久性范围变化都可能发生。在2011年西澳大利亚的一次海洋热浪期间，几种小型热带鱼类向极地方向扩展了其分布范围，且其中一些能够成功越冬（Smith等，2023）。

　　海洋热浪可能严重影响海洋生态系统的功能与服务。例如，2011年的"Ningaloo Niño"导致西澳大利亚附近的生物栖息地广泛丧失、生物多样性减少、营养循环中断以及渔业物种的丰度和分布变化。同样，地中海海洋热浪与物种局部灭绝、自然碳封存率下降、关键栖息地丧失和社会经济价值减弱有关。这些生态系统服务对社会有着巨大的益处，全球有数亿人依赖沿海海洋生态系统。因此，减轻海洋热浪对生态系统服务造成的有害影响是沿海社会面临的一大挑战。

海洋热浪还可抑制海草生长和提高其死亡率，减少碳埋藏和封存，使得复杂的底栖栖息地被简单、结构不良的栖息地所取代，珊瑚和大型藻类的局部灭绝、分布范围缩小和高死亡率，导致栖息地结构简化和局部生物多样性降低。热浪引起的水体层化加剧和极端温度导致浮游植物生产和养分周转减少（Smale等，2019）。

8.2.4　厄尔尼诺及其对海洋生物的影响

厄尔尼诺，西班牙语意为"圣婴"，名称源于它通常出现在秘鲁海岸的季节刚好是圣诞节。厄尔尼诺发生时，热带太平洋的东部海水温度上升，上升流可能停止也可能不停止，当上升流继续时，带到表层的营养盐减少，这对生态系统的每个环节都会产生强烈的影响，包括浮游植物、浮游动物、秘鲁鳀鱼群体、海鸟和全球鱼粉市场等（龚骏，2019；Miller等，2012）。

南方涛动是指太平洋赤道区气压差的变化。气压差通常在复活节岛或塔希提岛和澳大利亚达尔文站进行数据测量。这一气压差异通常表现为东部高压，西部低压，是对由东向西的信风驱动力的一个测量值。此持续性的信风（全年不分昼夜，风速20～30节）向西推动赤道海水，使海平面产生由东向西的上斜坡度。因太阳照射变暖的表层水会移动，因此西部的暖水层变深，而且温度、密度和绝大部分其他变量的等值线沿向上（相对于表面）坡度向东倾斜。永久性的温跃层在西部深度为350～400 m，在东部的深度只有100～120 m。因此，东部赤道上升流可送达的下层营养盐更为丰富，从而使热带东部太平洋成为一个营养盐丰富（除铁存在限制外）且相对高产的海区。西部的"暖池"是一个像中央环流一样的寡营养系统。"正常"状态下的情况便是如此。

厄尔尼诺事件对海洋生物的影响非常强烈。由于浮游生物生命周期短，种群生长潜力高，随着厄尔尼诺事件的发生，浮游生物群落的变化非常迅速。而对较大、寿命较长的动物，特别是对海鸟的影响则表现为高死亡率和较长的种群恢复时间。信风的弱化减少了赤道上升流，而热带太平洋东部温跃层和营养盐跃层的变深则降低了向表层的营养盐供应量。

厄尔尼诺沿海岸转移浮游藻类和动物：它们随海流向两极移动。热带物种的纬度边界向两极移动，而亚极地的对应洋流则在加利福尼亚洋流和秘鲁洋流上游形成退缩。从1982—1983年的厄尔尼诺事件之前和期间的大规模和多次采样活动中，Ochoa等（1987）发现原有的一种多甲藻（*Protoperidinium obtusum*，一种通常普遍存在于整个秘鲁海岸的亚南极物种）被赤道物种短时存在的角藻（*Ceratium breve*）完全取代（两者的纬度变化均为16°）。这种互补转移跨度若等于或高于10°纬度，则通常与强厄尔尼诺事件有关。在强厄尔尼诺事件期间，夏季某一纬度的环境条件与靠近赤道海域的非常相似，热带太平洋东部和亚热带的海洋物种向两极移动，替换当地物种，并在那里繁殖、生长，但它们的生物量通常都达不到东边界流的正常水平。然而，只要亚极地海域的环境条件恢复正常达一个季度，其亚极地动物生物量会随即恢复到较高水平。显然，群落的个体总量一部分来自海流的输送，另一部分则包括沿途的生长和繁殖。浮游生物对厄尔尼诺周期的响应通常在同时段发生，几乎没有滞后效应。

厄尔尼诺事件对游泳动物的影响与浮游动物有部分相似之处，对游泳动物的效应持续时间更长，这当然也与动物的行为有关。在强厄尔尼诺期间，亚热带鱼类（例如黄鳍金枪鱼，其分布的北方界线通常是圣地亚哥南部）会随着暖流向北迁移，直至到达俄勒冈港口。翻车鲀（*Mola mola*），俗称太阳鱼，是一种亚热带鱼类，也能出现在英属哥伦比亚甚至阿拉斯加。当天气恢复寒冷时，它们又会消失，尚不确定它们是死亡了还是向南迁移了，但推测游回南方的可能性较大。厄尔尼诺事件期间，近海溯河的鱼类（如大麻哈鱼和钢头鳟）通常还保持迁徙习性。在加利福尼亚州北部至英属哥伦比亚之间，2龄的王鲑与银鲑（小鲑鱼）沿河流进入海洋，在厄尔尼诺期间它们会遇到暖流和低浓度的浮游生物，存活率剧降，生长也变得极为缓慢。

厄尔尼诺对寿命较长、相对附着生活的鱼类（例如礁石鱼类石斑鱼）的影响主要体现为短期生长变慢。可以确定的是，大部分大龄鱼类能够挨过厄尔尼诺。事实上，它们在跨越几十年的生存期内必须经历多次的厄尔尼诺事件。因温暖和饥饿，动物幼体顺利长成成体的数目会下降，但也可能因滞留在近岸而获益。当然，这些鱼类种群的存活绝不是取决于每年的成功繁殖。厄尔尼诺对寿命较长的底栖生物的影响是类似的，它们能够幸存但生长缓慢。例如，在1978—1980年正常期（非厄尔尼诺期）内，加利福尼亚州海湾南部圣罗莎岛周围，标记为大约3龄（直径50～100 mm）的红鲍在5龄时仅长了37 mm。在遭遇强厄尔尼诺的1981—1983年期间，它们仅长了30 mm。此差异虽不算大，但也表明厄尔尼诺的效应非常显著。此外，相对固着生活的动物，如生存25年以上的红鲍，必须适应环境以能够在多次厄尔尼诺事件中幸存下来。1982—1983年厄尔尼诺期间，华盛顿州养殖牡蛎的肉壳体积比是有记载以来最低的，而恰好1976年时当地气候开始变暖，厄尔尼诺使牡蛎体重减轻的情况雪上加霜。有关"厄尔尼诺对寿命较短的生物及底内动物、底栖动物的影响"的研究还很少。

　　强厄尔尼诺会导致处于食物链顶端的海鸟和海洋哺乳动物大量死亡。沿俄勒冈州的海滩持续记录死鸟的数量，结果表明：在温暖、低生产力时期，海鸟死亡数量猛增。厄尔尼诺期间，厄瓜多尔和秘鲁海岸的海鸟大批死亡，当秘鲁鳀游向离岸更深处时，鸟群数量会减少60%或更多。需要经过多个正常条件周期和温和的厄尔尼诺事件，这些鸟类群体才能恢复。厄尔尼诺期间，海豹不是简单地向极地迁移，因为它们热衷于在沿岸某些特定的繁殖和生育地生活。温暖期，加利福尼亚州南部海岸的海豹幼崽死亡率会很高，较大的幼年海豹的生长也会明显受抑制。厄尔尼诺引起的鱼类短缺会使海豹营养不良，以致它们不能将釉质层沉积到牙齿上。这样，在厄尔尼诺年，它们的牙本质层仍会沉积，导致其异常地增厚，这也是厄尔尼诺年的一种记录（龚骏，2019；Miller等，2012）。

8.3　海洋酸化及其生物学效应

8.3.1　海洋酸化

　　排放至大气中的二氧化碳除存留在大气中外，还会被陆地生态系统和海洋生态系统吸收。大气中的二氧化碳溶解到海水后会引起海水碳酸盐系统的一系列变化（Doney等，2009）。此外，生物的代谢活动以及潮汐、上升流等因素的影响也会改变区域水体的海水碳酸盐系统。因此，海水碳酸盐系统变化既包括全球尺度上的大气二氧化碳溶入海水导致的海洋酸化，又包括区域环境尺度上的海水碳酸盐系统振荡。

海洋吸收约30%人类排放的二氧化碳。海洋中的碳主要存在于二氧化碳–碳酸盐系统中。溶解的二氧化碳主要以3种无机形式存在：溶解态二氧化碳、碳酸氢根离子（HCO_3^-）以及碳酸根离子（CO_3^{2-}）。虽然海水中也存在碳酸，但其含量还不到溶解态二氧化碳的0.3%。现今海洋pH水平下，海水碳酸盐系统的主要形式是HCO_3^-（>85%）。不断上升的大气二氧化碳浓度引起海水pH、碳酸根离子以及碳酸钙饱和度的降低，而海水中溶解态二氧化碳以及碳酸氢根离子的浓度增高，这一现象被称为海洋酸化（ocean acidification）。海洋表层海水的pH自工业革命以来已经下降了0.1，这是地球历史近2 000多万年以来表层海水pH最快的下降速度。如果人类排放二氧化碳方式不改变的话，按照这一速度，到21世纪末，表层海水的pH还将下降0.3 ~ 0.4（Gattuso等，2015）。

作为地球上化学和生物活动最活跃的区域之一，近岸水域以全球海洋7%（26×10^6 km^2）的面积，贡献14% ~ 30%的海洋初级生产力。作为陆地、海洋和大气的交界面，近岸水域还是最易受人类因素影响的水域。同时，近岸海域也经历着水体物理化学因子的剧烈变化。近岸水域海水碳酸盐系统除了受到大气二氧化碳溶解的影响，还受到诸如生物代谢活动、潮汐、上升流、风力、陆源营养盐输入等因素的影响。此外，农业养殖以及生态系统结构及功能改变也起到重要的调节作用（Waldbusser和Salisbury，2014）。

陆源营养盐的输入会引起近岸水域的富营养化，浮游植物获得过量营养盐后会大量繁殖引起藻华。藻华产生的有机物在分解过程中会消耗底层海水的溶解氧，释放出二氧化碳，引起次表层海水的酸化。研究显示，有机物分解过程引起的酸化可以使海水pH降低0.25 ~ 1.1。且这部分酸化和大气二氧化碳浓度升高引起的酸化的共同作用所降低的pH大于这两部分之和（Sunda

和Cai，2012）。次表层海水会因风力、上升流等作用上涌至表层，影响生活在表层的浮游植物。潮汐和生物代谢活动则会引起水体碳酸盐系统的昼夜变化。位于中国台湾岛南北端的澳底和鹅銮鼻站位的观测显示，潮汐作用和生物作用共同影响水体的碳酸盐参数的变化。这些参数表现出明显的昼夜变化趋势：二氧化碳分压的日变化幅度可达424 μatm；pH的日变幅可达0.36个单位。厦门五缘湾水体冬季的pH变化明显受到潮汐作用的影响；而夏季藻华发生时，pH的变化则明显受到生物代谢活动的影响。生物代谢活动是影响近岸水域pH的重要因素。自养生物白天进行光合作用吸收海水中的二氧化碳，海水pH升高；夜间呼吸作用释放二氧化碳，海水pH下降。

近岸和大洋水域有着显著不同的海水碳酸盐系统变化。以pH变化幅度为例，相比当今平均水平，在21世纪末，全球大洋表层海水pH可能下降0.3～0.4。而近岸水域则有着更大幅度的pH变化，其日变化幅度可大于1。近岸和大洋水域pH变化速率也截然不同。Mauna Loa观测站1988—2008年20年间pH下降速率为每年0.001 9。受潮汐影响的近岸水域pH变化速率可达0.043 h^{-1}，在二氧化碳喷口等极端环境下，pH变化速率更快。近岸水域pH的平均值也会随着大气二氧化碳浓度不断升高而下降，且其动态变化幅度因海水缓冲能力下降有变大的趋势。

地质历史时期海洋曾发生过几次酸化事件，均对海洋生物产生重大影响。研究认为，二叠纪与三叠纪海洋生物大灭绝与西伯利亚火山活动引发的海洋酸化有直接关系。工业革命以来，人类活动引起的大气二氧化碳浓度不断升高已经并将继续导致表层海水酸化。

8.3.2　海洋酸化对异养海洋微生物的影响

异养海洋微生物可以受到海洋酸化引起的化学变化的直接影响，或间接受到对群落其他层次影响的作用。微生物的分裂速率受到pH的影响，且许多生理功能（如水解酶活性）依赖于pH。因此，控制胞内pH至关重要，这主要通过pH稳态系统实现。一种从深海分离出来的弧菌属在pH为5.2的环境中形态上发生了变化，生长也受到了抑制；在pH为6时，其生长恢复。由于在自然海洋系统中，pH通常在8左右，这表明这一弧菌属具有很强的pH稳态能力或对低pH的耐受性。如果pH的直接影响在物种之间有所不同，这可能会改变微生物多样性，从而影响相关的生态系统功能。因为海洋噬菌体在比海水pH范围更广的范围内保持稳定和感染性，所以海水pH对病毒的直接影响可能性较小（Weinbauer等，2011）。

海洋酸化的间接影响可能发生在复杂的食物网中。例如，二氧化碳分压的变化可能会影响浮游植物群落组成和代谢，通过影响初级生产导致释放的溶解有机物的变化，从而影响细菌的生长。间接影响也可能发生在珊瑚共生体系中。例如，如果共生藻类初级生产的速率受到二氧化碳分压变化的影响，就可能影响珊瑚代谢，从而影响相关的微生物。

在一个中尺度模拟实验中使用DGGE指纹图谱技术分析发现，二氧化碳分压引起了自由生活微生物群落组成的变化，但未影响附着群落。利用宏基因组分析研究pH从8.1急剧下降到6.7对与共生珊瑚相关细菌的影响的研究发现，受到pH变化应激的珊瑚的细菌群落组成发生显著变化，并且出现了在病害珊瑚中常见的细菌类群，如拟杆菌和梭菌。在中尺度模拟实验中发现二氧化碳分压升高条件下病毒群落组成发生变化，"高荧光病毒"被促进，而其他病毒亚群未发生变化。通过流式细胞术和核酸染色鉴定出的病毒群属于不同的"物种"或类型。而感染赫氏颗石藻的EhV病毒和一个未识别的病毒在高二氧化碳分压（1 050 μatm）下丰度减少。而在另一项中尺度模拟实验中没有发现升高的二氧化碳分压（700和1 150 μatm）对微型浮游动物（主要是甲藻和纤毛虫）组成的影响。总体而言，海洋酸化对微生物多样性和群落组成的影响并不一致。

8.3.3　海洋酸化对浮游植物的影响

室内实验及少量短期甲板培养实验和中尺度生态系统实验的结果显示，海洋酸化对颗石藻的钙化作用有负面影响，即降低其钙化量。伴随未来二氧化碳浓度升高和海洋酸化，颗石藻优势物种将转变为钙化程度较低的种群。然而，不同的研究结论增加了对这一预测的争议。例如，有研究发现，酸化增加单位细胞颗粒无机碳含量；不同的颗石藻种或广泛分布的赫氏颗石藻的不同株系，对酸化的响应也有所不同。这些实验室内获得的结果是否能反映原位和未来的情况，尚存在很大不确定性。这是因为，在室内或中尺度实验中，藻类所处环境与自然条件差别很大，实验室难以模拟自然中的光、营养盐、物种间的竞争等条件。另外，实验室培养实验中使用的某些陈旧藻株与自然群落中的相比，可能已经产生了遗传漂变。因此，分析自然海洋环境中钙化与碳酸盐系统参数的关系，可较真实地反映酸化的生态效应。通过分析表层海水和沉积物样品与碳酸盐化学参数之间的关系发现，酸化减弱颗石藻的钙化作用，但在低pH水域，也发现了高钙化量的*Emiliania huxleyi*生态型。而另一项调查发现，比斯开湾冬季更酸的海水中的优势颗石藻种群是高钙化种，光、温度和营养盐浓度等其他环境因素也影响颗石藻的钙化作用。因此，海水碳酸盐化学参数不是唯一影响颗石藻钙化作用的因素。冬季水温低，海水可容纳较多的二氧化碳，导致酸化程度较大，同时低温可能影响颗粒有机碳与颗粒无机碳的生产比例。通常，藻类的钙化作用对温度变化的响应不像光合作用那么敏感。自然条件下，多种环境因素叠加，或耦合协同效应，或相互拮抗抵消效应，使得酸化的影响变得复杂（高坤山，2014）。

硅藻作为贡献约1/4海洋初级生产力的浮游植物类群，其对酸化的响应必将影响海洋光合固碳量以及有机物向深海的输出。酸化可能促进或者不影响硅藻的生长。但是在其他因子胁迫条件下，酸化会明显抑制硅藻的生长。对光合速率来说，酸化可以促进或者不影响硅藻的光合作用速率。而在氮限制和酸化同时存在时，假微型海链藻（*Thalassiosira pseudonana*）的光合速率受到明显抑制。这些差异可能与其他环境因子对酸化效应的调节作用以及细胞无机碳利用机制的种间差异性相关。除吸收二氧化碳外，硅藻普遍具有碳酸氢根吸收利用能力。而不同硅藻直接吸收碳酸氢根的能力以及胞外碳酸酐酶（CA）表达水平具有明显差异。

当环境二氧化碳浓度变化时，浮游植物可以调节其对不同形式无机碳的吸收比例、碳同化关键酶活性及相关基因的表达。研究表明，第二信使环磷酸腺苷（cAMP）在浮游植物感知二氧化碳变化中起到重要的调节作用。二氧化碳浓度升高会提高假微型海链藻编码膜结合型与可溶性环化酶基因的表达，升高的cAMP继而会诱导编码碳酸酐酶以及溶质转运蛋白SLC4的基因下调表达，使无机碳亲和力下降，这意味着无机碳浓缩机制（CCM）下调。CCM下调所节省的能量被认为可用于细胞生长及其他代谢活动。

浮游植物胞内pH随环境pH下降而下降，这意味着细胞需要耗费更多的能量维持内稳态。生物物理稳态机制，即P型及V型质子泵，在维持胞内pH稳态过程中起关键作用（Taylor等，2012）。这一主动运输过程需要消耗额外的能量。与此对应，在酸化条件下，玛氏骨条藻（*Skeletonema marinoi*）糖酵解、三羧酸循环及氧化磷酸化等过程相关基因及蛋白上调表达，产生更多能量。此外，细胞扩散边界层的存在也可以在一定程度上缓解海水pH下降对胞内环境的影响。浮游植物细胞可以通过光合作用及呼吸作用显著改变扩散边界层微环境内pH，且影响程度与细胞粒径呈正相关（Chrachri等，2018）。

从生理学角度来看，二氧化碳浓度升高及由此导致的pH下降，对浮游植物可能产生不同的作用。多数藻类具有主动吸收和浓缩无机碳的能力，且细胞内pH通常为7~7.5。为此，二氧化碳浓度升高与pH下降会影响细胞对无机碳的利用及维持胞内酸碱平衡所需要的能量。因此，海洋酸化对不同种类浮游植物的光合固碳或者生长的影响，将极大地取决于不同种类的生理学特性，且会随光照和其他环境因素的不同而改变（高坤山，2014）。

另外，在长期适应酸化的过程中，浮游植物会表现出进化性的变化。这是因为对于生长速率快、种群数量大的海洋生物（如浮游植物）而言，它们可能在几年、几个月甚至几周的时间内对酸化产生进化响应。短期酸化研究的结果，对理解细胞响应海洋酸化及相关化学变化的过程与机制非常重要。然而，长期适应酸化的细胞，也许会表现出不同的生理学响应。通过交互移植实验发现，淡水硅藻舟形藻、谷皮菱形藻及海洋硅藻威氏海链藻、圆筛藻等在长期酸化处理后并未表现出进化特征。与此不同，在假微型海链藻、三角褐指藻和牟氏角毛藻长期适应酸化的过程中，酸化对生长的促进程度随着处理时间的延长而下降，且长期适应酸化处理的硅藻在转移到对照条件时生长速率明显降低。类似地，相关研究表明，短期酸化加快三角褐指藻的呼吸速率，对生长及光合速率无明显效应；长期酸化处理下，细胞生长、光合以及呼吸速率均显著下降。该模式硅藻呼吸速率的降低可能是由长期酸化后糖酵解和三羧酸循环中部分关键酶表达水平下调引起的。另外，当在酸化条件下培养约200天后，南极硅藻*Nitzschia lecointei*表现出较慢的生长速率，并且释放出更多的溶解有机碳。综上所述，硅藻可能对海洋酸化产生不同于短期响应的进化适应。

因为不同水平光照条件下，浮游植物，如硅藻的生长速率受酸化的影响不同，所以迄今报道的或促进或抑制或没影响的结果，在不同种群上有待于进一步验证，特别需要在多重因子作用下验证。

关于海水碳酸盐系统振荡对浮游植物影响的研究极少。对珊瑚的研究表明，振荡二氧化碳分压提高浅杯排孔珊瑚（*Seriatopora caliendrum*）幼体的生长及存活率。相比恒定碳酸盐系统处理，风信子鹿角珊瑚（*Acropora hyacinthus*）的钙化速率在碳酸盐系统振荡下更高。这样的正面效应可能与某些生物可以在暗周期储存无机碳以用于光周期的钙化过程的机制相关。碳酸盐系统振荡也会对海洋自养生物产生负面效应。如振荡的pH加剧了酸化对珊瑚藻*Arthrocardia corymbosa*生长的抑制效应。分布在海水碳酸盐系统动态变化的水域中的海洋生物可能会更加耐受变化的pH以及酸化。如相比二氧化碳分压恒定水域的同一物种，从二氧化碳分压振荡水域采集的孔石藻（*Porolithon onkodes*）在动态pH处理中的钙化速率较高。振荡碳酸盐系统对海洋自养生物的效应还会随着二氧化碳分压水平的升高而变化。

8.3.4 海洋酸化对大型海藻的影响

大型海藻通常分布在近岸海域的潮间带和潮下带区域，它们可以分为三大类：绿藻类、红藻类及褐藻类。大型海藻对海洋生态系统生产力有着突出的贡献，在近海碳循环中起着很重要的作用。我国是海藻栽培大国，许多海藻种类，如海带、紫菜、裙带菜、龙须菜等海藻的养殖均走在世界前列。大规模的海藻栽培不但创造了巨大经济效益，而且栽培海藻在生长过程中大量地吸收海水中的氮、磷等营养盐，在改善富营养化的近海水域环境上具有重要意义。同时，我国大规模的海藻栽培可明显增加海洋碳汇的强度，在大气二氧化碳削减方面具有积极的意义，从而在减缓全球变暖方面起到一定的作用。

大气二氧化碳浓度升高对大型海藻的影响很大程度上取决于其在自然海

水系统中碳限制的程度。如果大型海藻的碳固定只依靠于分子二氧化碳从海水介质中以扩散方式进入核酮糖-1，5-二磷酸羧化酶/加氧酶（RubisCO）的特定部位，那么其光合作用在当前大气及海洋无机碳系统条件下将受到严重的限制。大型海藻在自然海水中的碳限制源于以下几个因素：海水中溶解性的二氧化碳浓度相当低（大约比在空气中低30%，而且受到温度的影响）；在海水中二氧化碳的扩散速率非常低，只相当于空气中速率的万分之一；HCO_3^-自发脱水形成二氧化碳的速度非常缓慢；大型海藻RubisCO的K_m值较高。只能依靠于二氧化碳扩散进入细胞的藻类，通常在目前的海水碳浓度下已经处于碳限制；然而，在当前海洋无机碳系统条件下，很多大型海藻的光合作用能充分或者基本上达到饱和，其生理原因是大多数藻类拥有与陆生植物C4途径类似的二氧化碳浓缩机制。这种机制通常与高效的直接或者间接利用海水中的HCO_3^-库有关。海水中HCO_3^-浓度很高，是分子二氧化碳浓度的150倍，HCO_3^-通常被细胞表面结合的碳酸酐酶催化脱水产生二氧化碳，然后扩散或被主动吸收进入细胞。另一种重要途径是通过阴离子交换蛋白介导的运输，HCO_3^-穿过质膜被直接吸收。另外，在一些海洋红藻和褐藻中，具有一种ATP酶质子泵驱动的HCO_3^-吸收利用的方式。可见，不同大型海藻种类吸收利用海水中HCO_3^-的机制和能力具有很大的差异。一些海藻种类虽然具有HCO_3^-利用的能力，但其光合作用还是表现出受到海水中无机碳的限制作用。因此，大型海藻对二氧化碳浓度升高的响应具有种类的特异性（高坤山，2014）。

海藻在高二氧化碳浓度条件下长期（如数天至数周以上）培养，海藻的光合生理特征将发生变化，即进行适应性调整。研究表明，齿缘墨角藻、细基江蓠在高二氧化碳浓度条件下培养，相同条件下测定的光饱和最大光合速率显著下降。然而，条斑紫菜和某些江蓠在无机碳升高的海水中光合作用速率则明显升高。在对紫菜属的*Porphyra leucostica*的研究中发现，生长在高无机碳浓度和自然海水无机碳浓度时的表观光合速率并没有明显的差异；羊栖菜也存在类似的现象，在不同二氧化碳生长条件下的羊栖菜，相同条件下测定时，它们对光能和无机碳的利用效率均表现出相似的特性。研究表明，无论羊栖菜生长的氮营养盐水平如何，短期地暴露于高二氧化碳浓度条件下，光合作用都受到促进；并且，在长期大气二氧化碳浓度升高的生长条件下，上述这种光合促进作用能继续维持。这表明长时期的高二氧化碳浓度生长条件对羊栖菜光合作用没有下调作用。同时，大气二氧化碳浓度升高对羊栖菜光合作用的刺激作用百分数随生长氮条件而不同。海水中二氧化碳浓度加倍使得低氮和高氮浓度生长条件下的羊栖菜光合作用分别提高48%和18%。而长期适应在高二氧化碳浓度下的浒苔，其光合作用能力和藻体所接受的光照强度有关：在低光的情况下，高二氧化碳浓度没有显著的影响；但是在高光条件下，高二氧化碳浓度则显著地降低藻体的光合作用速率。

8.3.5　海洋酸化对钙化动物的影响

　　酸化背景下，碳酸盐生物矿化过程受到较多关注。重要的浮游植物（如球石藻）、一些珊瑚藻和动物（如有孔虫、翼足类、蛤蚌、珊瑚、棘皮动物等）分泌碳酸钙外壳、支撑骨架、脊柱和骨针。碳酸钙晶体有两种晶型：方解石（calcite，如有孔虫、蛤蚌、棘皮动物）和文石（aragonite，如翼足类、珊瑚）。它们具有不同的温度和压力响应模式。在较高的碳酸盐浓度下，文石比方解石更容易溶解，也易在较高温度和较浅的水深条件下溶解。太平洋深处积累的DIC水平和深层H^+浓度比大西洋的高，因此外壳在太平洋较浅的水深处就可发生溶解。这在很大程度上决定了沉积物组分差异：大西洋沉积物中有大量的碳酸钙，甚至翼足类软泥；太平洋（多数海区比大西洋深）的沉积物主要为蛋白石（硅藻、放射虫类的骨骼）。文石和方解石开始溶解的水深被称为它们的补偿深度（Miller等，2012）。

　　关于海洋动物矿化还有很多方面有待进一步了解，现阶段研究表明它们形成外壳的器官通常主动转运吸收钙和碳酸盐以合成矿物。即使在比正常海水碱性（pH约为8.1）更低的环境条件下，有些种类仍然能维持壳的结构，其机制是在矿物表面维持活性分泌组织，或者是在矿物表面覆盖一层不透水的有机涂层。其他一些动物，特别是以文石为壳的种类，在pH为7.6～7.8的条件下即使能存活下来，其外壳也会被溶解。

　　酸化会导致许多动物的钙化率降低，包括一些颗石藻、浮游有孔虫、软体动物、棘皮动物、热带珊瑚和红藻，甚至硫酸钙六水合物的形成（无任何碳酸盐）以及水母幼虫的平衡石中的钙化也有所减少。酸化对幼虫的影响尤其大，例如蛤蚌和牡蛎的最初D形壳的形成、海参和海蛇尾幼虫骨针的形成。当暴露在适度低pH条件下时，成年翼足类的外壳逐渐溶解，变得脆弱，边缘脱落。相比大洋海域，近岸水体受到酸化的影响更加严重，这不全是人类活动带来的影响。当上升流将深处的海水涌升到表层时，这部分水长期积聚大量的碳酸盐与碳酸氢盐，pH较低。高纬度冷水上升流的酸化效应更强，低pH导致南极棘皮动物不能形成骨针。在上升流盛行的季节，俄勒冈州和华盛顿州的牡蛎孵化场需要设法通过缓冲将养殖系统中的海水维持在较高的pH，给幼虫D形壳的形成创造有利条件。

8.3.6　海洋酸化对鱼类的影响

在鱼类中，相比海洋鱼类，淡水硬骨鱼在高碳酸血症的影响及酸碱调节机制和范围方面得到了更深入的研究。现有的关于海洋鱼类的信息表明，即使海水二氧化碳分压上升到5 000 μatm以上，它们也能维持血液pH在相对稳定水平。暴露于升高的海水二氧化碳分压条件会导致内部二氧化碳分压升高，需要通过净排酸来缓解体液中的呼吸性酸中毒。与头足类动物或甲壳类动物相似，鳃是鱼类进行酸碱调节的主要部位。酸碱调节能力取决于生物的生活方式，并与代谢能力及运动能力相关。肾脏和肠道的离子交换也可参与酸碱调节。海洋硬骨鱼通过摄入海水来避免脱水。肠道吸收水分，以替代因高渗环境失去的水分。这导致肠液中钙离子的富集，并导致碳酸钙的沉淀。这个过程中需要的碳酸氢盐由肠道分泌，从而导致血浆酸化。通过海洋硬骨鱼肠道排出的碳酸钙可占海洋中碳酸钙产生量的3%～15%。这代表了一个重要的、之前被忽视的全球无机碳循环的一个重要组成部分（Pörtner等，2011）。

鱼类高效的酸碱调节支持了在升高的二氧化碳条件下维持代谢。即使鱼类暴露于10 000 μatm或更高的二氧化碳浓度，细胞外pH也会在几天内几乎恢复到高碳酸血症前的水平，从而支持血氧饱和度。此外，鱼类能够通过释放由早期高碳酸血症引起的血氧水平下降所触发的儿茶酚胺，调节红细胞的胞内pH。在运动时，鱼类通过释放储存在脾脏中的红细胞来增强氧气运输能力，但在静止状态下暴露于高碳酸血症时不会出现。在高碳酸血症下，高效的酸碱调节会导致体液中碳酸氢盐的积累，其在血浆中的水平高于胞内水平。在硬骨鱼中，这伴随着血浆氯离子（Cl^-）等物质的量的减少。

即使是细胞内pH（pHi）的小幅下降也会导致糖酵解减少和有氧代谢受损。因此，不难理解大多数动物具有一套pHi调节机制。pHi的调节可能部分归因于Cl^-/HCO_3^-交换或通过Na^+/H^+交换将酸排出以及鱼类红细胞中的儿茶酚胺激活的Na^+/H^+交换。在暴露于中等升高的二氧化碳分压时，鱼类的pHi调节不仅是缺乏pHi酸化，而且表现为在某些情况下与胞外pH（pHe）补偿相关的pHi过冲。在暴露于1 900 µatm24小时的亚热带海湾豹蟾鱼的白肌中以及暴露于15 000 µatm48小时的温带白姆的大脑、肝脏和心脏中均呈现这种现象。相比之下，花纹南极鱼的白肌和肝脏在暴露于2 000 µatm时表现出pHi调节。无论哪种组织，这3个大气二氧化碳分压升高情景下物种均表现出pHi的调节或过冲以及二氧化碳分压的增加，同时伴随着细胞内HCO_3^-的显著积累。因此，在气候变化二氧化碳分压情景下，pHi的下降似乎不太可能。应该注意的是，细胞内HCO_3^-浓度的改变（因此可能也改变了Cl^-浓度）可能对其他细胞过程有影响。

尽管鱼类在肠腔中产生碳酸钙沉淀物和在内耳中形成耳石，但它们传统上并未被视为钙化生物。耳石是碳酸钙结晶，起到声音检测和重力感应的作用，而肠道中的碳酸钙沉淀物则起到帮助肠道水分吸收和调节渗透压的作用。关于海鲈的研究结果表明，暴露于升高二氧化碳水平（993 µatm）的幼鱼耳石增大，这一结果未能验证在高二氧化碳浓度水中降低的文石饱和度会损害耳石生长的假设。类似现象也在军曹鱼和大西洋鳕鱼中发现。然而，对于暴露于高达900 µatm的刺鳍鱼、暴露于高达4 000 µatm的东波罗的海鳕鱼和暴露于高达4 635 µatm的大西洋鲱鱼的相关研究中发现高二氧化碳浓度对耳石生长没有影响，说明不同物种的耳石生长对二氧化碳的响应具有种间特异性。尽管这些物种之间存在差异，但耳石增大的观察结果可能反映了一些暴露于二氧化碳的海洋鱼类中观察到的血浆二氧化碳分压和HCO_3^-水平的升高，因为两者都可能作为耳石中碳酸盐形成的底物。耳石被限制在含碱性内淋巴的囊状上皮中，内淋巴中总二氧化碳浓度高达32 mmol·L^{-1}，是血浆值的5～10倍。由血液向内淋巴的载体介导的HCO$_3^-$输入可用于耳石形成，这至少部分解释了鱼类通过升高血浆HCO$_3^-$浓度以增大耳石的现象。事实上，内淋巴和耳石中碳酸盐的整合随着HCO$_3^-$浓度的升高而增强，并在大约25 mmol·L^{-1}和10 mmol·L^{-1}时饱和。因此，暴露于1 000和1 900 μatm的牛蛙的血浆HCO$_3^-$水平分别增加约1 mmol·L^{-1}和3 mmol·L^{-1}，预计会导致耳石中碳酸盐的整合增强。

关于海洋酸化对鱼类影响的研究，集中在感官系统和行为上。研究发现，在鱼类的嗅觉、听觉和视觉等一系列感官系统中，都存在强烈且一致的扰动，这些扰动还涉及与一般认知功能相关的过程。除了一项展示了在1 000 μatm条件下大西洋鳕鱼保持嗅觉能力的研究外，这些扰动已在多个生命阶段的物种以及热带和温带物种中被观察到。重要的是，在这些研究中引起显著影响的最低二氧化碳分压暴露水平均低于IPCC模型预测的21世纪末水平，这表明鱼类对海洋酸化的耐受性远低于之前在急性暴露下的预测。实际上，迄今为止至少有3项研究直接将实验室中观察到的感官扰动与实际环境中的高死亡率联系起来。这些扰动的影响预计将是持久的，包括对生物多样性和栖息地偏好的影响，这些都可能极大地影响种群和生态系统的动态。虽然大多数研究指出鱼类感官能力下降，但一项研究显示，虾虎鱼幼体在趋光反应上有所增强，研究者认为这种视觉能力的增强很可能是由于不良的过度刺激（Heuer和Grosell，2014）。

鱼类的认知障碍表明海洋酸化影响的是中枢神经，而不是单独的感官系统。在虹鳟和小丑鱼中观察到的多个感官系统的中断进一步支持了这一观点。有趣的是，引发这些反应所需的最低二氧化碳水平各不相同，这可能反映了来自各个感官系统信号处理和这些信号如何整合到神经系统中的差异。在小丑鱼中，听觉干扰发生的二氧化碳阈值（600 μatm二氧化碳）远低于耳石生长增加的阈值（1 700 μatm二氧化碳），而显示耳石增大的鲷鱼（800 μatm二氧化碳）在游泳活动上仅有轻微变化。

8.4 其他环境变化

大气二氧化碳浓度升高除引起海洋酸化和表层海水温度升高外，还会间接改变海洋其他环境因子（如光强和营养盐）。表层海水升温速度快于次表层海水，这使得表层和次表层温度及密度差异逐渐增大，海水层化加剧。层化的海水使得底部营养盐向上部混合层输入减少，而生活在上部的浮游植物接受的平均光强将变大。此外，海水温度升高还会引起海冰融化、海平面上升、海水盐度变低、溶解氧浓度降低，以及改变海洋环流、降水和淡水输入（Doney等，2012）。这些变化都会对浮游植物产生不可忽视的影响。氮是浮游植物细胞中最丰富的元素之一，是合成细胞结构和功能大分子（蛋白质、核酸以及多糖）不可或缺的元素。蛋白质和核酸分别含有约15%和13%的氮元素。细胞的光合结构中叶绿素、酶系统和电子传递链组分都需要氮化合物的参与。浮游植物光合系统中的氮占胞内总氮的15%～25%。光合结构中的氮可以分为可溶性蛋白和类囊体膜蛋白。其中，可溶性蛋白主要在Rubisco中。类囊体膜蛋白包括捕光色素蛋白、电子传递链组分和偶联因子以及反应中心复合体等。在当今海洋中，氮浓度是制约大部分低纬度表层海洋初级生产力的限制因子。在未来海洋中，氮浓度都是降低的趋势，但是在不同海域降低幅度相差较大。西赤道太平洋、南亚热带太平洋、东赤道太平洋、北亚热带太平洋、南大西洋和南印度洋是降幅最大的海区（Boyd等，2015）。在未来海洋环境下，处于上部混合层的浮游植物会接受更大的平均光强。但是，陆源溶解有机物的输入也会因为土地利用方式改变、降水和极端暴雨频率的增加而增多，这会改变水体的混浊度及消光速率。而且，全球气候变化下，风场逐渐增强，水体混合更加强烈。在未来环境下，浮游植物可能会经历更快频率的光强变动。

氮限制会显著降低浮游植物色素含量以及光合速率。蛋白分析也表明浮游植物在氮限制条件下会下调色素合成相关蛋白的表达。色素含量及光合速率的下调必然会影响海洋初级生产力。研究表明，1999—2004年全球海洋初级生产力受到温度升高的抑制。研究者分析认为这是由层化加剧带来的营养盐供应减少造成的。不同类群的浮游植物对氮限制的响应有所差异。与绿藻和高等植物不同，氮胁迫会上调硅藻中与糖酵解和三羧酸循环相关的酶的表达。这些途径可能与硅藻具有尿素循环有关，相关酶的上调可为氮的再同化作用提供碳骨架。

浮游植物随水体上下混合而处于变动的光强环境中。在光强快速变动的条件下，紫外辐射可以提高浮游植物的光合固碳和光系统Ⅱ（PSⅡ）的光化学效率。研究还表明，变动的光强处理会抑制浮游植物的生长以及降低胞内有机物生产速率。而光强变动的频率会影响光强变动的效应。相较恒定光强处理，变动光强处理可能加剧或者减轻紫外辐射对浮游植物光合固碳的抑制作用。这取决于浮游植物所处水体的混浊度。也就是说，浮游植物在随水体上下混合过程中接受的平均光强的大小会影响光强变动的效应。这也在对拟南芥的相关研究中得到了印证。变动光强处理在高光条件下会降低拟南芥的达尔文适合度（Darwinian fitness），即降低植物的果实及种子的数量。因此，光强变动有可能对浮游植物光合生理产生正面或者负面效应，这取决于光强变动频率以及平均光强水平。

铁是影响海洋初级生产力的重要元素之一。海洋中很大面积海域（例如HNLC海区）的初级生产力，特别是较大个体（>8 μm）的浮游植物的生长，受到铁的限制。虽然铁是地球主要组成元素之一，但其在海水中的浓度却非常低。这是因为三价铁（Fe^{3+}，细胞可吸收的形式）在碱性的海水（pH约8.3）中形成氢氧化铁［$Fe(OH)_3$］。氢氧化铁的溶解度系数约为10^{-12}，容易形成絮凝沉淀，将游离的三价铁离子浓度降低至亚纳摩尔的水平。在海水中，二价铁（Fe^{2+}）会被氧化成三价铁并被沉淀。铁是许多酶的辅助因子，也是一些色素的组成成分，因此铁的可利用度及限制性控制着大个体浮游植物的生长。向海洋施铁肥的大型实验已经进行了12次，包括直接添加铁到大约100 km^2 HNLC海域（东热带太平洋、亚北极太平洋、南大洋），这些研究已经证明铁确实是一个限制性因素（龚骏，2019；Miller和Wheeler，2012）。

随着人口密度的增长和工业的迅猛发展，大量氟氯烃、氯烃及有机溴化物等大气污染物被人为地释放，使得臭氧层渐趋变薄。臭氧层具有屏蔽紫外线的功能，其被破坏必然导致到达地表的紫外辐射增强。研究表明，同温层臭氧浓度每降低1%，辐射到地面的UV–B剂量就会提高2%。虽然《蒙特利尔议定书》的签署使得臭氧破坏物质氟氯碳化合物的释放有所缓解，但由于已排放的含氯化合物会在大气中存在很长时间，短时期内难以修补对臭氧层的损害。此外，上部混合层变浅，使得浮游植物所接受的紫外辐射也变强。细胞中有很多紫外辐射潜在的作用靶点，如DNA、光系统、各种蛋白质（包括大多数酶类）及光合色素等。这些靶点的损伤会对重要的生命过程，如光合作用、营养盐的吸收、蛋白质合成、基因转录等造成影响。虽然紫外辐射对真核浮游植物有着显著的效应，但是它们也拥有一系列的机制来减弱这种损伤，如有些浮游植物可以通过运动来躲避过强的紫外辐射。它们也可以通过合成胞外或胞内化合物来屏蔽有害紫外辐射。这些物质在紫外区域都有吸收峰，其中以三苯甲咪唑类氨基酸（MAA）最为重要。MAA的合成受到紫外辐射的调控。一般来说，随着紫外辐射强度的增加，MAA含量也增加，从而可以在强紫外辐射下起到屏蔽紫外线和保护胞内重要细胞器的作用。然而，这些机制并不能完全抵御紫外辐射的影响，细胞还是不可避免地会受到损伤。因此细胞在受损后，会启动修复机制这一补救措施，来弥补其他保护机制的不足，其中最主要的修复机制是PSⅡ和DNA损伤的修复。PSⅡ的蛋白复合体，如D1蛋白在受损以后，不仅可以重新合成新蛋白质而快速得到修复，本身未受到致命损伤的D1蛋白还可以直接恢复活性，重新参与到光合作用中。DNA的损伤修复一般有3种：光修复、切除修复和重组修复（高坤山，2014）。

第9章　海洋数值模型

　　海洋数值模型是一种利用数学方程和计算机程序来模拟和预测海洋中各种物理、化学和生物过程的工具。这些模型通过描述海洋动力学、热力学、化学反应和生物过程的数学公式，结合初始和边界条件，来模拟海洋系统的行为。数值模型通常包括对海洋环流、温度、盐度、营养物质、浮游植物和浮游动物等的模拟，可以用于研究和预测海洋环境的变化、气候变化的影响、生态系统的动态以及海洋资源的管理和保护。具体来说，海洋数值模型分为几个主要类型：① 物理模型，用于模拟海洋的物理特性和运动，包括海洋环流、波浪、潮汐、温度和盐度分布等；② 化学模型，用于模拟海洋中化学物质的分布和变化，包括营养盐、溶解氧、二氧化碳和其他化学成分；③ 生物模型，用于模拟海洋生态系统中生物成分的分布和动态，包括浮游植物、浮游动物、鱼类和其他海洋生物；④ 综合模型，结合物理、化学和生物过程的模型，用于更全面地理解和预测海洋系统的综合行为。这些模型的开发和应用需要高性能计算资源，并且通常需要通过观测数据进行验证和校准，以确保模型的准确性和可靠性。海洋数值模型广泛应用于海洋科学研究、环境监测、气候变化预测、渔业管理和海洋工程等领域。本章将聚焦于与生物的生命活动及其生态过程相关的海洋生物数值模型，并以案例形式由浅入深地说明数值模型的背景、建模范式以及在生物海洋学中的应用。

　　数值模型的建立需要大量调查数据的支持，以对提出的理论进行模拟与预测，其兴起源于计算机科学的进步。Riley等在20世纪40年代提出了利用动力学模型解释海洋浮游生态系统运行规律的想法，采用数值方法求解浮游生态系统动力学速率方程模型，以揭示理化因素变化与不同营养级生物间的相互作用关系（Riley等，1946，1949）。自20世纪60年代计算机普及和技术进步以来，数值模型在生物海洋学理论研究中得到了广泛应用。建模已成为生物海洋学中的专业领域，与观测生物学互为补充，共同解决和验证生物海洋学中的重要理论问题。在海洋生态学研究中，模型模拟与现场观测的互动几乎无处不在。随着海洋研究方法及野外调查规模的不断改进，大量实测资料的积累使人类对海洋的认知逐渐深入。这不仅体现在空间尺度上从海表到海底、从近岸到远洋的扩展，还包括海洋生物与环境相互作用的研究。为了更好地理解海洋生态过程，不同的海洋生物模型研究逐渐发展，比如，利用数值模拟海洋水动力过程以仿真海水运动对生物生存环境变化的影响（Zhu等，2020）。尽管模型无法完全还原整个海洋过程，但通过提高时空分辨率和优化参数方案，可以突出主要环境因子的作用，这在海洋生态过程的机制研究中具有不可替代的作用。优秀的模型不仅为探索各种生物与物理耦合过程提供了手段，还能指导海上观测和实测资料分析。反之，缺乏严格科学方法建立的模型不仅无法正确模拟，还会阻碍科学认知的发展。正确的模型研究方法应以完善的物理模型为基础，从最简单的生物模型入手，以了解和掌握控制各种相互作用因子的机制过程为首要目标，建立具有理论价值且应用于实际海洋系统的生态模型（陈长胜，2003）。此外，随着人工智能和大数据技术的崛起，海洋生态模型的构建与应用有了新的发展方向，能够更加精准地模拟生态系统的变化，为海洋资源的可持续管理和保护提供科学依据。

另外，生态模型的建立还允许我们对未来海洋环境变化背景下生物的生存状态及生态系统环境的变化趋势进行预测，从而评估某种或某些环境因子的变化对生态系统稳态及功能的潜在影响。如利用数值模型构建海水温度和海水的二氧化碳浓度与浮游植物初级生产力的关系，进而预测未来海洋环境下，海水的持续升温和大气二氧化碳浓度的升高对整个生态系统的初级生产的影响（Boop等，2013）。需要注意的是，这些模拟和预测是无法通过实际实验展现出来的，或者由于运行成本过高而无法进行大规模的实验验证。尽管如此，当前数值模型在海洋生态学领域研究中应用已经非常广泛，几乎所有可以想象的海洋系统和过程都已被开发出相关的模型。不同模型所基于的数学公式及参数的复杂性不同，但其基本原理都是基于对观测数值的分析及趋势预测。

浮游生态系统模型的研究范式通常是对微分方程近似值的求解过程。由于对生态系统过程的全部复杂性知之甚少，因此我们通过"参数化"（即进行有根据的猜测、归类或采用其他策略）来代替模型中未知的部分。这些模型通常能生成与海洋中的生态过程相符的结果，并能够展现其变化过程。其中，参数是数值模型的基础，对于模拟生态系统中生物对物理及化学环境因子变化的生物学响应模型的构建尤其重要。生物学响应的特征参数可以从数学模型（统计学模型）中获得，比如海洋微生物对温度等环境因子的适应范围和最适值等。

9.1　单一驱动因子响应的数学模型

个体生物的可观察到的表观特性称为"表型"，它是由遗传背景（基因型）和周围环境的相互作用决定的。这些特性可以响应环境信号并随之变化，这一过程称为表型可塑性，决定了生物体应对周围环境因子变动的响应能力。通过在环境因子的梯度下建立"反应范式（reaction norm）"，我们可以评估某些环境驱动因素在个体或种群中的表型可塑性（Forsman，2015）。在特定的生态位内，有机体可以通过调节基因表达来调整其表型，以抵抗环境压力（Schlichting和Smith，2002）。超出表型可塑性调整能力的环境变化会引发一系列的生态反应，如局部灭绝、迁移或适应性进化（Bell和Collins，2008）。因此，研究表型可塑性可以为我们提供关于有机体对环境变化的耐受性和适应潜力的见解。

如前所述，温度是有机体的主要驱动因素之一。与温度相关的表型可塑性，也称为热可塑性，通过一种非线性的反应规范称为热性能曲线（TPC）得到了充分描述（Huey和Kingsolver，1989）。典型的TPC形状是一条倾斜的钟形曲线，上升阶段表明随着温度的升高，性能逐渐增加，直到达到最佳温度，随后在下降阶段，温度变得有压力（Eppley，1972）。具体来说，有机体的性能（表型）最初随着温度从最低临界限（CT_{min}）升高到最适温度（T_{opt}）时的最大值（μ_{max}）而增加（Sinclair等，2016）。性能随后随着温度的进一步升高急剧下降，直到达到最高临界限（CT_{max}）。评估这条曲线的形状可以推断出关键的生态生理特性，如热生态位（即可适应温度范围，T_{br}）、临界温度（最高临界温度CT_{min}和最低临界温度CT_{max}）和热耐受性（TT）（Angilletta等，2002）。通过TPC提供的所有信息参数，可以评估有机体在特定条件下的热可塑性，并推断出在变化环境下可塑性的变异。

Eppley-Norberg模型通过比较各种浮游植物种类在非限制条件下的不同温度生长曲线（近200个数据点），从整体上描述了温度对海洋浮游植物生长的影响。Eppley（1972）通过数学模型确定每种浮游植物的最大生长速率（μ_{max}）受沿着最适温度特性（T_{opt}）的虚拟包络线的限制，这就是所谓的"Eppley曲线"（图9.1）。Eppley指出，对于在40 ℃以下生长的所有浮游植物种类来说，可适应的温度越高，其最大的生长速率越快。基于Eppley的假设，Norberg（2004）开发了一个温度–生长模型，即"Eppley-Norberg模型"：

$$\mu(T) = \left[1 - \left(\frac{T-z}{w} \right)^2 \right] ae^{bT} \tag{9.1}$$

其中，w是热生态位宽度，z是生长速率等于Eppley函数时的温度，即T_{opt}，a和b是Eppley函数的参数。Eppley-Norberg模型被从事浮游植物研究的科学工作者广泛使用。

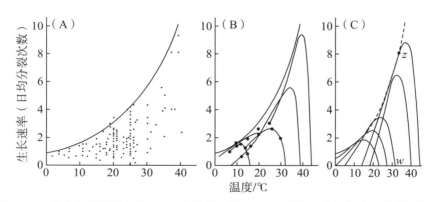

图9.1　A. 带有原始数据点的Eppley包络线函数；B. 5组真核浮游植物种类的数据集；
C. 5种真核浮游植物的Eppley-Norberg图
（引自Grimaud等，2017）

9.2　浮游植物动态过程与NPZ模型

9.2.1　浮游植物生物量的季节性波动

在自然海洋环境中，浮游植物的数量呈动态变化，并具有显著的季节性。这些变化主要受温度、营养盐和光照等环境因子的影响。当条件适宜时，浮游植物能在短时间内大量繁殖，迅速增加生物量，形成藻华。藻华的暴发常见于春季，尤其是在温带沿海区域和北大西洋亚北极地区。早期对这些区域的观测研究成为海洋数值模型研究的基础，并延续至今。因此，生产力的季节性变化、浮游植物和植食性动物的数量变化，成为生物海洋学研究的核心内容。目前，对于浮游植物季节性变化的生态动力学解释如下（Miller和Wheeler，2004）：

1）冬季的理化环境与浮游植物生长状态

这段时期海水的垂直混合强烈，使真光层的浮游植物净损失大于净生长，数量保持在较低水平。此外，冬季太阳角度低，日照时间短，藻类生长速率较低。

2）春季的理化环境与浮游植物生长状态

随着光照增强和风力减弱，部分水体形成分层。在光照充足的表层水中，浮游植物损失率降低，种群数量迅速增加，形成春季藻华。

3）夏季的理化环境与浮游植物生长状态

夏季，海水密度差异导致水体分层明显，抑制了垂直混合，深层营养盐不能迅速输送至表层，浮游植物消耗了水中的营养盐，生产力下降。同时，更多浮游植物被增多的植食性动物捕食，这些因素使藻类数量在仲夏时达到最低点。

4）秋季的理化环境与浮游植物生长状态

从夏季转入到秋季，植食性动物数量减少或进入冬眠状态。入冬前的几次风暴会混合营养盐，但不会彻底打破密度分层。同时，白昼时间较长，太阳高度角较高，灰色云层未大量出现，这些条件促成了秋季藻华的短暂出现。

5）冬季的理化环境与浮游植物生长状态

秋季藻华积累的生物量，会在初冬海洋风暴的作用下混合并下沉至深海。同时，水体的垂直混合使得底部丰富的营养盐重新回到表层，以补充上部混合层中营养盐的消耗。可以理解为冬季的海水混合作为向表层输送营养盐的"施肥"行为，成为下一个春季藻华暴发的基础。

研究和构建大型生态系统的模型，既是对这些生态过程动态的捕捉、模拟和预测，对生态学过程的理论假设和观测验证，也是浮游生态学模拟研究的核心主题。

9.2.2 营养–浮游植物–浮游动物（NPZ）模型

浮游生态学的基本目标之一是尽可能理解营养物质的可用性（基本资源基础的衡量标准）、浮游植物的生长（取决于物种、营养物、光照和温度）、浮游植物的存量（取决于生长、摄食、混合和下沉）以及浮游动物的存量（取决于摄食和死亡率）之间的相互作用。最基本的模型被称为营养–浮游植物–浮游动物（nutrient-phytoplankton-zooplankton，NPZ）模型。Franks等人（1986）提供了一个尽管不现实但具有教育意义的NPZ模型版本。该模型研究了在理论上层水柱中溶解营养物质和同化营养物质（即藻类和食草动物生物量）的时间变化。由于没有空间变化，这样的模型被称为零维模型（虽然时间是一个"维度"）。营养物质被浮游植物吸收并转化为浮游植物存量。浮游植物被浮游动物吃掉并转化为组织，同时有代谢损失。这些损失立即以浮游植物可用的营养物质形式出现。浮游植物和浮游动物都以显著的速度死亡和腐烂，释放的营养物质立即以溶解和可用的形式出现。最重要的过度简化是系统是封闭的，没有外界的混合或下沉。图9.2显示了这些相互作用的流程图。

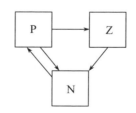

图9.2 Franks-Wroblewski-Flierl NPZ模型的框图
（引自Miller和Wheeler，2012）

模拟不同作用变化的微分方程可以用文字写出，如下：

P的变化量=+营养盐吸收量-P的死亡量-捕食量　　　　　　　　（9.2）

Z的变化量=+生长效率×捕食量-Z的死亡量　　　　　　　　　（9.3）

N的变化量=-营养盐吸收量+（1-生长效率）×捕食量+P的死亡量+Z的死亡量　　　　　　　　　　　　　　　　　　　　　　　　　　　（9.4）

接下来，这些方程被写成微分方程（或直接写成差分方程）。这一步的关键点是找到合适且有效的功能关系以准确表示相互作用。这里使用的函数与Franks等（1986）的函数不同，只是将γ［而不是（1-γ）］作为浮游动物的生长效率（摄食食物的0.3）。其函数如下：

$$\frac{\mathrm{d}P}{\mathrm{d}t}=\frac{V_\mathrm{m}NP}{K_\mathrm{s}+N}-mP-ZR_\mathrm{m}\left(1-\mathrm{e}^{-\Lambda P}\right) \tag{9.5}$$

$$\frac{\mathrm{d}Z}{\mathrm{d}t}=\gamma ZR_\mathrm{m}\left(1-\mathrm{e}^{-P\Lambda}\right)-kZ \tag{9.6}$$

$$\frac{\mathrm{d}N}{\mathrm{d}t}=-\frac{V_\mathrm{m}NP}{K_\mathrm{s}+N}+mP+kZ+\left(1-\gamma\right)ZR_\mathrm{m}\left(1-\mathrm{e}^{-\Lambda P}\right) \tag{9.7}$$

状态变量、参数及其标准值的名称显示在表9.1中。

表9.1　Franks等人（1986）模型的符号和标准值或初始值

变量和参数	标准值
V_m=浮游植物最高生长速率	2 d^{-1}
N=营养盐浓度	从1.6 $\mathrm{\mu mol\ N\ L}^{-1}$开始
K_s=营养盐的半饱和常数	1 $\mathrm{\mu mol\ N\ L}^{-1}$
P=浮游植物存量	从0.3 $\mathrm{\mu mol\ N\ L}^{-1}$开始
m=浮游植物死亡率（除取被捕食外）	0.1 d^{-1}
Z=浮游动物存量	从0.1 $\mathrm{\mu mol\ N\ L}^{-1}$开始
γ=浮游动物生长效率	0.3
R_m=最高浮游动物配给量	1.5 d^{-1}
Λ=Ivlev常数	1.0（$\mathrm{\mu mol\ N\ L}^{-1}$）$^{-1}$

引自Miller等，2012。

假设模型启动时上层水柱刚刚分层，光照足够维持快速的浮游植物生长，唯一可能的限制因素是营养盐（氮元素）。条件适合春季藻华的暴发。系统开始时有大量的营养物质和少量的浮游植物和浮游动物。

浮游植物 P 和浮游动物 Z 都是数量，它们的单位代表它们的营养（以氮为单位）含量。两者都没有年龄或大小结构。浮游植物的增加是营养物质可用性的双曲函数，这一关系由Michaelis-Menten函数表示，$dP/dt = V_m NP/(K_s + N)$。除了摄食之外，它们还有一个成比例的死亡率，即 $-mP$。浮游动物以浮游植物的可用性 P 为函数进行摄食，摄食率根据Ivlev函数而呈现双曲线趋势的增加，$dP/dt = -PZR_m (1-e^{-\Lambda P})$，达到渐近值 R_m。即浮游摄食者在提供更多食物时会吃得更多，但只有到一定程度。超过这个数量后，它们的摄食率趋于平稳（Frost，1972）。模型中的浮游动物以与其数量成比例的速率死亡，即 $-kZ$（k 代表"杀死"）。

初始参数集（修改自Franks等，1986）产生了一次强烈、短暂的藻华，随后被摄食者减少（图9.3a）。营养物部分再生，然后在几次减幅振荡后，比例稳定在一个稳态。模型可以在一定程度上修改以应用更现实的速率参数和初始值。浮游植物很少以2.0 d^{-1}的速率生长；更现实的速率是每天翻倍，即 $V_m = 0.69$ d^{-1}。春季藻华前的高温北大西洋水体中含有更多硝酸盐，浓度为 $10 \sim 12$ μmol·L^{-1}。替换这些值（图9.3b），产生了一次强烈、延迟的藻华，随后被摄食者吃掉。P 和 Z 都降到非常低（但不为零）的值，几乎所有的营养物质都以无机形式存在。循环在75 d后重复，然后以大约50 d的周期进入类似的强振荡状态。常见的建模策略是包含浮游植物的阈值量 P_0，以诱发摄食者摄食。

同时强制 dP/dt 为零，当 $P < P_0$ 时，摄食阈值在初始藻华后使得 P 和 Z 值稳定在非常低的水平（图9.3c）。随着藻华被消耗，生成的大量营养物质是不现实的，这是由上层水柱的封闭性造成的。

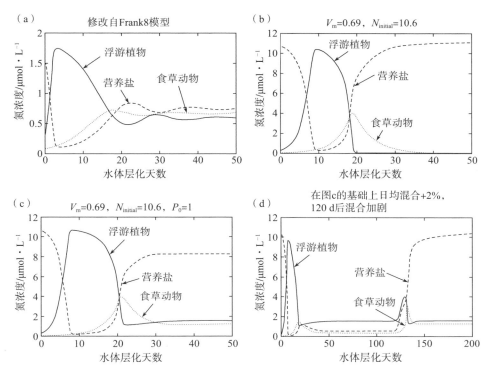

（a）与原模型相似。（b）V_m减小到0.69 d^{-1}，初始营养物质增加到10.6 μmol·L^{-1}（c）如（b），但加入浮游植物丰度阈值P_0以启动摄食者活动。（d）如（c），每日混合自初始营养物质和没有浮游植物的下层。

图9.3　Franks-Wroblewski-Flierl模型中一年中营养物质、浮游植物和食草动物存量的变化
（引自Miller等，2012）

通过让部分死亡的浮游植物和浮游动物（$-mP-kZ$）"下沉"，并将富含营养物质（10.6 μmol·L^{-1}）的深层水混合到上层，同时相应地去除上层水（含有营养物质和浮游植物），每天以2%的速率进行，模型可以获得更贴近大洋水体真实情况的动态过程。此外，通过增加某个日期以后的混合速率（图中显示为第120天，每天2%），可以在模型中引入秋季藻华。一般来讲，春季会暴发一次大规模而短暂的藻华（图9.3d）。到了夏季，浮游植物的存量维持在很低的水平。到了秋季也会产生一轮藻华，但藻华的强度不到春季的1/2。然后，营养物质迅速恢复到初始水平，秋季藻华被浮游动物的（摄食）稀释或消除而后进入冬季。

9.3 复杂的NPZ模型

基于NPZ模型的基础，相关研究学者已经开发出更为复杂的几个模型，例如用于研究所谓的"亚北极太平洋问题"（Frost，1993；Denman和Peña，1999；Denman等，2006）。特别是阿拉斯加湾海域，浮游植物的生长率具有强烈的季节性周期。与北大西洋海域不同，这些周期并未导致浮游植物存量的循环波动，特别是当以叶绿素浓度来衡量时。需要特别提出的是，Frost的相关研究论文提供了足够详细的模型机制，使具有中等技能的人能够根据提供的方程编程，因此在对模型构建的阐述上值得推广。而其他一些模型则突出了系统的附加特征。

在模拟亚北极太平洋的生态过程中，其目标是模拟浮游植物、食草动物和营养物质之间的基本关系。在阿拉斯加湾和向西到接近日本的海域，几乎没有观测到浮游植物的暴发。相反，浮游植物存量呈低幅振荡，使叶绿素a浓度保持在0.15 ~ 0.65 μg·L^{-1}之间，偶尔会上升到几乎1.0 μg·L^{-1}，但很少超过这个值。其水平在向西到达库页岛和北海道外海时有所增加。同时需要注意的是，表层混合层中的硝酸盐全年保持在6 μmol·L^{-1}以上，这一浓度从未下降到限制浮游植物生长的程度。表层的硝酸盐浓度呈现出年度循环的特征（图9.4），大概从3月的17 μmol·L^{-1}，下降到7月约为7 μmol·L^{-1}，但并未耗尽。具有这些特征的浮游生态系统被称为高硝酸盐、低叶绿素（HNLC）系统。Martin等（1989）建议，保持浮游植物存量低的关键可能是铁的极低可用性限制了较大浮游植物的生长率。他们的铁富集实验显示，添加铁的容器中大浮游植物最终会暴发，而没有添加铁的容器中不会。原位的浮游植物生长迅速，可以达到每天倍增一次或更多，但它们的粒径很小。而以小粒径物种为主导的浮游植物群落更容易受到原生动物的捕食（Miller等，1991）。值得注意的，原生动物的生长速度大约与浮游植物一样快，这使得它们能够将浮游植物存量保持在狭窄的范围内波动。

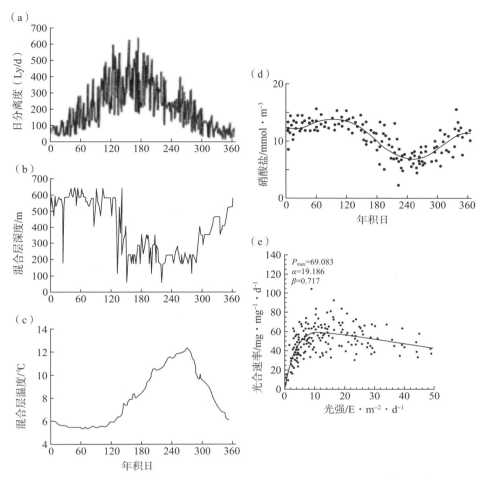

（a）来自天气船辐射计数据的每日辐照度。（b）来自每日CTD测量的混合层深度。
（c）混合层温度。（d）基于多年数据的年度硝酸盐循环，用作年度第1天的起始值。
（e）模型中使用的P与E关系，初始斜率大。

图9.4　Frost亚北极太平洋模型的输入数据
（引自Miller等，2012）

　　Frost（1993）在一个一维模型中捕捉了大部分这些内容，这一维是指深度。它通过在多个层中运用独立的NPZ模型来描述水柱中的过程，在这种情况下，混合层的上层和一系列较深的层通过渐进密度分层而达到真光层的底部。相邻层之间的交换在每个时间步长上被包含为一个过程。与之前描述的

Evans-Parslow模型类似，浮游植物的生长取决于辐照度，而当可用的氮浓度降低时，光照强度也将随之变化，代表光强的参数也会有所修改。在模拟亚北极太平洋生态过程时，首先假设此区域的浮游植物体积非常小，因为较大的浮游植物的生长更容易受到铁元素供给不充足的限制，从而较小的浮游植物具有相对竞争优势。由于浮游植物很小，捕食者一般认定为具有适当高潜在生长率的原生动物。假设混合层上部的水体非常稳定，在模拟上层水体生态过程时，只需要关注一种或少数几种变量的参数变化。然而，在混合层以下，生态环境会随着生物过程和水体混合的实际速率而变化，因此模型参数的设置更加复杂。

一些选择适当参数和初始条件的数据来自20世纪70年代天气船在海洋站"P"（50°N，145°W）上收集的全年样品系列（图9.4a至图9.4d）。这些包括温度、每日辐照度和混合层深度数据。一些起始值也来自天气船数据，特别是叶绿素和硝酸盐值。一些参数取自20世纪80年代观测计划的数据（图9.4e）（Miller，1993）。这些包括P与E关系（P与E的初始斜率α非常大）和氨浓度（优先吸收）降低硝酸盐吸收的效应（Wheeler等，1990）。最初的模型用Fortran编写（初步的模型手稿大约有6～8页的内容），输出为叶绿素、草食动物存量、硝酸盐、氨、碎屑氮和其他变量的时间序列（图9.5a至图9.5d）。通过对模型的计算，不仅再现了季节性波动相对稳定的叶绿素时间序列，还在振幅和周期方面正确再现了叶绿素和氨的低水平短期逆向振荡。尽管Strom等（2000）指出了一些问题，Frost（1993）模型仍然是HNLC系统基本生态过程的代表性案例，该模型依赖于微型浮游动物的捕食阈值以使HNLC条件持续存在，但在实验工作中一直未发现阈值。Leising等（2003）表明，通过增加捕食的半饱和常数可以模拟阈值的效果，但这是否适用于亚北极太平洋中的微型草食动物仍有待观察。毋庸置疑的是，他们提出了在海上测试的逻辑可行假设，这也是模型在海洋生态过程研究中的价值。

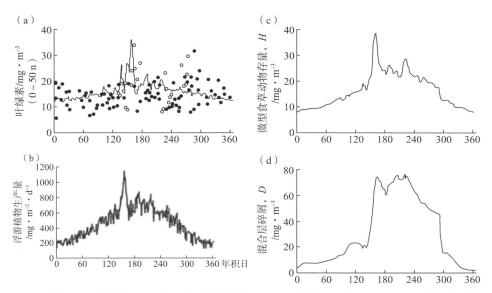

（a）上层50 m的整合叶绿素与现场数据相比；（b）浮游植物生产率；（c）混合层中微型草食动物的存量H；初级生产力的周期出现在这个第二营养级中，而不是浮游植物中；（d）混合层碎屑。

图9.5　亚北极太平洋模型的输出
（引自Miller等，2012）

Frost（1993）模型中的垂直混合方案很简单，但有效，因为混合系数（扩散率）被调整以再现水文特性的垂直剖面，并提供在模型年结束时与开始时相同的上层营养物质。如果模型生态系统循环要响应一些气候变化因素——更多或更少的表面辐照度（云量差异，从而表面变暖）和风气候学的变化，则需要更复杂的混合方案。Denman等（2006）在一个亚北极太平洋问题的模型中应用了一个所谓的湍流闭合系统（Mellor-Yamada 2.5），其中垂直混合受表面变暖和风的影响，并模拟其在2 m厚的层中到120 m的效果。其他方案也在使用中，特别是一个称为Large-McWilliams-Doney（LMD）或K_v剖面参数化（KPP）的方案。它与Frost方案相似，但包含更明确的过程。

Denman团队的模型还具有更复杂的状态变量集，即7个变量（图9.6），因此有更多的相互作用。存在2类浮游植物：一类是微小-纳米组，另一类是类似硅藻的组。浮游植物生长因铁限制而减少（较大细胞更甚），原生动物以不同速率摄食2类浮游植物，并被中型浮游动物摄食，其丰度基于季节数据固定循环。还存在1个硅循环，增加了3个状态变量，作为对硅藻的次要控制。一个模型有很多参数，在这个复杂程度下，有些参数由数据约束，有些参数通过程序的多次运行中的试错法选择。不管这对实际机制的现实性留下了什么不确定性，该模型都产生了一些前瞻性的结果。区域内基本平稳的浮游植物总存量再次得到了再现，但小型和大型浮游植物具有不同的季节循环模式。

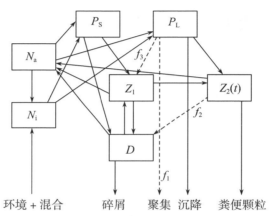

生态系统模型氮版本的示意图。P_S代表纳米和皮科浮游植物，P_L代表硅藻，Z_1代表微型浮游动物，N_i代表硝酸盐，N_a代表铵，D代表碎屑和细菌，$Z_2(t)$代表中型浮游动物的年循环，f_1代表沉降硅藻聚合体的形成，f_2代表未同化的食物损失转化为碎屑的过程，f_3代表微型浮游动物对硅藻的捕食。

图9.6　Denman等（2006）亚北极太平洋模型中的状态变量和转移
（引自Miller等，2012）

通常来讲，春季，较小细胞的浮游植物在水体表层比较活跃；到了夏季，硅藻在季节性温跃层和永久性盐跃层之间的较深层中具有较高的丰度，然后其存量在秋季向表层扩展。这一过程，在气象船上进行的时间序列采样中得到验证，记录发现叶绿素浓度在10月达到峰值。模型还在减少铁限制参数的情况下，显示了先小后大的细胞的浮游植物暴发模式。其持续的时间长度与2002年7月至8月进行的SERIES铁添加实验中浮游植物存量变化的大致相同（Boyd等，2005）。

9.4　其他浮游生态模型概述

Franks等（1986）提出的模型引发了大量研究和分析（例如：Busenberg等，1990；Edwards等，2000），但在许多方面不够现实，特别是生物变量的极端简化。我们知道，春季藻华往往在光照强度足以穿透浅层混合的障碍时开始发生。因此，一个更现实的模型应当模拟随季节变化的光照对初级生产的影响，并考虑光照随深度减少的情况，至少延伸到混合层底部。浮游植物的生长与光照呈非线性关系，而光照强度随深度呈指数下降，因此混合层内的生产应通过逐步计算水柱深度的生产来实现，而不是简单地使用平均光照强度来计算浮游植物的生长。

Evans等（1985）开发了一个与Franks等非常相似的模型，但在上述的特点上进行了些许修改。他们通过将营养限制效应与光限制效应相乘来表示对浮游植物生长率的控制。然而，更优的方法是在每个时间步选择由光或营养决定的较低的生长率，严格应用李比希（Liebig）的"最小因子定律"。模型运行至循环稳定后，结果显示出季节性的藻华周期，包括春季藻华、夏季低浮游植物量、小规模秋季藻华和冬季低值。营养物逆周期变化，浮游动物的活动使浮游植物数量下降，并在春末达到峰值。

在混合层底部的营养物质在密度屏障处扩散，有一些营养物从而从深层输入至上部混合层。营养物也被循环利用，浮游植物死亡的一部分被返回混合层作为营养物，部分浮游植物被捕食后也会减少。通过改变参数和输入值，可以检查模型对这些变化的敏感性。例如，在混合层深度中引入一些随机变化，会使夏季的营养物、浮游植物和浮游动物的值更具有现实的变异性。

Evans等研究了个别地区藻华受到限制的原因。许多海洋生态系统，特别是HNLC系统，通常不表现出季节性藻华。他们尝试消除混合层深度的变化，发现这会减弱循环振幅，但藻华的循环依然存在。实际上，捕食者的捕食行为对浮游植物循环的影响非常显著，将捕食率参数从0.35增加到0.6便会打破浮游植物存量的循环，从而"消除"了春季藻华的发生。当在模型中尝试不同参数时，可能会发现一些参数组合导致日常波动强烈，甚至出现负值。实际海洋中浮游植物生物量确实会出现单日内的剧烈变化，所以这种模拟方法也同样具有一定的现实意义。如果重新编程模型以增加冬季混合深度，例如到300米，可以更好地限制藻华的持续时间。

数值模型中的海洋生态系统也可以扩展到二维和三维空间，但需要更多的计算资源。典型的二维模型主要用于解释沿岸到离岸、海面到海底的生产和捕食者分布模式，尤其是在沿海的上升流区域（Edwards等，2000）。而三维模型则在空间变化的海洋区域和整个世界海洋中构建模式和运行循环（Zahariev等，2008）。

浮游生态系统的模拟常常追求极致，试图涵盖系统中每个显著的组成部分。ERSEM-PELAGOS模型就是一个例子。该模型包含44个状态变量，约有300个参数（比如C、N、P、Si和Fe等营养元素浓度）。由于许多参数被调校以使模型匹配数据，该模型生成了相对合理的剖面图、季节循环图和地理分布图（Vichi等，2007a，2007b）。然而，尽管模式看似符合真实的生态系统动力学，实际模拟得到的数值与调查获得的结果往往有很大的误差。在某些情况下，模型中的过程和交换是否与真实的海洋物理和生态接近可能并不重要，只要输出的模式符合地理分布和循环即可。然而，如果模型的机制只是某种程度上的强制拟合，那么在环境条件变化（如气候变化、过度捕捞、富营养化等）时，模型将无法正确预测其影响。

人类活动越来越多地干预着海洋生态系统，就像管理地球上其他的栖息地一样。这种管理的策略越来越依赖于这些复杂的模型。如果模型的机制不真实，那么它们的预测和建议将带有误导性，影响我们与自然环境的和谐共存以及人类社会的可持续发展。

9.5 微生物多样性的数值模型

微生物群落结构受到不断变化的物理、化学和捕食环境的影响而改变（Margalef，1968）。其群落结构的变化反过来也将调节生态系统环境和生物地球化学循环，包括有机物质向深海的输出，这对全球海洋碳封存和大气二氧化碳调节至关重要。海洋微生物群落的多样性在生态和生物地球化学方面都具有重要意义。例如，在浮游植物中，聚集和下沉的硅藻和更微小的浮游植物在功能上有显著对比（Pomeroy，1974；Laws 等，2000）。这种对比调节了区域和季节性营养利用效率和有机物质输出的质量。同样，有机物质被呼吸的部分由中层和深海的细菌、古菌和较大的异养生物群落调节。这些群落的组成决定了有机物质再矿化的深度，从而决定了无机营养物和碳何时何地返回到表层海洋以再次推动初级生产（Burd 等，2002）。

　　海洋微生物环境极其多样，通过显微镜鉴定的藻类种类已达数千种，利用宏基因组方法鉴定的物种丰富度更为精细（Venter 等，2004；Delong 等，2006）。尽管在任何地方观测到的群落中通常都只有少数几种占据数量上的优势，但它们由大量的次要种类补充（Pedrós-Alio，2006）。Baas-Becking（1934）提出的 "Everything is everywhere，but，the environment selects"（也被称为巴斯-贝金假说），被认为是探索海洋微生物群落的研究起点。这一假说认为，微生物是无处不在的，但环境选择决定其结构组成。我们可以将海洋环境视为一个微生物多样性的池，其中包含极其多样的基因型和相关表型。其相对适应性导致特定环境偏好于特定的生理类型，而其他生理类型在这种环境中被排除。反之，这些在某一环境条件下缺少竞争力的基因型和表型，在其他地区或季节可能更适应。因此，微生物群落通过生理适应、遗传适应和在环境间的扩散来维持多样性的背景。在微生物群落结构的研究领域中，有几个典型的问题长期存在：为什么海洋微生物群落如此多样？调节生物多样性的机制是什么？多样化的生态系统在应对干扰时是否更加稳定？这些基本问题对于将数值海洋生态系统和生物地球化学模型应用于气候变化问题具有重大意义。例如，从生态和生物地球化学角度来看，如何适当地表示多样化的生态系统，以反映和理解海洋生态系统对气候变化的响应。长久以来，相关学者致力于运用数学模型解决这些生态问题，并取得了显著的进展（Hubbell，2001）。然而，到目前为止，使用海洋环流数值和生态系统模型来解决这些问题的研究仍不够充分。

　　当今大型海洋生态系统和生物地球化学模型中的微生物参数化直接源于 Fleming（1939）和 Riley（1946）的开创性研究。他们使用 Lotka-Volterra

类型的捕食-猎物模型解释了英吉利海峡和马萨诸塞州乔治海岸浮游植物丰度的暴发和季节性循环。随着高效计算资源的出现，海洋浮游植物模型逐步发展，涵盖了动态捕食者种群（Steele，1954），包括异养微生物（Fasham等，1990），并与三维环流和生物地球化学模型结合在一起（Sarmiento等，1993）。到20世纪末，这些模型通常只适用于单一的、通用的光合自养生物和异养生物的生态循环过程。如，经典的"营养物-浮游植物-浮游动物-碎屑"模型。这些模型被结合到海洋环流模型中，并提供了大尺度的碳通量估算（Six等，1996）。然而，在联合全球海洋通量研究期间，生物地球化学建模委员会认识到浮游植物和浮游动物群落内功能多样性的重要性。随着计算资源的不断扩展，三维海洋生物地球化学模型开始解决多个具有生物地球化学意义的功能群浮游植物的浮游植物群落的生态过程（Chai等，2002）。这些模型通常解决几个（在2个到6个之间）具有共同生物地球化学功能的浮游植物功能类型（phytoplankton functional type，PFT），通过营养需求和基本生理参数的差异可以区分。这些参数尽可能由实验室研究提供，并可能通过优化使模型状态变量（如叶绿素浓度）与现场观测一致（Friedrichs等，2007）。每个功能群对生物地球化学和生物地球化学路径提供不同的控制，Hood等（2006）对此进行了全面的综述。硅藻作为一个独立的群体，是捕捉有机物质输出并介导连接全球硅循环的重要途径（Chai等，2002）。具密集钙质碳酸盐外壳的球石藻也增强了有机物质向深海的输出，并调节碱度、表层海洋碳酸盐化学和平衡空气-海洋二氧化碳（Zeebe等，2001）。固氮生物为全球海洋生物提供了新的可利用氮源，推动新的有机质生产和输出，对于固氮与低生长率和高铁需求之间的平衡关系，通常可以在功能群模型中模拟展现（Moore等，2004；Coles等，2007）。通过适当的参数化，通过建模推导浮游植物功能群在大尺度范围的空间分布，大致与现场调查和远程海洋遥感观测所预测的结果相符（Gregg等，2007）。这些案例说明了运用数值模型对模拟和预测浮游植物群落在全球范围的演替的可行性以及潜在的应用价值。

　　总的来说，在数值模型中加入微生物功能群的划分，对了解不同元素在全球范围内调节浮游植物群落和生产力的作用提供了很大的帮助。使用这种方法的模型为我们提供了一种从实验室和远洋现场观测推断到全球海洋生物地球化学的手段。例如，在研究铁对生产力的大尺度调节的过程中，海洋模型已经实现将通过区域性的现场施肥实验所获得的结果推断到全球尺度（Boyd等，2007；Gregg等，2003）。这些模型也为阐明控制生态系统年际变率的机制及其对生物地球化学循环的相应影响，提供了理论基础和具有参考性的研究模式。另外，这些模型还提供了一种区分趋势（如人为强迫变化）和自然变率的方法（Henson等，2010），以此探索自然过程和人为因素增加的"粉尘"对铁和氮源等营养源输送变化的影响（Bopp等，2003），进而全面地研究整个生态系统生物群落结构和能量流动的变化过程。当然，继续提高模型的生物复杂性也将带来一系列新的挑战和问题。而且，这些功能群的模型本身也具有一定的局限性。例如，在一些特定的（或极端的）生态系统中，少数功能群模型可能无法充分捕捉生态环境中复杂的中间差异和相互作用。然而，这些模型往往依赖于实验室获得的参数，在实际海洋环境中的表现可能会有很大差异。此外，模型的复杂性增加了计算成本和不确定性，尤其是在面对全球尺度的预测时。要应对这些挑战，需要更细致的参数、更高分辨率的观测数据以及更先进的计算技术来支持模型的发展和验证。这些改进将帮助科学家们更准确地预测气候变化对海洋生态系统的影响，并制定更有效的保护和管理策略。

9.6　数值模型在海洋生物扩散中的应用

近年来，海洋数值模型迅速发展，使其在海洋生物学研究中的应用越来越广泛。当前，可以利用数值模型模拟初级生产力、食物网、种群动态、鱼类行为等，还能设计和评估海洋保护区，以及分析海平面变化对生态系统的影响。现代海洋模型能够结合粒子扩散、生物行为、生长参数和繁殖变化等数据，更加准确地模拟海洋中的生物过程（朱国平和周梦潇，2020）。自1914年Hjort开始渔业补充量研究以来（Hjort，1914），研究海洋生物的扩散机制成为渔业和生态学的重要课题。

9.6.1 生物体在海洋中的扩散

海洋生物的扩散通常分为3个阶段：释放、输送和沉降（Levin，2006）。首先，生物体的释放能力受其形态影响。例如，浮游生物幼体因体形小，受水流影响较大，释放能力较强。基于繁殖需要，浮游生物会通过释放建立不同区域之间的联系。其次，洋流是推动生物体输送的主要动力。生物体输送的水动力参数在时间和空间上有多种尺度，重要性因研究区域和深度而异。最后，生物体会在合适的栖息地沉降。下沉过程涉及海水平流、生物体游泳能力及被动下沉。大多数生物体通过化学、沉积学和组织学线索选择合适的沉降地点，以发现栖息地并寻找同类。成功的扩散需要生物幼体在适当的生境沉降定居，并存活下来进行繁殖。在这些阶段中，受到位置、物种、个体大小、捕食者分布、种群密度及其他非生物因素（如温度、压力、溶解矿物质浓度、光照等）的影响，海洋生物幼体的死亡率较高（Metaxas和Saunders，2012）。

最初，人们认为海洋生物种群在大洋中传播几乎没有边界，可随意漂荡。然而，研究发现，即使是具有较高迁移能力的珊瑚礁鱼类，其扩散距离也不过10~100 km（Cowen等，2006）。深海中，海底地形是研究海洋生物种群的重要环境因素。许多海山存在特定的生物群落，这些群落受海山的形状、大小、年代及水文环境条件的影响（Miller等，2010）。因此，海山应被视为生物群落生长的重要生境。大洋中的生物在垂直方向上也有一定的分布模式，深海（200~2 000 m）的生物多样性达到峰值（Richer等，2000）。这种垂直分布模式受水团边界等因素的影响。水团边界在垂直方向上可作为物理障碍，阻止生物体的扩散。

9.6.2 生物体扩散的研究方法

生物体在大洋中扩散的研究方法层出不穷，目前最广泛应用的3种方法是遗传基因法、元素标记法和模型法。遗传基因法可以看到生物进化的时间尺度和历史种群动态，但在评估种群距离隔离测量中的作用不明显（Baco和Cairns，2012）。元素标记法通过荧光标记技术识别生物的出生源地（Pethybridge等，2018），提高这种方法的准确性可以与遗传基因学方法结合使用。模型法广泛应用于海洋学研究中。拉格朗日粒子跟踪法可以模拟被动粒子的扩散路径。这些粒子可被赋予一定的行为能力，如游泳能力、昼夜垂直移动、生物个体浮力差异等。该方法的优势是可在不同时间尺度上进行应用（Baco和Cairns，2012）。总体来说，模型法的操作性和经济性优越，发展空间较大，但仍有许多需要攻克的难题。

生物物理耦合模型需要同时具备流体动力速度场数据和粒子模拟器，该模拟器根据输入的数据追踪生物体在时间和空间上的变化。模型建立的关键步骤是选择合适的速度场。模型需根据数据可用性和海洋进程尺度进行选择，并需不断调试参数以涵盖整个生物物理耦合模拟过程。模型输出结果后需进行验证，通过比较预测和观察结果，调整模型并重复这个过程。先进的方法如基于个体的建模方法（IBM）可模拟生物个体在生命周期中的独立运动轨迹（Werner等，2001）。该方法需要输入准确的生物、非生物和生命史参数，以模拟包括生物补充量在内的扩散。

9.6.3 建模法的局限与挑战

成功的生物体扩散建模依赖于对海流和水体物理参数的精确三维估计。流速的高分辨率表达对于实际平流轨迹的计算至关重要。数值模型的水动力过程具有较高的时空变异性，在复杂地形区域特别重要。

然而，许多海洋模型在中尺度和亚尺度特征的复制性较差，特别是在高度动态的区域。理想情况下，复杂地形研究的海洋模型应能获取高分辨率网格上的所有小尺度物理过程特征，并能精确模拟潮汐能和大气强迫，发挥数据同化能力。全球和海盆尺度模型常常不能满足这些要求，导致其不能准确再现海域中的海洋动力情况。区域高分辨率模型可满足这些要求，但研究范围被限制在较小区域内，对于生物体在海洋中的大规模扩散具有局限性。

此外，海水的温度、盐度和营养盐在生物繁殖体的存活、生长和发育中起着重要作用（Denny和Dowd，2022）。这些因素使得它们成为生物体扩散模型中不可缺少的参数。时间尺度（小时或天）也很关键，特别是当模拟海洋生物的适宜性和生存状况时。如何将这些具有高变化度的理化因子以及时间的推移以参数化的形式整合到数值模型中，是生物海洋学建模领域一直以来所面临的挑战。在不断突破局限性的过程中，数值模型对海洋生态过程的模拟与预测将会越来越贴近自然生态系统的真实变化过程，从而准确预测环境变化对海洋生物和生态系统的影响。

9.6.4 应用进展

当前研究表明，利用物理模型与生物模型耦合是深入了解海洋生物和生态系统的最佳手段。比如，Paris等人利用HYCOM建立了基于珊瑚个体的IBMs模型，研究不同尺度下珊瑚幼体的连通性变异能力（Paris等，2008）。Li等人利用FVCOM耦合IBMs模拟澳洲鲭幼鱼在东中国海的扩散，并通过一系列敏感性实验，探究其存活率和扩散路径受台风、水温及孵化场地的影响（Li等，2014）。

在极地海域，Hofmann等人利用拉格朗日模型研究了南极磷虾的输运，结果表明南极半岛西部的南极磷虾种群为南乔治亚岛附近的磷虾种群提供了来源（Hofmann等，1998）。Murphy等人基于OCCAM海洋模型分析了南极磷虾在斯科舍海域的季节性变化（Murphy等，2004）。Fach等人利用HOPS模拟斯科舍海及周围的环流过程，验证了南乔治亚海域南极磷虾种群数量来源主要是上游地区（Fach和Klinck，2006）。Pinones等人利用高分辨率ROMS和ELDAM模型模拟了南极磷虾仔稚体的下潜−上浮周期循环，以确定南极半岛西侧大陆架的哪些区域可以成功完成该周期循环（Pinones等，2013）。

总结来说，海洋数值模型在海洋生物体扩散研究中的应用取得了显著进展。通过结合物理模型与生物模型，研究人员可以更好地理解海洋生物在物理环境下的行为和扩散机制。这些研究不仅有助于科学家们更好地了解海洋生态系统，还能为海洋保护和管理提供重要的科学依据。随着科技的进步和数据积累，海洋数值模型的应用将更加广泛和深入，为海洋生物学的发展提供强有力的支持。

9.7 小结

当前，海洋数值模型在学术交流和生态决策制定中变得越来越重要。然而，其发展与推广并非一帆风顺。许多崇尚实地调查和实验研究的海洋学家长期以来怀疑这些模型的价值，对模型制作者持有偏见。建模学者倾向于从观测和实验论文中摘取对他们有用的数据，进行重新计算与平均化，形成自己的见解。他们在一个论题中，以科学假设为导向构建数值模型，从发表的数据库中摘取相关参数并整合到模型中。通常在不同的论题中，建模所需要的数据类型也不相同，对相关数据的来源及获取方法也无法深入探究。因此，尽管建模理论已被广大学者认同，调查型学者仍对模型预测的结果存疑。这是因为模型研究突出结论性信息，对数据收集和统计更注重结果而忽略了调查或实验过程中的细节。在海洋生态研究中，海洋模型应用越来越广泛，研究并不只局限于生物个体特性，还需要将生物个体融入模拟物理环境中，分析其在物理环境中的扩散路径、垂直移动现象和季节变异等过程。结合物理环境才能得到更接近真实的结果，因此，进一步对生物进行研究，必须结合海洋数值模型，否则研究会趋于单一化。

　　总的来说，建模创造了一种强大的智力分类机制，以区分已知的和需要了解的知识。了解建模技术及其局限性对于所有海洋学的专业研究者——无论是调查者还是模型制作者——都是必不可少的。在研究和运用模型的过程中，我们要认识到建模的局限性，并保持对模型结果的怀疑态度，这样才能推动海洋数值模型的理论研究和应用推广进一步发展。海洋数值模型在生物体扩散研究中的应用实例表明，利用物理模型与生物模型耦合是目前最为有效的手段。成功的生物体扩散建模需同时考虑模型自身的适应性以及生物体的行为，不断调试模拟生物扩散过程，进而择优。此外，开发出精度更高、实用性更强、兼容性更优的海洋模型也是一大难关。目前，由于气候条件复杂、数据资料较少等因素，大洋区域生物体扩散相关研究较为有限，但随着科技的进步，大洋区域数据资料的积累和适宜大洋区域的海洋模型的开发，大洋区域的生物体扩散研究将成为趋势。

参考文献

Ahlgren N A, Rocap G, Chisholm S W. Measurement of Prochlorococcus ecotypes using real-time polymerase chain reaction reveals different abundances of genotypes with similar light physiologies [J]. Environmental microbiology, 2006, 8 (3): 441-454.

Aldinger J L, Welsh S A. Diel periodicity and chronology of upstream migration in yellow-phase American eels (*Anguilla rostrata*) [J]. Environmental Biology of Fishes, 2017, 100: 829-838.

Allen A E, Dupont C L, Oborník M, et al. Evolution and metabolic significance of the urea cycle in photosynthetic diatoms [J]. Nature, 2011, 473 (7346): 203-207.

Allison G E, Klaenhammer T R. Phage resistance mechanisms in lactic acid bacteria [J]. International Dairy Journal, 1998, 8 (3): 207-226.

Alongi D M. Carbon cycling and storage in mangrove forests [J]. Annual review of marine science, 2014, 6 (1): 195-219.

Angilletta Jr M J, Niewiarowski P H, Navas C A. The evolution of thermal physiology in ectotherms [J]. Journal of thermal Biology, 2002, 27 (4): 249-268.

Arandia-Gorostidi N, Weber P K, Alonso-Sáez L, et al. Elevated temperature increases carbon and nitrogen fluxes between phytoplankton and heterotrophic bacteria through physical attachment [J]. The ISME journal,

2017, 11（3）: 641-650.

Atkinson A, Siegel V, Pakhomov E A, et al. A re-appraisal of the total biomass and annual production of Antarctic krill [J]. Deep Sea Research Part I: Oceanographic Research Papers, 2009, 56（5）: 727-740.

Azam F, Malfatti F. Microbial structuring of marine ecosystems [J]. Nature Reviews Microbiology, 2007, 5（10）: 782-791.

Azam F, Fenchel T, Field J G, et al. The ecological role of water-column microbes in the sea [J]. Marine ecology progress series. Oldendorf, 1983, 10（3）: 257-263.

Baas-Becking L G M. Geobiologie; of inleiding tot de milieukunde [M]. WP Van Stockum & Zoon NV, 1934.

Baco A R, Cairns S D. Comparing molecular variation to morphological species designations in the deep-sea coral Narella reveals new insights into seamount coral ranges [J]. 2012.

Balch W M. The ecology, biogeochemistry, and optical properties of coccolithophores [J]. Annual review of marine science, 2018, 10（1）: 71-98.

Baltar F, Arístegui J, Gasol J M, et al. Evidence of prokaryotic metabolism on suspended particulate organic matter in the dark waters of the subtropical North Atlantic [J]. Limnology and Oceanography, 2009, 54（1）: 182-193.

Bar-On Y M, Phillips R, Milo R. The biomass distribution on Earth [J]. Proceedings of the National Academy of Sciences, 2018, 115（25）: 6506-6511.

Barr J G, Fuentes J D, DeLonge M S, et al. Summertime influences of tidal energy advection on the surface energy balance in a mangrove forest [J]. Biogeosciences, 2013, 10（1）: 501-511.

Bellwood D R, Hughes T P. Regional-scale assembly rules and biodiversity of coral reefs [J]. Science, 2001, 292（5521）: 1532-1535.

Berggren M, Laudon H, Jonsson A, et al. Nutrient constraints on metabolism affect the temperature regulation of aquatic bacterial growth efficiency [J]. Microbial ecology, 2010, 60: 894−902.

Bergman B, Sandh G, Lin S, et al. Trichodesmium-a wide spread marine cyanobacterium with unusual nitrogen fixation properties [J]. FEMS microbiology reviews, 2013, 37 (3): 286−302.

Boetius A, Wenzhöfer F. Seafloor oxygen consumption fuelled by methane from cold seeps [J]. Nature Geoscience, 2013, 6 (9): 725−734.

Bohannan B J M, Kerr B, Jessup C M, et al. Trade-offs and coexistence in microbial microcosms [J]. Antonie Van Leeuwenhoek, 2002, 81: 107−115.

Bongiorni L, Armeni M, Corinaldesi C, et al. Viruses, prokaryotes and biochemical composition of organic matter in different types of mucilage aggregates [J]. Aquatic Microbial Ecology, 2007, 49 (1): 15−23.

Bongiorni L, Magagnini M, Armeni M, et al. Viral production, decay rates, and life strategies along a trophic gradient in the North Adriatic Sea [J]. Applied and Environmental Microbiology, 2005, 71 (11): 6644−6650.

Boyd P W, Jickells T, Law C S, et al. A synthesis of mesoscale iron-enrichment experiments 1993—2005: key findings and implications for ocean biogeochemistry [J]. Science, 2007, 315: 612−617.

Boyd P W, Lennartz S T, Glover D M, et al. Biological ramifications of climate-change-mediated oceanic multi-stressors [J]. Nature Climate Change, 2015, 5 (1): 71−79.

Boyd P W, Strzepek R, Takeda S, et al. The evolution and termination of an iron-induced mesoscale bloom in the northeast subarctic Pacific [J]. Limnology and Oceanography, 2005, 50 (6): 1872−1886.

Brewer R S, Norcross B L. Long-term retention of internal elastomer tags in a wild population of North Pacific giant octopus (Enteroctopus dofleini) [J]. Fisheries Research, 2012, 134: 17−20.

Brewer R S, Norcross B L. and Chenoweth E. Temperature and size-dependent growth and movement of the North Pacific giant octopus (*Enteroctopus dofleini*) in the Bering Sea [J]. Marine Biology Research. 2017, 13 (8): 909-918.

Brussaard C P D, Wilhelm S W, Thingstad F, et al. Global-scale processes with a nanoscale drive: the role of marine viruses [J]. The ISME journal, 2008, 2 (6): 575-578.

Callieri C, Cronberg G, Stockner J G. Freshwater picocyanobacteria: single cells, microcolonies and colonial forms [M] //Ecology of Cyanobacteria II: Their diversity in space and time. Dordrecht: Springer Netherlands, 2012: 229-269.

Carlson C. Production and removal processes [J]. Biogeochemistry of Marine Dissolved Organic Matter, 2002: 91-151.

Carlson C A, Del Giorgio P A, Herndl G J. Microbes and the dissipation of energy and respiration: from cells to ecosystems [J]. Oceanography, 2007, 20 (2): 89-100.

Chavez F P, Messié M, Pennington J T. Marine primary production in relation to climate variability and change [J]. Annual review of marine science, 2011, 3 (1): 227-260.

Chen F, Wang K, Kan J, et al. Diverse and unique picocyanobacteria in Chesapeake Bay, revealed by 16S-23S rRNA internal transcribed spacer sequences [J]. Applied and Environmental Microbiology, 2006, 72 (3): 2239-2243.

Chen X, Liu H, Weinbauer M, et al. Viral dynamics in the surface water of the western South China Sea in summer 2007 [J]. Aquatic microbial ecology, 2011, 63 (2): 145-160.

SW C. Prochlorococcus marinus nov. gen nov. sp.: an oxyphototrophic marine prokaryote containing divinyl chlorophyll a and b [J]. Arch. Microbiol.,

1992, 157: 297-300.

SW C. A novel free-living prochlorophyte abundant in the oceanic euphotic zone [J]. Nature, 1988, 334: 340-343.

Chrachri A, Hopkinson B M, Flynn K, et al. Dynamic changes in carbonate chemistry in the microenvironment around single marine phytoplankton cells [J]. Nature communications, 2018, 9 (1): 74.

WP C. Spatial distribution of viruses, bacteria and chlorophyll a in neritic, oceanic and estuarine environments [J]. Mar. Ecol. Prog. Ser., 1993, 92: 77-87.

Coles V J, Hood R R. Modeling the impact of iron and phosphorus limitations on nitrogen fixation in the Atlantic Ocean [J]. Biogeosciences, 2007, 4 (4): 455-479.

Corinaldesi C, Dell'Anno A, Danovaro R. Viral infection plays a key role in extracellular DNA dynamics in marine anoxic systems [J]. Limnology and oceanography, 2007, 52 (2): 508-516.

Costello M J, Tsai P, Wong P S, et al. Marine biogeographic realms and species endemicity [J]. Nature communications, 2017, 8 (1): 1057.

Cottrell M T, Kirchman D L. Natural assemblages of marine proteobacteria and members of the Cytophaga-Flavobacter cluster consuming low-and high-molecular-weight dissolved organic matter [J]. Applied and environmental microbiology, 2000, 66 (4): 1692-1697.

Coutinho F H, Silveira C B, Gregoracci G B, et al. Marine viruses discovered via metagenomics shed light on viral strategies throughout the oceans [J]. Nature communications, 2017, 8 (1): 15955.

Cowen R K, Paris C B, Srinivasan A. Scaling of connectivity in marine populations [J]. Science, 2006, 311 (5760): 522-527.

Cox C B, Moore P D, Ladle R J. Biogeography: an ecological and evolutionary approach [M]. John Wiley & Sons, 2016.

Crawford R E. Occurrence of a gelatinous predator (*Cyanea capillata*) may affect the distribution of Boreogadus saida, a key Arctic prey fish species [J]. Polar Biology, 2016, 39: 1049−1055.

Daly R A. Coral reefs, a review [J]. American Journal of Science, 1948, 246 (4): 193−207.

DeLong E F, Preston C M, Mincer T, et al. Community genomics among stratified microbial assemblages in the ocean's interior [J]. Science, 2006, 311 (5760): 496−503.

DeLong E F, Taylor L T, Marsh T L, et al. Visualization and enumeration of marine planktonic archaea and bacteria by using polyribonucleotide probes and fluorescent in situ hybridization [J]. Applied and Environmental Microbiology, 1999, 65 (12): 5554−5563.

DeLong E F, Wu K Y, Prézelin B B, et al. High abundance of Archaea in Antarctic marine picoplankton [J]. Nature, 1994, 371 (6499): 695−697.

Denman K L. Peña M A. A coupled 1-D biological/physical model of the northeast subarctic Pacific Ocean with iron limitation [J]. Deep-Sea Research Part II, 1999, 46: 2877−2908.

Denman K L, Voelker C, Peña M A, Rivkin R B. Modelling the ecosystem response to iron fertilization in the subarctic NE Pacific: the influence of grazing and Si and N cycling on CO_2 drawdown [J]. Deep-Sea Research Part II, 2006, 53: 2327−2352.

Denny M W, Dowd W W. Physiological consequences of oceanic environmental variation: Life from a pelagic organism's perspective [J]. Annual Review of Marine Science, 2022, 14 (1), 25−48.

DeVries T. The ocean carbon cycle [J]. Annual Review of Environment and Resources, 2022, 47 (1), 317−341.

Doney S C, Fabry V J, Feely R A, Kleypas J A. Ocean acidification: the other CO_2 problem [J]. Marine Science, 2009, 1, 169−192.

Doney S C, Ruckelshaus M, Duffy J E, Barry J P, Chan F, English C A, Galindo H M, Grebmeier J M, Hollowed A B, Knowlton N, Polovina J, Rabalais N N, Sydeman W J, Talley L D. Climate Change Impacts on Marine Ecosystems [J]. Annual Review of Marine Science, 2012, 4 (1), 11–37.

Duarte C M. The future of seagrass meadows [J]. Environmental conservation, 2002, 29 (2), 192–206.

Ducklow H. Bacterial production and biomass in the oceans [J]. Microbial Ecology of the Oceans, 2000, 1, 85–120.

Dufresne A, Ostrowski M, Scanlan D J, Garczarek L, Mazard S, Palenik B P, Partensky F. Unraveling the genomic mosaic of a ubiquitous genus of marine cyanobacteria [J]. Genome Biology, 2008, 9, 1–16.

Duhamel S, Diaz J M, Adams J C, Djaoudi K, Steck V, Waggoner E M. Phosphorus as an integral component of global marine biogeochemistry [J]. Nature Geoscience, 2021, 14 (6), 359–368.

Dupont C L, Rusch D B, Yooseph S, Lombardo M J, Alexander Richter R, Valas R, Craig Venter J. Genomic insights to SAR86, an abundant and uncultivated marine bacterial lineage [J]. The ISME Journal, 2012, 6 (6), 1186–1199.

Edwards C A, Batchelder H P, Powell T M. Modeling microzooplankton and macrozooplankton dynamics within a coastal upwelling system [J]. Journal of Plankton Research, 2000, 22: 1619–1648.

Eppley R W. Temperature and phytoplankton growth in the sea [J]. Fishery Bulletin, 1972, 70: 1063–1085.

Evans G T, Parslow J S. A model of annual plankton cycles [J]. Biological Oceanography, 1985, 3: 327–347.

Fach B A, Klinck J M. Transport of Antarctic krill (Euphausia superba) across the Scotia Sea. Part I: Circulation and particle tracking simulations [J]. Deep Sea Research Part I: Oceanographic Research Papers, 2006, 53 (6):

987−1010.

Fan H Z, Huang M P, Chen Y H, Zhou W L, Hu Y B, Wei F F. Conservation priorities for global marine biodiversity across multiple dimensions [J]. National Science Review, 2023, 10, nwac241.

Fasham M J R, Ducklow H W, McKelvie S M. A nitrogen-based model of plankton dynamics in the oceanic mixed layer [J]. Journal of Marine Research, 1990, 48: 591−639.

Feng D, Qiu W, Hu Y, Peckmann J, Guan H X, Tong H P, Chen C, Chen J X, Gong S G, Li N, Chen D F. Cold seep systems in the South China Sea: an over view [J]. Journal of Asian Earth Sciences, 2018, 168: 3−16.

Ferrer L, Sagarminaga Y, Borja á, et al. The Portuguese man-of war: Adrift in the North Atlantic Ocean [J]. Estuarine, Coastal and Shelf Science, 2024, 301: 108−732.

Field C B, Behrenfeld M J, Randerson J T, Falkowski P. Primary production of the biosphere: integrating terrestrial and oceanic components [J]. Science, 1998, 281 (5374), 237−240.

Fleming R H. The control of diatom populations by grazing [J]. ICES Journal of Marine Science. 1939, 14: 210−27.

Flombaum P, Gallegos J L, Gordillo R A, Rincón J, Zabala L L, Jiao N, Martiny, A C. Present and future global distributions of the marine Cyanobacteria Prochlorococcus and Synechococcus [J]. Proceedings of the National Academy of Sciences, 2013, 110 (24), 9824−9829.

Forsman A. Rethinking phenotypic plasticity and its consequences for individuals, populations and species [J]. Heredity, 2015, 115: 276−284.

Forster, Johann Reinhold. Observations made during a voyage round the world [M]. University of Hawaii Press, 1996.

Francis C A, Roberts K J, Beman J M, Santoro A E, Oakley B B. Ubiquity and diversity of ammonia-oxidizing archaea in water columns and sediments of the ocean [J]. Proceedings of the National Academy of Sciences, 2005, 102 (41), 14683-14688.

Franks P J S, Wroblewski J S, Flierl G R. Behavior of a simple plankton model with food-level acclimation by herbivores [J]. Marine Biology, 1986, 91: 121-129.

Friedlingstein P, O'Sullivan, M, Jones M W, Andrew R M, Bakker D C E, Hauck J, Landschützer P, Le Quéré C, Luijkx I T, Peters G P, Peters W, Pongratz J, Schwingshackl, C, Sitch S, Canadell J G, Ciais P, Jackson R B, Alin S R, Anthoni P, Zheng B. Global Carbon Budget 2023 [J]. Earth System Science Data, 2023, 15 (12), 5301-5369.

Friedrichs M A M, Dusenberry J A, Anderson L A, Armstrong R, Chai F. Assessment of skill and portability in regional marine biogeochemical models: the role of multiple planktonic groups [J]. J. Geophys. Res. Oceans, 2007, 112: C08001

Frost B W. A modelling study of processes regulating plankton standing stock and production in the open subarctic Pacific Ocean [J]. Progress in Oceanography, 1993, 32: 17-56.

Fuhrman J A. Marine viruses and their biogeochemical and ecological effects [J]. Nature, 1999, 399 (6736), 541-548.

Fujikura K, Kojima S, Tamaki K, Maki Y, Hunt J C, Okutani T. The deepest chemosynthesis-based community yet discovered from the hadal zone, 7326 m deep, in the Japan Trench [J]. Marine Ecology Progress Series, 1999, 190: 17-26.

Fuller N J, Tarran G A, Yallop M, Orcutt K M, Scanlan D J. Molecular analysis of picocyanobacterial community structure along an Arabian Sea transect reveals distinct spatial separation of lineages [J]. Limnology and Oceanography, 2006, 51 (6), 2515-2526.

Galand P E, Ruscheweyh H J, Salazar G, Hochart C, Henry N, Hume

B C C, Oliveira P H, Perdereau A, Labadie K, Belser C, Boissin E, Romac S, Poulain, J, Bourdin G, Iwankow G, Moulin C, Armstrong E J, Paz-García D A, Ziegler M, Agostini S, Banaigs B, Boss E, Bowler C, de Vargas C, Douville E, Flores M, Forcioli D, Furla P, Gilson E, Lombard F, Pesant S, Reynaud S, Thomas O P, Troublé R, Zoccola D, Voolstra C R, Thurber R V, Sunagawa S, Wincker P, Allemand D, Planes S. Diversity of the Pacific Ocean coral reef microbiome [J]. Nature Communications, 2023, 14 (1): 3039.

Gao C J, Jiang X P, Zhen J N, Wang J J, Wu G F. Mangrove species classification with combination of WorldView-2 and Zhuhai-1 satellite images [J]. National Remote Sensing Bulletin, 2022, 26 (6): 1155−1168.

Gattuso J P, Magnan A, Billé R, Cheung W, Howes E, Joos F, Allemand D, Bopp L, Cooley S, Eakin C. Contrasting futures for ocean and society from different anthropogenic CO_2 emissions scenarios [J]. Science, 2015, 349 (6243), aac4722.

Gaul W, Antia A N, Koeve W. Microzooplankton grazing and nitrogen supply of phytoplankton growth in the temperate and subtropical northeast Atlantic [J]. Marine Ecology Progress Series, 1999, 189, 93−104.

Gazave E, Lapébie P, Ereskovsky A V, Vacelet J, Renard E, Cárdenas P, Borchiellini C. No longer Demospongiae: Homoscleromorpha formal nomination as a fourth class of Porifera [J]. Hydrobiologia, 2012, 687 (1): 3−10.

Goericke R, Welschmeyer N A. The marine prochlorophyte Prochlorococcus contributes significantly to phytoplankton biomass and primary production in the Sargasso Sea [J]. Deep Sea Research Part I: Oceanographic Research Papers, 1993, 40 (11−12), 2283−2294.

González J M, Suttle C A. Grazing by marine nanoflagellates on viruses and virus-sized particles: ingestion and digestion [J]. Marine Ecology Progress

Series, 1993, 94（1）: 1−10.

Green A, Honkanen H M, Ramsden P, et al. Evidence of long-distance coastal sea migration of Atlantic salmon, Salmo salar, smolts from northwest England（River Derwent）[J]. Animal Biotelemetry, 2022, 10, 3.

Gregg W W, Ginoux P, Schopf P S, Casey N W. Phytoplankton and iron: validation of a global threedimensional ocean biogeochemical model [J]. Deep Sea Research Part II: Topical Studies in Oceanography, 2003, 50: 3143−69.

Gregg W W, Casey N. Modeling coccolithophores in the global oceans [J]. Deep Sea Research Part II: Topical Studies in Oceanography, 2007, 54: 447−77.

Griffioen J A, Flower J E, Nelson P J, et al. Baseline hematologic and Biochemical values and correlations to environmental parameters in managed Japanese spider crabs（ *Macrocheira kaempferi*）[J]. Journal of Zoo and Wildlife Medicine. 2022, 53（1）: 173−186.

Grimaud G M, Mairet F, Sciandra, Bernard. Modeling the temperature effect on the specific growth rate of phytoplankton: a review [J]. Reviews in Environmental Science and Bio/Technology, 2017, 16（4）: 625−645.

Guillard R R L, Murphy L S, Foss P, Liaaen-Jensen S. Synechococcus spp. as likely zeaxanthin-dominant ultraphytoplankton in the North Atlantic [J]. Limnology and Oceanography, 1985, 30（2）, 412−414.

Hansell D A, Carlson C A, Suzuki Y. Dissolved organic carbon export with North Pacific Intermediate Water formation [J]. Global Biogeochemical Cycles, 2002, 16（1）, 7−1.

Hansell D A, Carlson C A, Repeta D J, Schlitzer R. Dissolved organic matter in the ocean: A controversy stimulates new insights [J]. Oceanography, 2009, 22（4）, 202−211.

Hellweger F L. Carrying photosynthesis genes increases ecological fitness of cyanophage in silico [J]. Environmental Microbiology, 2009, 11（6）, 1386−

1394.

Henson S, Sarmiento J, Dunne J, Bopp L, Lima I, Doney S, et al. Detection of anthropogenic climate change in satellite records of ocean chlorophyll and productivity [J]. Biogeosciences, 2010, 7: 621−40.

Herdman M, Castenholz R W, Iteman I, et al. The archaea and the deeply branching and phototrophic bacteria [M]. Bergey's Manual of Systematic Bacteriology, 2001, 493−514.

Heuer R M, Grosell M. Physiological impacts of elevated carbon dioxide and ocean acidification on fish [J]. American Journal of Physiology-Regulatory, Integrative and Comparative Physiology, 2014, 307 (9), R1061−R1084.

Hjort J. Fluctuations in the great fisheries of northern Europe viewed in the light of biological research [J]. Copenhague: Conseil Permanent International Pour L'Exploration De La Mer, 1914, 20: 228.

Hodda M. Phylum Nematoda: a classification, catalogue and index of valid genera, with a census of valid species [J]. Zootaxa, 2022, 5114 (1): 1−289.

Hodge, Michael Jonathan Sessions. Before and after Darwin: origins, species, cosmogonies, and ontologies [M]. Taylor & Francis, 2023.

Hofmann E E, Klinck J M, Locarnini R A, et al. Krill transport in the Scotia Sea and environs [J]. Antarctic Science, 1998, 10 (4): 406−415.

Hood R R, Laws E A, Armstrong R A, Bates R R, Brown CW, et al. Pelagic functional group modeling: progress, challenges and prospects. Deep-Sea Res. II, 2006, 53: 459−512.

Hooper J N A. Coral reef sponges of the sahul shelf-a case for habitat preservation [M]. Memoirs of the Queensland Museum, 1994, 36: 93−106.

Houghton, R A. Carbon flux to the atmosphere from land use changes: 1850 to 1990 [J]. Carbon Dioxide Information Analysis Center, Environmental Sciences Division, Oak Ridge National Lab. (ORNL), Oak Ridge, TN (United States), 2001.

Huang S, Wilhelm S W, Harvey H R, Taylor K, Jiao N, Chen F. Novel lineages of Prochlorococcus and Synechococcus in the global oceans [J]. The ISME Journal, 2012, 6 (2), 285-297.

Hubbell SP. The Unified Neutral Theory of Biodiversity and Biogeography [M]. Princeton, NJ: Princeton Univ. Press, 2001.

Huet J, Schnabel R, Sentenac A, Zillig W. Archaebacteria and eukaryotes possess DNA-dependent RNA polymerases of a common type [J]. The EMBO Journal, 1983, 2 (8), 1291-1294.

Huey R B, J G Kingsolver. Evolution of thermal sensitivity of ectotherm performance [J]. Trends in Ecology & Evolution 4, 1989, 131-135.

Huntley M E. Temperature-Dependent Production of Marine Copepods: A Global Synthesis [J]. The American Naturalist, 1992, 140 (2), 201-242.

Ingalls A E, Shah S R, Hansman R L, Aluwihare L I, Santos G M, Druffel E R, Pearson A. Quantifying archaeal community autotrophy in the mesopelagic ocean using natural radiocarbon [J]. Proceedings of the National Academy of Sciences, 2006, 103 (17), 6442-6447.

Jacquet S, Miki T, Noble R, Peduzzi P, Wilhelm S. Viruses in aquatic ecosystems: important advancements of the last 20 years and prospects for the future in the field of microbial oceanography and limnology [J]. Advances in Oceanography and Limnology, 2010, 1 (1), 97-141.

Jessen G L, Pantoja S, Gutierrez M A, Quiñones R A, González R R, Sellanes J, Kellermann M Y. Methane in shallow cold seeps at MochaIsland off central Chile [J]. Continental Shelf Research, 2011, 31 (6): 574-581.

Jewell O J D, Chapple T K, Jorgensen S J, et al. Diverse habitats shape the movement ecology of a top marine predator, the white shark Carcharodon carcharias [J]. Ecosphere, 2024, 15 (4).

Jiao N, Herndl G J, Hansell D A, Benner R, Kattner G, Wilhelm S W, Azam F. Microbial production of recalcitrant dissolved organic matter: long-term carbon storage in the global ocean. Nature Reviews Microbiology, 2010, 8 (8), 593−599.

Jiao N, Luo T, Zhang R, Yan W, Lin Y, Johnson Z I, Wang P. Presence of Prochlorococcus in the aphotic waters of the western Pacific Ocean [J]. Biogeosciences, 2014, 11 (8), 2391−2400.

Jiao N, Yang Y, Hong N, Ma Y, Harada S, Koshikawa H, Watanabe M. Dynamics of autotrophic picoplankton and heterotrophic bacteria in the East China Sea [J]. Continental Shelf Research, 2005, 25 (10), 1265−1279.

Johnson P W, Sieburth J M. Chroococcoid cyanobacteria in the sea: a ubiquitous and diverse phototrophic biomass 1 [J]. Limnology and Oceanography, 1979, 24 (5), 928−935.

Johnson Z I, Zinser E R, Coe A, McNulty N P, Woodward E M S, Chisholm S W. Niche partitioning among Prochlorococcus ecotypes along ocean-scale environmental gradients [J]. Science, 2006, 311 (5768), 1737−1740.

Jones D O B, Alt C H S, Priede I G, et al. Deep-sea surface dwelling enteropneusts from the Mid-Atlantic Ridge: Their ecology, distribution and mode of life [J]. Deep Sea Research Part II, 2013, 98: 374−387.

Jover L F, Effler T C, Buchan A, Wilhelm S W, Weitz J S. The elemental composition of virus particles: implications for marine biogeochemical cycles [J]. Nature Reviews Microbiology, 2014, 12 (7), 519−528.

Joye S. B. The geology and biogeochemistry of hydrocarbon seeps [J]. Annual Review of Earth and Planetary Sciences, 2020, 48: 205−231.

Kajihara H, Abato J, Matsushita M. New Locality for the Deep-Sea Acorn Worm Quatuoralisia malakhovi (Hemichordata: Enteropneusta) [J]. Russian Journal of Marine Biology, 2023, 49, 522−527.

Kandler O, Hippe H. Lack of peptidoglycan in the cell walls of Methanosarcina barkeri [J]. Archives of Microbiology, 1977, 113, 57−60.

Karner M B, DeLong E F, Karl D M. Archaeal dominance in the

mesopelagic zone of the Pacific Ocean [J]. Nature, 2001, 409 (6819), 507–510.

Kiørboe T, Andersen A, Langlois V J, Jakobsen H H. Unsteady motion: escape jumps in planktonic copepods, their kinematics and energetics [J]. Journal of the Royal Society Interface, 2010, 7 (52), 1591–1602. https://doi. org/doi:10.1098/rsif.2010.0176

Kirchman D L, Keel R G, Simon M, Welschmeyer N A. Biomass and production of heterotrophic bacterioplankton in the oceanic subarctic Pacific [J]. Deep Sea Research Part I: Oceanographic Research Papers, 1993, 0 (5), 967–988.

Kirchman D L, Morán X A G, Ducklow H. Microbial growth in the polar oceans—role of temperature and potential impact of climate change [J]. Nature Reviews Microbiology, 2009, 7 (6), 451–459.

Kirchman D L, Rich J H, Barber R T. Biomass and biomass production of heterotrophic bacteria along 140 W in the equatorial Pacific: effect of temperature on the microbial loop [J]. Deep Sea Research Part II: Topical Studies in Oceanography, 1995, 42 (2–3), 603–619.

Knowles B, Silveira C B, Bailey B A, Barott K, Cantu V A, Cobián-Güemes A G, Rohwer F. Lytic to temperate switching of viral communities [J]. Nature, 2016, 531 (7595), 466–470.

Koblížek, M. Role of photoheterotrophic bacteria in the marine carbon cycle [J]. In: Jiao N, Azam F, Sanders S. (eds.) Microbial Carbon Pump in the Ocean, American Association for the Advancement of Science, Washington D. C., 2011, 49–51.

Kolber Z S, Van Dover C L, Niederman R A, Falkowski P G. Bacterial photosynthesis in surface waters of the open ocean [J]. Nature, 2000, 407 (6801): 177–179.

Kujawinski E B. The impact of microbial metabolism on marine dissolved organic matter [J]. Annual review of marine science, 2011, 3 (1), 567-599.

Kvenvolden K A. Gas Hydrates-geological perspective and global change [J]. Reviews of Geophysics, 1993, 31: 173-187.

Lavigne H, D'ortenzio F, Claustre H, Poteau A. Towards a merged satellite and in situ fluorescence ocean chlorophyll product [J]. Biogeosciences, 2012, 9 (6), 2111-2125.

Laws EA, Falkowski PG, Smith WO, Ducklow H, McCarthy JJ. Temperature effects on export production in the open ocean. [J]. Glob Biogeochem. Cycles 2000, 14, 1231-46.

Leising A W, Gentleman W C, Frost B W. The threshold feedin response of microzooplankton within Pacific high-nitrate low-chlorophyll ecosystem models under steady and variable iron input [J]. Deep-Sea Research II 50, 2003, 2877-2894.

Levin L. Recent progress in understanding larval dispersal: New directions and digressions [J]. Integrative and Comparative Biology, 2006, 46: 282-297.

Levin L A. Ecology of cold seep sediments: Interactions of fauna with flow, chemistry and microbes [J]. Oceanography and Marine Biology-an Annual Review, 2005, 43: 1-46.

Levin L A, Ziebis W, Mendoza G F, Growney V A, Tryon M D, Brown K M, Mahn M, Gieskes J M, Rathburn A E. Spatial heterogeneity of macrofauna atnorthern California methane seeps: influence of sulfide concentration and fluidflow [J]. Marine Ecology Progress Series, 2003, 265: 123-139.

Lewis L A, McCourt R M. Green algae and the origin of land plants [J]. American journal of botany, 2004, 91 (10): 1535-1556.

Li Y, Chen X, Chen C, et al. Dispersal and survival of chub mackerel (*Scomber japonicus*) larvae in the East China Sea [J]. Ecological Modelling,

2014，283：70-84.

Li W K W. Composition of ultraphytoplankton in the central North Atlantic [J]. Marine Ecology Progress Series, 1995, 122, 1-8.

Longhurst A R. Role of the marine biosphere in the global carbon cycle [J]. Limnology and Oceanography, (1991), 36 (8), 1507-1526.

Lonsdale P. Clustering of suspension-feeding macrobenthos near abyssal hydrothermal vents at oceanic spreading centers [J]. Deep-Sea Research, (1977), 24 (9): 857-864.

López-Urrutia, á., & Morán, X. A. G. Resource limitation of bacterial production distorts the temperature dependence of oceanic carbon cycling [J]. Ecology, 2007, 88 (4), 817-822.

Lu JY, Chen YJ, Wang ZH, Zhao F, Zhong YS, Zeng C, Cao L. Larval dispersal modeling reveals low connectivity among national marine protected areas in the Yellow and East China seas [J]. Biology, 2023, 12, 396.

Malmstrom, R. R., Coe, A., Kettler, G. C., Martiny, A. C., FriasLopez, J., Zinser, E. R., & Chisholm, S. W. Temporal dynamics of Prochlorococcus ecotypes in the Atlantic and Pacific oceans [J]. The ISME Journal, 2010, 4 (10), 1252-1264.

Mari, X., Kerros, M. E., & Weinbauer, M. G. Virus attachment to transparent exopolymeric particles along trophic gradients in the southwestern lagoon of New Caledonia [J]. Applied and Environmental Microbiology, 2007, 73 (16), 5245-5252.

Martin, J. H., Gordon, R. M., Fitzwater, S. & Broenkow, W. W. VERTEX: phytoplankton/iron studies in the Gulf of Alaska [J]. DeepSea Research, 1989, 36: 7649-7680.

Matteson, A. R., Loar, S. N., Pickmere, S., DeBruyn, J. M., Ellwood, M. J., Boyd, P. W., ... & Wilhelm, S. W. Production of viruses during a spring phytoplankton bloom in the South Pacific Ocean near of New

Zealand [J]. FEMS Microbiology Ecology, 2012, 79 (3), 709-719.

McKinnon, A. D., Duggan, S., Logan, M., & Lønborg, C. Plankton respiration, production, and trophic state in tropical coastal and shelf waters adjacent to northern Australia [J]. Frontiers in Marine Science, 2017, 4, 346.

Metaxas A, Saunders M. Quantifying the "bio-" components in biophysical models of larval transport in marine benthic invertebrates: Advances and pitfalls [J]. Biological Bulletin, 2009, 216: 257-272.

Middelboe, M. Bacterial growth rate and marine virus-host dynamics [J]. Microbial Ecology, 2000, 40, 114-124.

Middelboe, M., & Glud, R. N. Viral activity along a trophic gradient in continental margin sediments off central Chile [J]. Marine Biology Research, 2006, 2 (01), 41-51.

Middelboe, M., Riemann, L., Steward, G. F., Hansen, V., & Nybroe, O. Virus-induced transfer of organic carbon between marine bacteria in a model community [J]. Aquatic Microbial Ecology, 2003, 33 (1), 1-10.

Milkov, A. V. Global estimates of hydrate-bound gas in marine sediments: howmuch is really out there? [J]. Earth-Science Reviews, 2004, 66 (3-4): 183-197.

Miller K, Willams A, Rowden A A, et al. Conflicting estimates of connectivity among deep sea coral populations [J]. Marine Ecology, 2010, 31, 144-157.

Miller, C. B., Frost, B. W., Wheeler, P. A., Landry, M. R., Welschmeyer, N. & Powell, T. M. Ecological dynamics in the subarctic Pacific, a possibly iron-limited ecosystem [J]. Limnology and Oceanography, 1991, 36: 1600-1615.

Mojica, K. D., & Brussaard, C. P. Factors affecting virus dynamics and microbial host-virus interactions in marine environments [J]. FEMS Microbiology Ecology, 2014, 89 (3), 495-515.

Moore, C., Mills, M., Arrigo, K., Berman-Frank, I., Bopp, L., Boyd, P., Galbraith, E., Geider, R., Guieu, C., & Jaccard, S. Processes and patterns of oceanic nutrient limitation [J]. Nature geoscience, 2013, 6 (9), 701−710.

Morán, X. A. G., Calvo-Díaz, A., Arandia-Gorostidi, N., & HueteStauffer, T. M.Temperature sensitivities of microbial plankton net growth rates are seasonally coherent and linked to nutrient availability [J]. Environmental Microbiology, 2018, 20 (10), 3798−3810.

Moreira, D., Le Guyader, H., & Philippe, H. The origin of red algae and the evolution of chloroplasts [J]. Nature, 2000, 405 (6782), 69−72.

Murphy E J, Thorpe S E, Watkins J L, et al. Modeling the krill transport pathways in the Scotia Sea: Spatial and environmental connections generating the seasonal distribution of krill [J]. Deep-Sea Research Part II: Topical Studies in Oceanography, 2004, 51 (12): 1435−1456.

Mutalipassi, M., Riccio, G., Mazzella, V., Galasso, C., Somma, E., Chiarore, A., de Pascale, D., & Zupo, V. Symbioses of cyanobacteria in marine environments: Ecological insights and biotechnological perspectives [J]. Marine Drugs, 2021, 19 (4), 227.

Nishida, Shuhei. Pelagic copepods from Kabira Bay, Ishigaki Island, southwestern Japan, with the description of a new species of the genus Pseudodiaptomus [J]. Publications of the Seto Marine Biological Laboratory, 1985, 30 (1−3): 125−144.

Norberg J. Biodiversity and ecosystem functioning: a complex adaptive systems approach [J]. Limnology and Oceanography, 2004, 49: 1269−1277.

Nunoura T, Takaki Y, Kakuta J, et al. Insights into the evolution of Archaea and eukaryotic protein modifier systems revealed by the genome of a novel archaeal group [J]. Nucleic Acids Research, 2010, 39 (8): 3204−3223.

Olsen, G. J., Lane, D. J., Giovannoni, S. J., Pace, N. R., & Stahl, D. A. Microbial ecology and evolution: a ribosomal RNA approach [J]. Annual Reviews in Microbiology, 1986, 40 (1), 337–365.

Olson, R. J., Vaulot, D., & Chisholm, S. W. Marine phytoplankton distributions measured using shipboard flow cytometry. Deep Sea Research Part A [J]. Oceanographic Research Papers, 1985, 32 (10), 1273–1280.

Ouverney, C. C., & Fuhrman, J. A. Marine planktonic archaea take up amino acids [J]. Applied and Environmental Microbiology, 2000, 66 (11), 4829–4833.

Pace, N. R. Mapping the tree of life: progress and prospects [J]. Microbiology and Molecular Biology Reviews, 2009, 73 (4), 565–576.

Parada, V., Sintes, E., van Aken, H. M., Weinbauer, M. G., & Herndl, G. J. Viral abundance, decay, and diversity in the meso-and bathypelagic waters of the North Atlantic [J]. Applied and Environmental Microbiology, 2007, 73 (14), 4429–4438.

Parmegiani A, Gobbato J, Seveso D, et al. First record of the bull shark Carcharhinus leucas (Valenciennes, 1839) from the Maldivian archipelago, central Indian Ocean [J]. Journal of Fish Biology, 2023, 103 (5): 1242–1247.

Partensky, F., & Garczarek, L. Prochlorococcus: advantages and limits of minimalism [J]. Annual Review of Marine Science, 2010, 2 (1), 305–331.

Paul, J. H., Rose, J. B., Jiang, S. C., Kellogg, C. A., & Dickson, L. Distribution of viral abundance in the reef environment of Key Largo, Florida [J]. Applied and Environmental Microbiology, 1993, 59 (3), 718–724.

Paull, C. K., Hecker, B., Commeau. R., Freeman-Lynde, R. P., Neumann, C., Corso, W. P., Golubic, S., Hook, J. E., Sikes, E., Curray, J. Biological communities at the Florida Escarpment resemble Hydrothermal Vent Taxa [J]. Science, 1984, 226 (4677): 965–967.

Pearson, A., McNichol, A. P., Benitez-Nelson, B. C., Hayes, J. M., & Eglinton, T. I. Origins of lipid biomarkers in Santa Monica Basin surface sediment: a case study using compound-specific $\Delta^{14}C$ analysis [J]. Geochimica et Cosmochimica Acta, 2001, 65 (18), 3123–3137.

Peterson, B. J. Aquatic primary productivity and the $^{14}C-CO_2$ method: A history of the productivity problem [J]. Annual Review of Ecology and Systematics, 1980, 11, 359–385.

Pethybridge, H. R., Choy, C. A., Polovina, J. J., & Fulton, E. A. Improving marine ecosystem models with biochemical tracers [J]. Annual Review of Marine Science, 2018, 10 (1), 199–228.

Pinones A, Hofmann E E, Daly K L, et al. Modeling environmental controls on the transport and fate of early life stages of Antarctic krill (Euphausia superba) on the western Antarctic Peninsula continental shelf [J]. Deep Sea Research Part I: Oceanographic Research Papers, 2013, 82: 17–31.

Pomeroy LR. The ocean's food web, a changing paradigm [J]. Bioscience, 1974, 24: 499–504

Poorvin, L., Rinta-Kanto, J. M., Hutchins, D. A., & Wilhelm, S. W. Viral release of iron and its bioavailability to marine plankton [J]. Limnology and Oceanography, 2004, 49 (5), 1734–1741.

Popova, E., Yool, A., Coward, A., Aksenov, Y., Alderson, S., De Cuevas, B., & Anderson, T. Control of primary production in the Arctic by nutrients and light: Insights from a high resolution ocean general circulation model [J]. Biogeosciences, 2010, 7 (11), 3569–3591.

Rappé M S, Connon S A, Vergin K L, Giovannoni S J. Cultivation of the ubiquitous SAR11 marine bacterioplankton clade [J]. Nature, 2002, 418 (6898), 630–633.

Remy M, Hillebrand H, Flöder S. Stability of marine phytoplankton communities facing stress related to global change: Interactive effects of heat waves and turbidity [J]. Journal of Experimental Marine Biology and Ecology, 2017, 497, 219−229.

Richer De Forges B, Koslow J A, Poore G C B. Diversity and endemism of the benthic seamount fauna in the Southwest Pacific [J]. Nature, 2000, 405: 944−947.

Riley G A. Factors controlling phytoplankton populations on Georges Bank [J]. J. Mar. Res. 1946, 6: 54−73

Riley G A. Factors controlling phytoplankton populations on Georges Bank [J]. Journal of Marine Research, 1946, 6: 54−73.

Riley G A, Stommel H, Bumpus D F. Quantitative ecology of the plankton of the western North Atlantic [J]. Bulletin of the Bingham Oceanographic Collection, 1949, 1−169.

Roberts C M, Mcclean C, Veron J, Hawkins J P, Allen G R, McAllister D E, Mittermeier C G, Schueler F, Spalding M, Wells F, Vynne C, Werner T. Coral reef biodiversity and conservation [J]. Science, 2002, 296: 1027−1028.

Rohwer F, Thurber R V. Viruses manipulate the marine environment [J]. Nature, 2009, 459 (7244), 207−212.

Rona P A, Klinkhammer G, Nelsen T A, Harold J, Elderfield H. Black smokers, massive sulphides and vent biota at the mid-atlantic ridge [J]. Nature, 1986, 321 (6065): 33−37.

Rosa R, Lopes V M, Guerreiro M. et al. Biology and ecology of the world's largest invertebrate, the colossal squid (*Mesonychoteuthis hamiltoni*): a short review [J]. Polar Biology, 2017, 40: 1871−1883

Rowley O C, Courtney R L, Browning S A, Seymour JE. Bay watch: Using unmanned aerial vehicles (UAV's) to survey the box jellyfish *Chironex fleckeri* [J]. PLoS ONE, 2020, 15 (10): e0241410.

Saba G K, Steinberg D K, Bronk D A. The relative importance of sloppy feeding, excretion, and fecal pellet leaching in the release of dissolved carbon and nitrogen by Acartia tonsa copepods [J]. Journal of Experimental Marine Biology and Ecology, 2011, 404 (1), 47−56.

Samson J E, Magadán A H, Sabri M, Moineau S. Revenge of the phages: defeating bacterial defences [J]. Nature Reviews Microbiology, 2013, 11 (10), 675−687.

Samuels T, Rynearson T A, Collins S. Surviving Heatwaves: Thermal Experience Predicts Life and Death in a Southern Ocean Diatom [J]. Frontiers in Marine Science, 2021, 8, 600343.

Sarmiento J L, Slater R D, Fasham M J R, Ducklow H W, Toggweiler J R, Evans GT. A seasonal three dimensional ecosystem model of nitrogen cycling in the North Atlantic euphotic zone [J]. Glob Biogeochem Cycles, 1993, 7: 417−50.

Saunois M, Stavert A R, Poulter B, Bousquet P. The global methane budget 2000—2017 [J]. Earth System Science Data, 2020, 12 (3): 1561−1623.

Scanlan D J. Marine Picocyanobacteria. In: Whitton B (eds). Ecology of Cyanobacteria II [M]. Netherlands: Springer, 2012, 503−533.

Scanlan D J, Ostrowski M, Mazard S, Dufresne A, Garczarek L, Hess W R, Partensky F. Ecological genomics of marine picocyanobacterial [J]. Microbiology and Molecular Biology Reviews, 2009, 73 (2), 249−299.

Schlichting C D, Smith H. Phenotypic plasticity: linking molecular mechanisms with evolutionary outcomes [J]. Evolutionary Ecology, 2002, 16: 189−211.

Shelford, Victor E. Physiological animal geography [J]. Journal of Morphology, 1911, 22 (3): 551−618.

Shen Y, Guilderson T P, Chavez F P, McCarthy M D. Important contribution of bacterial carbon and nitrogen to sinking particle export [J]. Geophysical Research Letters, 2023, 50 (11), 102485.

Shu Q, Wang Q, Song Z, Qiao F. The poleward enhanced Arctic Ocean cooling machine in a warming climate [J]. Nature Communications, 2021, 12 (1), 2966.

Sinclair B J, and others. Can we predict ectotherm responses to climate change using thermal performance curves and body temperatures [J]? Ecology Letters, 2016, 19: 1372−1385.

Six K, Maier-Reimer E. Effects of plankton dynamics on seasonal carbon fluxes in an ocean general circulation model [J]. Glob Biogeochem Cycles, 1996, 10: 559−83.

Smale D A, Wernberg T, Oliver E C J, Thomsen M, Harvey B P, Straub S C, Burrows M T, Alexander L V, Benthuysen J A, Donat M G, Feng M, Hobday A J, Holbrook N J, Perkins Kirkpatrick S E, Scannell H A, Sen Gupta A, Payne B L, Moore P J. Marine heatwaves threaten global biodiversity and the provision of ecosystem services [J]. Nature Climate Change, 2019, 9 (4), 306−312.

Small L F, Menzies D W. Patterns of primary productivity and biomass in a coastal upwelling region. Deep Sea research Part A [J]. Oceanographic Research Papers, 1981, 28 (2), 123−149.

Smith C R, Levin L A, Mullineaux Lauren S. Deep-sea biodiversity: a tribute to Robert R. hessler [J]. Deep-Sea Research Part II, Topical Studies in Oceanography, 1998, 45 (1−3): 1−11.

Smith K E, Burrows M T, Hobday A J, King N G, Moore P J, Sen Gupta A, Thomsen M S, Wernberg T, Smale D A. Biological Impacts of Marine Heatwaves [J]. Annual Review of Marine Science, 2023, 15, 119−145.

Soliev A B, Hosokawa K, Enomoto K. Bioactive pigments from marine bacteria: applications and physiological roles [J]. EvidenceBased Complementary and Alternative Medicine, 2011, 670349.

Souter D W, Lindén O. The health and future of coral reef systems [J]. Ocean and Coastal Management, 2000, 43 (8/9): 657−688.

Spencer R. A marine bacteriophage [J]. Nature, 1955, 175 (4459), 690−691.

Stamieszkin K, Pershing A J, Record N R, Pilskaln C H, Dam H G, Feinberg L R. Size as the master trait in modeled copepod fecal pellet carbon flux [J]. Limnology and Oceanography, 2015, 60 (6), 2090−2107.

Stanier R Y, Cohen-Bazire G. Phototrophic prokaryotes: the cyanobacteria [J]. Annual Review of Microbiology, 1977, 31 (1), 225−274.

Steele J H. Plant production in the northern North Sea [J]. Mar. Res. Ser. Scot. Home Dep., 1954, 7: 1−36

Steinberg D K, Landry M R. Zooplankton and the Ocean Carbon Cycle [J]. Annual Review of Marine Science, 2017, 9 (1), 413−444.

Steward G F, Smith D C, Azam F. Abundance and production of bacteria and viruses in the Bering and Chukchi Seas [J]. Marine Ecology Progress Series, 1996, 131, 287−300.

Stewart J D, Hoyos-Padilla E M, Kumli K R, et al. Deep-water feeding and behavioral plasticity in Manta birostris revealed by archival tags and submersible observations [J]. Zoology, 2016, 119 (5): 406−413

Stott, Philip. History of biogeography [J]. Themes in biogeography. Routledge, 2019, 1−24.

Strom S, Brainard M, Holmes J, Olson M. Phytoplankton blooms are strongly impacted by microzooplankton grazing in coastal North Pacific waters [J]. Marine Biology, 2001, 138, 355−368.

Strom S L, Miller C B, Frost B W. What sets lower limits to phytoplankton stocks in high-nitrate, low-chlorophyll regions of the open ocean [J]? Marine Ecology Progress Series, 2000, 193: 19−31.

Sunda W G, Cai W J. Eutrophication induced CO_2-acidification of subsurface coastal waters: Interactive effects of temperature, salinity, and atmospheric PCO_2 [J]. Environmental Science & Technology, 2012, 46 (19), 10651−

10659.

Suttle C A. The significance of viruses to mortality in aquatic microbial communities [J]. Microbial Ecology, 1994, 28, 237−243.

Suttle C A. Viruses in the sea [J]. Nature, 2005, 437 (7057), 356−361.

Suttle C A. Marine viruses-major players in the global ecosystem [J]. Nature Reviews Microbiology, 2007, 5, 801−812.

Suttle C A, Chen F. Mechanisms and rates of decay of marine viruses in seawater [J]. Applied and Environmental Microbiology, 1992, 58 (11), 3721−3729.

Taylor A R, Brownlee C, Wheeler G L. Proton channels in algae: reasons to be excited [J]. Trends in Plant Science, 2012, 17 (11), 675−684.

Timmermans K, Stolte W, De Baar H. Iron-mediated effects on nitrate reductase in marine phytoplankton [J]. Marine Biology, 1994, 121, 389−396.

Tracey S R, Hartmann K, Hobday A J. The effect of dispersal and temperature on the early life history of a temperate marine fish [J]. Fisheries Oceanography, 2012, 21 (5): 336−347.

Tréguer P, Bowler C, Moriceau B, Dutkiewicz S, Gehlen M, Aumont O, Bittner L, Dugdale R, Finkel Z, Iudicone D. Influence of diatom diversity on the ocean biological carbon pump [J]. Nature Geoscience, 2018, 11 (1), 27−37.

Treude T, Boetius A, Knittel K, Wallmann K, Jorgensen B B. Anaerobic oxidation of methane above gashydrates at Hydrate Ridge, NE Pacific Ocean [J]. Marine Ecology Progress Series, 2003, 264: 1−14.

Valentine D L. Emerging topics in marine methane biogeochemistry [J]. Annual review of marine science, 2011, 3 (1): 147−171.

VáZQUEZ-DOMíNGUEZ E, Vaque D, Gasol J M. Ocean warming enhances respiration and carbon demand of coastal microbial plankton [J]. Global Change Biology, 2007, 13 (7): 1327−1334.

Venegas R M, Acevedo J, Treml E A. Three decades of ocean warming impacts on marine ecosystems: A review and perspective [J]. Deep Sea Research Part II: Topical Studies in Oceanography, 2023, 212: 105318.

Venter J C, Remington K, Heidelberg J F, et al. Environmental genome shotgun sequencing of the Sargasso Sea [J]. science, 2004, 304 (5667): 66–74.

Venter J C, Remington K, Heidelberg J F, et al. Environmental genome shotgun sequencing of the Sargasso Sea [J]. science, 2004, 304 (5667): 66–74.

Vichi M, Pinardi N, Masina S. A generalized model of pelagic biogeochemistry for the global ocean ecosystem. Part I: Theory [J]. Journal of Marine Systems, 2007, 64 (1–4): 89–109.

Vichi M, Pinardi N, Masina S. A generalized model of pelagic biogeochemistry for the global ocean ecosystem. Part I: Theory [J]. Journal of Marine Systems, 2007, 64 (1–4): 89–109.

Vo-Luong P, Massel S. Energy dissipation in non-uniform mangrove forests of arbitrary depth [J]. Journal of Marine Systems, 2008, 74 (1–2): 603–622.

Waldbusser G G, Salisbury J E. Ocean acidification in the coastal zone from an organism's perspective: multiple system parameters, frequency domains, and habitats [J]. Annual review of marine science, 2014, 6 (1): 221–247.

Wang M, Hu C, Barnes B B, et al. The great Atlantic sargassum belt [J]. Science, 2019, 365 (6448): 83–87.

Waterbury J B. Biological and ecological characterization of the marine unicellular cyanobacterium Synechococcus [J]. Can Bull. Fish Aquat. Sci., 1986, 214: 71–120.

Wei W, Zhang R, Peng L, et al. Effects of temperature and photosynthetically active radiation on virioplankton decay in the western Pacific

Ocean [J]. Scientific Reports, 2018, 8 (1): 1525.

Weinbauer M G, Peduzzi P. Significance of viruses versus heterotrophic nanofiagellates for controlling bacterial abundance in the northern Adriatic Sea [J]. Journal of Plankton Research, 1995, 17 (9): 1851–1856.

Weinbauer M G, Rassoulzadegan F. Are viruses driving microbial diversification and diversity? [J]. Environmental microbiology, 2004, 6 (1): 1–11.

Weinbauer M G, Mari X, Gattuso J P. Effect of ocean acidification on the diversity and activity of heterotrophic marine microorganisms [J]. Ocean acidification. Oxford: Oxford University Press, 2011: 83–98.

Weinbauer M G, Rowe J M, Wilhelm S. Determining rates of virus production in aquatic systems by the virus reduction approach [J]. 2010.

Wells M L. The level of iron enrichment required to initiate diatom blooms in HNLC waters [J]. Marine Chemistry, 2003, 82 (1–2): 101–114.

Werner F E, Quinlan J A, Lough R G, et al. Spatially-explicit individual based modeling of marine populations: a review of the advances in the 1990s [J]. Sarsia, 2001, 86 (6): 411–421.

Wheeler P A, Kokkinakis S A. Ammonium recycling limits nitrate use in the oceanic subarctic Pacific [J]. Limnology and Oceanography, 1990, 35 (6): 1267–1278.

Wichard T, Charrier B, Mineur F, et al. The green seaweed Ulva: a model system to study morphogenesis [J]. Frontiers in plant science, 2015, 6: 72.

Wilhelm S W, Suttle C A. Viruses and nutrient cycles in the sea: viruses play critical roles in the structure and function of aquatic food webs [J]. Bioscience, 1999, 49 (10): 781–788.

Wilhelm S W, Brigden S M, Suttle C A. A dilution technique for the direct measurement of viral production: a comparison in stratified and tidally mixed coastal waters [J]. Microbial ecology, 2002: 168–173.

Wilson S T, Aylward F O, Ribalet F, et al. Coordinated regulation of growth, activity and transcription in natural populations of the unicellular nitrogen-fixing cyanobacterium Crocosphaera [J]. Nature microbiology, 2017, 2 (9): 1-9.

Woese C R. Bacterial evolution [J]. Microbiological reviews, 1987, 51 (2): 221-271.

Woese C R, Fox G E. Phylogenetic structure of the prokaryotic domain: the primary kingdoms [J]. Proceedings of the National Academy of Sciences, 1977, 74 (11): 5088-5090.

Woese C R, Kandler O, Wheelis M L. Towards a natural system of organisms: proposal for the domains Archaea, Bacteria, and Eucarya [J]. Proceedings of the National Academy of Sciences, 1990, 87 (12): 4576-4579.

Wommack K E, Colwell R R. Virioplankton: viruses in aquatic ecosystems [J]. Microbiology and molecular biology reviews, 2000, 64 (1): 69-114.

Wuchter C, Abbas B, Coolen M J L, et al. Archaeal nitrification in the ocean [J]. Proceedings of the National Academy of Sciences, 2006, 103 (33): 12317-12322.

Wuchter C, Schouten S, Boschker H T S, et al. Bicarbonate uptake by marine Crenarchaeota [J]. FEMS Microbiology Letters, 2003, 219 (2): 203-207.

Yang S, Lv Y, Liu X, et al. Genomic and enzymatic evidence of acetogenesis by anaerobic methanotrophic archaea [J]. Nature Communications, 2020, 11 (1): 3941.

Young K D. Bacterial morphology: why have different shapes? [J]. Current opinion in microbiology, 2007, 10 (6): 596-600.

Yu D P, Zou R L. Study on the species diversity of the scleratinan coral community on Luhuitou fringing reef [J]. Acta Ecologica Sinica, 1996, 16

（5）：469-475.

Kefu Y，Guangxue Z，Ren W. Studies on the coral reefs of the South China Sea：From global change to oil-gas exploration［J］. Advances in Earth Science，2014，29（11）：1287.

Zahariev K，Christian J R，Denman K L. Preindustrial，historical，and fertilization simulations using a global ocean carbon model with new parameterizations of iron limitation，calcification，and N_2 fixation［J］. Progress in Oceanography，2008，77（1）：56-82.

Zeebe R E，Wolf-Gladrow D. CO2 in seawater：equilibrium，kinetics，isotopes［M］. Gulf Professional Publishing，2001.

Zhu Z，Fu F，Qu P，et al. Interactions between ultraviolet radiation exposure and phosphorus limitation in the marine nitrogen-fixing cyanobacteria Trichodesmium and Crocosphaera［J］. Limnology and Oceanography，2020，65（2）：363-376.

Zhuang H，Shao F，Zhang C，et al. Spatial-temporal shifting patterns and in situ conservation of spotted seal（*Phoca largha*）populations in the Yellow Sea ecoregion［J］. Integrative Zoology，2024，19（2）：307-318.

Zinser E R，Coe A，Johnson Z I，et al. Prochlorococcus ecotype abundances in the North Atlantic Ocean as revealed by an improved quantitative PCR method［J］. Applied and Environmental Microbiology，2006，72（1）：723-732.

Zinser E R，Johnson Z I，Coe A，et al. Influence of light and temperature on Prochlorococcus ecotype distributions in the Atlantic Ocean［J］. Limnology and Oceanography，2007，52（5）：2205-2220.

Zou，R. L.，Hemmatrypic，corals.（1998）. Biology Bulletin，33（6）：8-11.

Zwirglmaier K，Jardillier L，Ostrowski M，et al. Global phylogeography of marine Synechococcus and Prochlorococcus reveals a distinct partitioning of lineages among oceanic biomes［J］. Environmental microbiology，2008，10（1）：147-161.

陈瑶瑶，张雅松，娄铎，等.广东英罗湾不同潮位红树林-滩涂系统碳密度差异［J］.生态环境学报，2019，28（6）：1134.

陈月琴，邱小忠，屈良鹄，等.南海有毒塔玛亚历山大藻的分子地理标记分析［J］.海洋与湖沼，1999，30（1）：45-51.

陈长胜.海洋生态系统动力学与模型［M］.北京：高等教育出版社，2010.

丛佳仪，李新正，徐勇.物种分布模型在海洋大型底栖动物分布预测中的应用［J］. Chinese Journal of Applied Ecology/Yingyong Shengtai Xuebao，2024，35（9）.

董云伟，鲍梦幻，程娇，等.中国海洋生物地理学研究进展和热点：物种分布模型及其应用［J］.生物多样性，2024：23453.

冯超.中国典型河口浮游病毒生态过程和多样性研究［D］.厦门大学.2018.

高坤山.藻类固碳：理论，进展与方法［M］.北京：科学出版社，2014.

高尚武，洪惠馨，张士美.中国动物志无脊椎动物第二十七卷［M］.北京：科学出版社，2002.

刺胞动物门水螅虫纲管水母亚纲钵水母纲［M］.北京：科学出版社，1-275.

侯建军，黄邦钦.海洋蓝细菌生物固氮的研究进展［J］.地球科学进展，2005，20（03）：312-319.

姜成朴.漳江口红树林区鱼类群落结构变化及其压力因素分析研究［D］.厦门大学.2019.

焦念志.海洋微型生物生态学［M］.北京：科学出版社，2006.

李洪波，杨青，周峰.海洋微食物环研究新进展［J］.海洋环境科学，2012，31（06）：927-932.

李婷婷，朱光有，赵坤，等.氮循环及氮同位素在古老烃源岩形成环境重建与油源对比中的应用［J］.天然气地球科学，2020，31（5）：721-734.

李新正.我国海洋大型底栖生物多样性研究及展望：以黄海为例［J］.生物多样性.2011，19（06）：676-684.

李新正，寇琦，王金宝，甘志彬，杨梅，龚琳，隋吉星，马林，曲寒雪，初雁凌，曾宥维，王伟娜，张祺，董栋.中国海洋无脊椎动物分类学与系统演化研究进展与展望［J］.海洋科学　2020，44（07）：26-70.

刘凌云，郑光美.普通动物学［M］.第3版.北京：高等教育出版社，1997：198-201.

刘瑞玉.多孔动物门［C］中国海洋生物名录［M］.北京：科学出版社，2008，289-301.

宋金明，李学刚，袁华茂，等.海洋生物地球化学［M］.北京：科学出版社.2020.

许振祖，黄加祺，林茂，等.中国刺胞动物门水螅虫总纲（上，下册）［M］.北京：海洋出版社，2014，1-943.

杨素萍，林志华，崔小华，连建科，赵春贵，曲音波.不产氧光合细菌的分类学进展［J］.微生物学报，2008，48（11）：1562-1566.

杨卫东，曾联波，李想.碳汇效应及其影响因素研究进展［J］.地球科学进展，2023，38（2）：151-167.

尤爱民.化学海洋学［M］.北京：科学出版社，2020.

余克服.南海珊瑚礁及其对全新世环境变化的记录与响应［J］.中国科学：地球科学，2012，42（8）：1160-1172.

张士璀，何建国，孙世春.海洋生物学［M］.青岛：中国海洋大学出版社，2017.

张素萍，张树乾.软体动物腹足纲分类学研究进展——从近海到深海［J］.海洋科学集刊，2017（1）：10.

张武昌，赵苑，董逸，李海波，赵丽，肖天.上层海洋浮游生物地理分布［J］.海洋与湖沼，2021，52（02），332-345.

张晓华.海洋微生物学［M］.青岛：中国海洋大学出版社，2007.

张志南，周红，华尔，慕芳红，刘晓收，于子山. 中国小型底栖生物研究的40年——进展与展望［J］. 海洋与湖沼　2017，48（04）：657-671.

郑强，贺博闻，史文卿，等. 海洋超微型蓝细菌聚球藻的生态学研究进展［J］. 厦门大学学报（自然科学版），2023，62（03）：301-313.

周红，李凤鲁，王玮. 中国动物志无脊椎动物第四十六卷，星虫动物门，螠虫动物门［M］. 北京：科学出版社，2007：1-206.

朱国平，周梦潇. 海洋数值模型发展及其在海洋生物扩散模拟研究中的应用进展［J］. 海洋渔业，2020，42（2），12.

祝茜，姜波，汤庭耀. 鲸的食性、摄食方式及其与渔业的关系［J］. 海洋科学，2004，28（10）：17-20.

邹仁林. 中国动物志无脊椎动物第二十三卷，腔肠动物门珊瑚虫纲石珊瑚目造礁石珊瑚［M］. 北京：科学出版社，2001，1-279.